装备结构强度及可靠性丛书

焊接结构的疲劳损伤与断裂

Fatigue Damage and Fracture of Welded Structures

朱明亮　轩福贞　著

科学出版社

北　京

内 容 简 介

本书以焊接结构疲劳失效为主线,阐述了损伤与断裂试验、机理、相关理论与方法及断裂防控技术等方面的研究成果。全书共分为11章,由进展与趋势(第1、2章)、疲劳损伤(第3、4章)、疲劳断裂(第5~7章)和超长寿命疲劳(第8~11章)四部分组成。第1章为总论,对疲劳研究进行回顾与展望;第2章阐述焊接结构疲劳研究的主要进展与问题;第3章与第4章分别介绍焊接接头损伤的不均匀性表征和微区疲劳损伤问题;第5~7章聚焦疲劳门槛值,分别介绍焊接接头的疲劳门槛值试验测定、断裂机理和门槛值预测等工作;第8~10章分别介绍焊接接头高周疲劳试验方法及同种和异种钢接头的超高周疲劳强度;第11章阐述长寿命服役焊接结构的断裂防控技术。

本书可供机械工程及相关专业研究生及高年级本科生参考,对于从事航空航天、火力发电、新一代核电等领域设备强度分析与设计、焊接工艺开发及结构完整性评价的研究人员,也具有一定的参考价值。

图书在版编目(CIP)数据

焊接结构的疲劳损伤与断裂=Fatigue Damage and Fracture of Welded Structures / 朱明亮,轩福贞著. —北京:科学出版社,2022.8

(装备结构强度及可靠性丛书)

ISBN 978-7-03-072748-0

Ⅰ. ①焊… Ⅱ. ①朱… ②轩… Ⅲ. ①焊接结构-疲劳强度 ②焊接结构-疲劳断裂 Ⅳ. ①TG405

中国版本图书馆CIP数据核字(2022)第128701号

责任编辑:冯晓利 / 责任校对:王萌萌
责任印制:吴兆东 / 封面设计:无极书装

科学出版社 出版
北京东黄城根北街16号
邮政编码:100717
http://www.sciencep.com

北京中科印刷有限公司印刷
科学出版社发行 各地新华书店经销
*
2022年8月第 一 版 开本:720×1000 1/16
2025年1月第三次印刷 印张:18 1/2
字数:373 000

定价:168.00元
(如有印装质量问题,我社负责调换)

前　　言

　　疲劳是机械结构最普遍的失效模式之一。自 1854 年第一次提出"fatigue"（疲劳）的概念以来，相关研究已有 160 余年的历史，人们已在疲劳试验技术发展、理论模型构建、分析计算方法开发等方面积累了大量的知识，提出了诸多理论与方法，逐步形成了以疲劳研究为基础的机械结构强度理论与技术，推动机械结构从经验设计走向安全设计，为工业装备和重大基础设施的安全与可靠性保障奠定了重要的科学基础。

　　焊接是重要的结构连接形式，焊接结构的应用领域多、工艺类型复杂，焊接结构失效被认为是 70%以上装备事故的源头。近年来，核电、航空航天等领域核心装备的先进制造成为国家的重大需求，新材料和新工艺相继投入使用，焊接结构的疲劳失效成为装备设计、制造与服役过程中不可忽略的问题，是机械强度领域重要而活跃的研究方向之一。

　　焊接结构的不均匀性是引起疲劳损伤与断裂的源头，表现为宏观上的材料不连续和微观上的组织不连续，如何调控固有的不连续性对疲劳损伤与断裂的影响既是机械结构强度研究面临的挑战，又是需要突破的重要科学问题。将均匀材料疲劳损伤机理和断裂过程的研究成果拓展应用于焊接结构，破除焊接结构设计领域的均匀性假设或连续性近似，建立焊接结构断裂防控的理论与方法，是一条可探索的创新路线。它依赖于对焊接结构的疲劳损伤进行精准的试验表征，并对其断裂过程进行精确的理论建模与分析。

　　1870 年，德国工程师 Wöhler 提出了应力-寿命(S-N)曲线和疲劳极限概念，人们开始关注疲劳强度及寿命，直至 20 世纪前半叶损伤累积准则、应变-寿命关系的提出，均为结构设计提供了重要理论基础。20 世纪早期，Ewing 和 Humphrey 报道了微裂纹形成过程中的表面滑移形貌，且随着电子显微技术和损伤测量技术的日益进步，疲劳损伤表征的手段、精度与分辨率得到显著改善，为损伤过程的原位观测与多尺度描述提供重要技术手段。20 世纪 60 年代后，断裂力学的发展促成了 Paris 规律的建立，裂纹闭合概念被提出，推动了短裂纹扩展的研究，为描述疲劳断裂过程提供了较系统的理论与方法。

　　然而，人们对焊接结构疲劳损伤与断裂行为的认识，在微观机理层面未考虑局部不均匀组织的影响，在宏观设计层面未考虑应力不连续、应变局部化、焊接缺陷及长周期服役的影响，高精度损伤表征、复杂条件的断裂描述、超长寿命预测等仍是研究的难点。

近十余年来,作者在国家自然科学基金青年科学基金项目(51205131)、面上项目(51575182)、优秀青年科学基金项目(51922041)、杰出青年科学基金项目(51325504)、重点项目(51835003)及国家高技术发展计划项目(2006AA04Z413、2009AA044803)等国家及企业课题的支持下,面向核电、航空航天等领域装备的新型焊接工艺开发需求,围绕焊接结构疲劳损伤与断裂行为,开展了从基础到应用、从测试到表征、从机理到建模、从分析到预测等方面的系统研究。尤其是结合百万千瓦级核电汽轮机转子、航空发动机高压涡轮与压气机部件等重大工程与装备的焊接制造,以典型材料焊接接头为对象,在宏微观性能测试与表征的基础上,提出了接头微区损伤、近门槛值区裂纹扩展、高周与超高周疲劳破坏等理论与方法,为焊接结构的抗疲劳设计与制造提供了重要的科学支撑。

本书系作者在焊接结构疲劳强度领域长期研究成果的凝结,主要研究成果已在国内外相关期刊发表,部分成果申请了发明专利。研究方法和相关理论成果具有通用性,可推广应用于其他焊接工艺,尤其是对航空航天、火力发电、新一代核电等领域的设备强度分析与设计、焊接工艺开发及结构完整性评价具有重要参考价值。

特别感谢团队成员及研究生对本书的贡献,他们的研究成果极大地丰富了本书的内容,包括作者指导的杜彦楠博士关于接头疲劳门槛值试验及微观机理的研究、王德强博士关于接头应变局部化的数字图像相关方法表征的研究、刘龙隆硕士关于接头疲劳强度频率效应的研究、吴为硕士关于接头高温疲劳强度的研究、张伟昌硕士关于接头高周疲劳强度及削弱系数的研究、刘世栋硕士关于接头微区损伤机理表征的研究、沈学成硕士关于材料固有门槛值的研究、李世琛硕士关于高周疲劳试验测试方法的研究,以及王宁副教授与金龙硕士关于充氢对接头疲劳强度影响的研究。

相关研究工作得到了涂善东院士、王国彪教授、王正东教授、王国珍教授、王思玉教授级高级工程师、刘霞教授级高级工程师、宋建丽教授、潘瑞副教授等诸多学界同仁的指导与帮助,在此深表谢意!在本书成书过程中,朱刚、付阳和陈蓉等三位博士生协助整理了相关资料,绘制了大部分插图,在此一并致谢!

由于作者水平所限,书中难免存在疏漏、不妥之处,敬请专家和读者批评指正。

朱明亮　轩福贞

2021 年 12 月

目　　录

第1章 疲劳研究的回顾与展望

1.1 疲劳研究的缘起与演化

1.1.1 古老文明的涵养

在人类文明的发展史上，轮子、曲柄连杆机构、飞轮和齿轮等核心机构的发明改变了人类的生产和生活方式。公元前 4000 年左右，轮子的发明使人力、畜力拉车成为可能，其意义可与火的使用相提并论。西方汽车的发展就始于轮子，而中国运用轮子在西汉初年发明了记里鼓车，又称"司里车"或"大章车"。公元31 年，东汉南阳太守杜诗发明曲柄连杆机构(水排)，该机构将水力回转运动转变为连杆的往复运动，提高了冶铁效率和质量，可在蒸汽机的曲柄滑块机构中找到原型。1430 年，德国出现了飞轮，后被瓦特用于蒸汽机。公元前约 300 年，齿轮在古希腊出现，直至 1733 年，卡米提出齿轮啮合定律及 1765 年欧拉发明渐开线齿轮，成了能量传递的重要构件，如图 1-1 所示。这些核心机构的发明被瓦特于1763 年用于改良蒸汽机，成为机器动力革命的重要推动力。

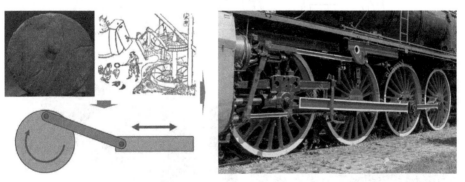

图 1-1 轮子、曲柄连杆机构、飞轮和齿轮等核心机构的发明

资料来源：https://www.sohu.com/a/357984748_717027; http://www.quanjing.com/category/121094/48.html;

https://history.sohu.com/a/165953470_652516?spm=smpc.content.huyou.9.1554732479945AIIvBxn

1.1.2 蒸汽动力催生结构失效

蒸汽机的发明开启了人类大规模运用火车、轮船等动力机械的时代。1804 年，英国人特里维西克(Trevithick)设计了第一台铁路蒸汽火车，人类进入铁路时代；1807 年，美国人富尔顿(Fulton)发明了蒸汽船，开始蒸汽轮船时代；1885 年，德

国人卡尔·弗里德利希·本茨(Karl Friedrich Benz)发明汽车，美国人福特于 1914 年建立流水装配线，人类正式进入汽车时代；1903 年，美国人莱特兄弟(Orville Wright 和 Wilbur Wright)发明了具有实际应用价值的飞机，开启了人类利用航空的时代。动力革命支撑了大量新机器和结构的产生与应用，也改变了人们的生活方式和社会结构。

相比于早期的水力、人力驱动，蒸汽机驱动的机器运转速度、频率和载荷水平都得到了大幅提升，以高速、重载为特征的大工业引发大量机器失效。图 1-2 为在发电、铁路和航空工业领域典型的机器失效事故。针对机器失效的问题，世界各国相继成立了专门机构。例如，1817 年，英国成立专门委员会以防止蒸汽船爆炸的危险和破坏；1833 年，英国成立曼彻斯特蒸汽锅炉保险公司来检查和确保锅炉免受爆炸造成的损害；1911 年，美国机械工程师协会(ASME)成立"蒸汽锅炉和压力容器建造和在役维护标准规范"委员会；1946 年，美国测试与材料协会成立疲劳专业委员会；1979 年，我国在国家劳动总局锅炉局下建立锅炉压力容器检测中心站。此外，一些国家或国际组织还颁布了统一的相关标准。例如，1911 年，ASME 发布了世界上第一部锅炉与压力容器标准；1939 年，英国标准协会 BSI 编写熔焊压力容器的标准和规范；1982 年，我国正式颁布第一部压力容器部级标准。

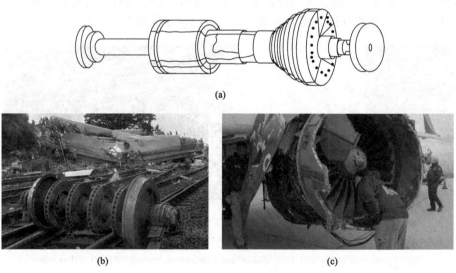

图 1-2　动力机器的失效事故

(a)1974 年美国田纳西电厂爆炸汽轮机转子的裂纹；(b)1998 年德国 Eschede 火车脱轨；(c)2018 年美国西南航空公司引擎爆炸事故

资料来源：https://www.osti.gov/biblio/5274445; https://baijiahao.baidu.com/s?id=1715760248706959266;

https://www.kare11.com/article/news/nation-now/images-from-terrifying-southwest-flight-show-passengers-didnt-put-oxygen-masks-on-right/465-f331f861-daaf-4359-81d2-e38127fe729c

相对于静态设备，动力机械具有的载荷不恒定、随机波动和随时间变化等特性构成了疲劳失效的典型特征。然而，疲劳问题的提出却经过了漫长的探索过程。1837年，Albert[1]设计传动链的测试装置，发表第一篇有关疲劳的论文；1839年，Poncelet[2]在巴黎大学报告中描述金属会"累"；1843年，Rankine[3]在研究轮轨失效中意识到应力集中的重要性；1849年，Hodgkinson[4]提出了"结构上连续变化的载荷的影响，以及此类结构能耐载到什么程度而不影响安全"这个问题；1854年，Braithwaite[5]正式提出了"fatigue"概念。可见，疲劳的初期研究体现着人们对工程现象的再现，这一过程促使交变载荷下的疲劳成为机械强度学的重要分支。

相对而言，有关疲劳的科学知识在大学和课堂的传授则迟于工业界的研究。例如，1794年，法国拿破仑支持成立巴黎技术学院(世界上第一个工程教育机构)，开设机械课程(机构学、应用数学)；1846年，在德国教育家雷腾巴赫的倡导下，卡尔斯鲁厄技术学校开设机械系，进一步形成机械设计课程体系；1847年，英国成立世界上第一个工程学会，即英国机械工程学会；1861年，德国罗莱(Reuleaux)出版《机械设计者》，标志着机械设计学脱离应用力学；1924年，英国国家物理实验室的Gough出版第一部疲劳专著《金属的疲劳》[6]；1980年，高镇同教授出版我国第一本疲劳方面的专著《疲劳性能测试》[7]。

1.1.3　结构失效驱动疲劳的研究

人们对疲劳的研究是从对失效事故的调查开始的。1842年，法国凡尔赛火车轮轴断裂，火车出轨起火，造成多人死亡，此后发生了系列火车零部件破坏事故，促使人们开始重视并开展相关研究。那一时期的重点是如何再现破坏过程，为此开展了结构疲劳试验。例如，Albert[1]开展了采矿提升机链条加载试验，Fairbairn[8]开展了梁的弯曲疲劳试验，并从试验结果中认识到结构存在安全载荷。然而，仅通过结构疲劳试验对破坏规律的认识不足，因此从试验角度认识疲劳成为人们的研究重点，这一研究思路最终促进了疲劳极限和 S-N 曲线的提出。

1954年，首架英国彗星号(Comet)喷气客机坠落地中海，事故源于飞机窗户角的高应力集中区导致的疲劳。1957～1958年，连续发生了多起由结构疲劳失效引起的美军B-47轰炸机空中解体失事事件。20世纪50年代发生的多起疲劳事故，促使人们更加关注缺口疲劳失效问题，推动了应变-疲劳理论与方法的发展与进步，应变-疲劳成为除应力-疲劳外的重要研究领域之一。

研究过程中，静态破坏与循环加载失效的差异是一个必须要回答的问题。如图1-3所示，静态破坏时材料具有明显的塑性变形，失效时的载荷超过了材料的断裂强度；而在循环载荷条件下，材料承受低于屈服强度的载荷，经过多次往复加载后，最后发生突然断裂。静态破坏与循环载荷失效在断裂机理上具有很大不同,疲劳破坏具有显著的突发性和低应力特性,致使传统静态强度设计经验失效,疲劳成为防止结构断裂亟须解决的瓶颈问题。

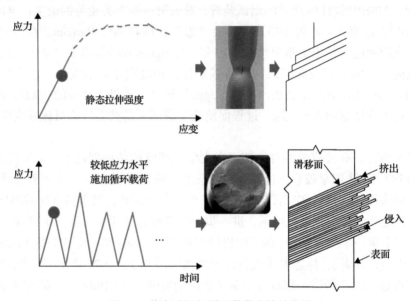

图 1-3　静态破坏与循环载荷失效的差异

对疲劳裂纹扩展规律的认识也起源于结构失效事故[9]。二战期间,在美国 2500余艘全焊接自由轮(liberty ship)中,700 余艘发生由焊接接头原始缺陷引起的断裂事故[10]。1967～1969 年,美国空军 F-111 可变后掠翼战机多达 4 架次由机翼枢纽加工原始裂纹缺陷导致的坠机事故[11]。1977 年,波音 707 货机在卢萨卡发生水平机翼初始裂纹扩展诱发的尾翼断裂事故。这些失效事故使人们对缺陷和裂纹有了深刻的认识,缺陷处裂纹萌生及扩展行为与结构断裂密切相关,而有关裂纹扩展规律的理论研究受益于 20 世纪 60 年代以来断裂力学的发展。其中,Irwin[12]于 1958年基于断裂力学原理,研究了裂尖力学场的表征问题;Paris 与 Erdogen[13]于 1963年报道疲劳裂纹扩展的幂指数规律,对疲劳裂纹扩展行为进行了理论分析;Elber[14]于 1971 年报道裂纹闭合的概念,揭示了应力比等因素对疲劳裂纹扩展行为的影响。

微观分析技术的进步促使人们开展对疲劳失效损伤机理的研究,并分析其与静态拉伸破坏的差异。静态破坏时材料具有明显的塑性变形,失效时的载荷超过了材料的断裂强度;在循环载荷的条件下,虽然材料承受的载荷低于屈服强度,但经过多次往复加载后发生突然断裂,这种突发性和低应力的特性,成为结构抗疲劳设计的难题。此外,不同疲劳破坏模式的出现,也推动着对疲劳裂纹萌生与扩展机理的研究不断向深度和广度拓展。

1.1.4　疲劳研究支撑机械强度学科

疲劳失效与可靠性研究的融合产生了新的学科方向。针对动力机器的失效问题:一方面,人们关注如何减小动应力,降低振动与噪声,提高设备的可靠性,从而催生了振动力学,它以系统的平衡、转子动力学、速度波动调节,以及振动、隔振与噪声等问题为主要内容,相关研究促进了机械动力学的产生与发展;另一方面,人们考虑如何使材料更加“健壮”,从而使设备在有裂纹的情况下也能安全运行,由此产生了材料力学,它以材料的破坏机理、结构设计的安全准则、应力的准确表达及考虑构件几何形状的影响等为主要内容,进一步发展成为损伤力学、断裂力学,进而产生了机械强度学,支撑了强度理论的发展[15]。机械动力学与机械强度学两个学科的共同目标是一致的,即解决机器的失效、振动、可靠性和寿命预测等问题[16]。

在当前机械强度学的学科框架内,结构疲劳强度与寿命仍依赖于校核的原则,强度校核又依赖于设计准则。一个完整的结构强度设计通常由三部分组成。①相似性原理。相似性原理的内涵在于名义应力相同,寿命也相同;应力强度因子相同,裂纹扩展速率也相同。②设计准则。在给定寿命下,把设计与校核的准则设置为结构工作载荷低于材料破坏的临界值。结构工作载荷可以为应力、应变和应力强度因子,材料破坏的临界值可以为疲劳强度、断裂韧性、疲劳裂纹扩展门槛值等参量,这些参量可通过材料疲劳试验得到。③安全系数。安全系数的目的是通过考虑未知破坏机理,纳入未知多因素的影响及交互作用,目标是通过纳入工程不确定性而设置结构设计冗余。然而,在实际运用过程中,虽然损伤断裂是材料现象,但设计中通常采用安全系数而不是更换材料的方案加以解决,安全系数实际上被作为包纳工程多因素的黑匣子。

近百年来,疲劳强度的基础研究支持了疲劳设计技术的进步。图 1-4 为结构设计技术随疲劳基础研究的演化关系。从图中可以看出,疲劳设计技术经历了经验类比设计、安全寿命设计、失效-安全设计、损伤容限设计和超长寿命设计五个阶段。18 世纪后,人们以材料力学为基础进行经验类比设计;20 世纪 50 年代后,随着高周疲劳理论的发展与成熟,引入线弹性强度理论和安全系数后,安全寿命是主要的设计技术,结构设计以无限寿命为目标;20 世纪 60 年代,随着低周疲劳和局部应力应变理论的发展,形成了失效-安全设计技术,其目的是允许构件失效但不引起整个部件的失效;20 世纪 70 年代后,随着疲劳断裂理论和无损检测技术的进步,损伤容限设计技术得到蓬勃发展,美国空军于 1974 年颁布军用规范——《飞机损伤容限需求:MIL-A-83444-1974》,其最大的特点是允许结构裂纹的存在,通过描述裂纹扩展并与疲劳寿命进行关联,成为结构剩余寿命评价和预测的重要工具;进入 21 世纪,随着人们对超高周疲劳研究的深入,将超高周疲劳的断裂行为与材料的冶金和制造联系起来，并考虑缺陷致裂，进而促使超长寿命设计方法成为研究的热点，以满足工程结构超长寿命服役的需求。

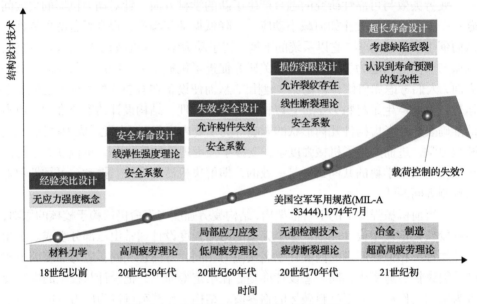

图1-4　结构设计技术随疲劳基础研究的演化

尽管疲劳设计技术得到了长足的发展与进步，但大型宽体客机和第四代增殖反应堆等新型高端装备的发展对疲劳强度、损伤模式与寿命设计的需求依然迫切，疲劳设计依然是高端装备研发的重要使能技术。

1.2　文献综合分析

在疲劳研究中，人们发表了大量的学术论文和著作。通过对发表的文献进行综合分析，总结具有重要影响的工作和关键研究领域，解析和认识疲劳研究的发展与演化，从而透过热点洞悉该领域未来的发展趋势。

1.2.1　论文发表情况

以"fatigue"作为关键词，在 Web of Science 数据库中，共检索到学术论文66521 篇（截至 2020 年 11 月）。图 1-5 为 1970～2020 年疲劳领域研究的论文发表情况。从图中可以看出，论文发表数量逐年增加，尤其是近几年，每年的论文发表数量已经超过 3000 篇。从增长趋势中分析发现，论文数量基本呈现指数形式稳步增长，表明疲劳领域研究的热门度逐渐升高。对检索到的论文按学科领域分类（图 1-6），可见机械工程、冶金工程和力学三个学科发表的论文约占据论文总数的

64%，约 44%的论文可归属到材料科学综合学科（由于同一篇论文可能属于多个学科门类，故上述论文总占比高于 100%）。从论文发表的学术期刊分布情况看（图1-7），*International Journal of Fatigue*（IJFatigue）、*Fatigue & Fracture of Engineering Materials & Structures*（FFEMS）和 *Materials Science and Engineering A*（MSEA）等期刊发表的论文数量分别为 4959 篇、2093 篇和 1914 篇，这是疲劳领域的三大主流期刊。从论文所属国家分布看（图1-8），美国发表的论文数量最多，达到 13998 篇；中国（港澳台除外）次之，发表 11065 篇；日本发表论文数量居于第三位，达到 6859 篇。表明美国、中国和日本是国际上疲劳领域研究最活跃的三个国家。

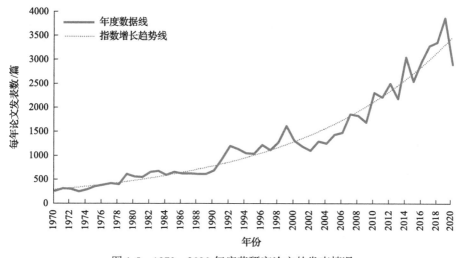

图 1-5　1970～2020 年疲劳研究论文的发表情况

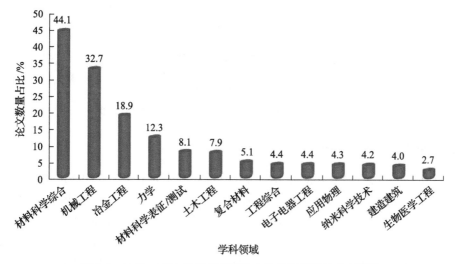

图 1-6　1970～2020 年疲劳研究论文按学科领域的分布情况

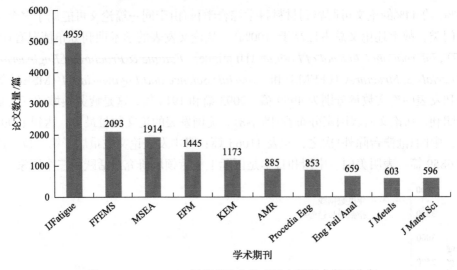

图 1-7　1970～2020 年疲劳论文发表的主要学术期刊分布

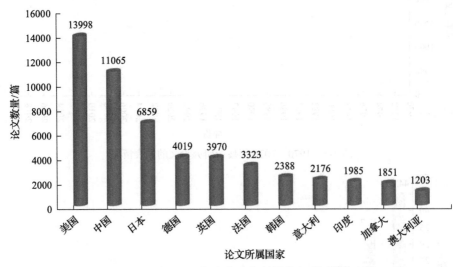

图 1-8　1970～2020 年疲劳论文所属的主要国家分布

1.2.2　重要影响工作分析

为进一步分析近 50 年的疲劳领域具有重要影响的工作，从 1970～2020 年发表的 66521 篇论文中，选取引用量靠前的 1000 篇论文进行分析，这些论文被认为是疲劳领域的高被引论文。图 1-9～图 1-11 分别为高被引论文的期刊分布、国家分布和高被引作者。从图中可以看出，IJFatigue、MSEA、FFEMS 和 *Engineering Fracture Mechanics*（EFM）是发表疲劳高被引论文的主流期刊，且 IJFatigue 的高被引论文数量具有绝对优势，达到 182 篇；美国、英国、日本、德国和法国等发达

国家是疲劳领域高被引论文的主要产出国家，中国紧随其后，其中美国共有 430
篇高被引论文，占绝对优势，对疲劳领域的影响很大；Ritchie R O、Suresh S、

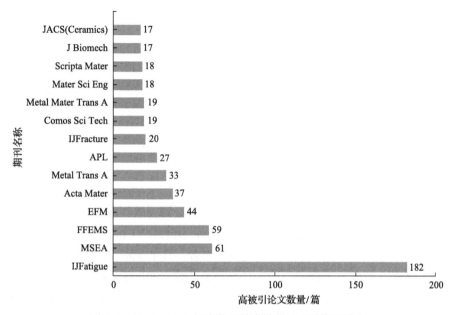

图 1-9　1970～2020 年疲劳领域高被引论文的期刊分布

JACS (Ceramics) -*Journal of the American Ceramic Society*；J Biomech-*Journal of Biomechanics*；Scripta Mater-*Scripta Materialia*；Mater Sci Eng-*Materials Science and Engineering*；Metal Mater Trans A-*Metallurgical and Materials Transactions A*；Comos Sci Tech-*Composites Science and Technology*；IJFracture-*International Journal of Fracture*；APL-*Applied Physics Letters*；Metal Trans A-*Metallurgical Transactions A*；Acta Mater-*Acta Materialia*

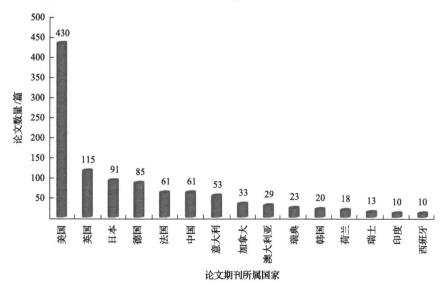

图 1-10　1970～2020 年疲劳领域高被引论文期刊的国家分布

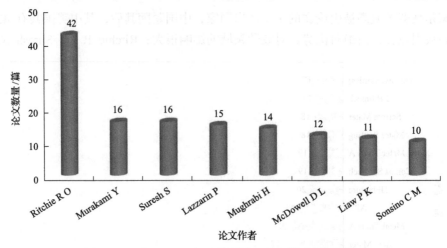

图 1-11　1970～2020 年疲劳领域发表高被引论文的作者

Murakami Y、Lazzarin P、Mughrabi H、McDowell D L、Liaw P K 和 Sonsino C M 是疲劳领域发表高被引论文数排名前八位的作者，其中 Ritchie R O 教授发表了 42 篇高被引论文，被认为是疲劳领域最具影响力的学者。此外，Bathias C、Fatemi A、Lindley T C、Miller K J 和 Tanaka K 等也是疲劳领域著名的学者。表 1-1 列出了被引次数排名前 20 的论文信息，作为 Web of Science 数据库的补充，表 1-1 中含有部分 Google Scholar 的检索结果。从表中可以看出，被引次数最高的论文为 Elber 于 1970 年发表的有关裂纹闭合的论文，引用次数排名第 2～5 的论文均是 20 世纪 70 年代发表的论文，其研究主题涉及复合材料疲劳失效准则、金属疲劳的应力-应变关系、疲劳裂纹扩展的应力比效应和多轴疲劳理论。结合其他高被引论文的研究主题可以看出，在疲劳的基本理论和规律、热点新材料的疲劳机理等方面的研究成果容易引起高度关注。值得注意的是，2010 年发表的石墨烯纳米聚合物疲劳与断裂，2012 年发表的增材制造材料疲劳行为研究，其被引次数增加较快，成为热点新方向。

表 1-1　1970～2020 年疲劳领域被引次数排名前 20 的论文列表

序号	论文题目	作者	期刊	年份	引用数
1	Fatigue crack closure under cyclic tension	Elber W	*Engineering Fracture Mechanics*	1970	2507
2	A fatigue failure criterion for fiber reinforced materials	Hashin Z, Rotem A	*Journal of Composite Materials*	1973	1482
3	Stress-strain function for fatigue of metals	Smith K N, Watson P, Topper T H	*Journal of Materials*	1970	1356
4	The effect of stress ratio during crack propagation and fatigue for 2024-T3 and 7075-T6 aluminum	Walker K	*ASTM International*	1970	1107

续表

序号	论文题目	作者	期刊	年份	引用数
5	A theory for fatigue failure under multiaxial stress-strain conditions	Brown M W, Miller K J	*Proceedings of the Institution of Mechanical Engineers*	1973	1050
6	A critical plane approach to multiaxial fatigue damage including out-of-phase loading	Fatemi A, Socie D F	*Fatigue & Fracture of Engineering Materials & Structures*	1988	953
7	Cumulative fatigue damage and life prediction theories: A survey of the state of the art for homogeneous materials	Fatemi A, Yang L	*International Journal of Fatigue*	1998	716
8	Stress corrosion and static fatigue of glass	Wiederhorn S M, Bolz L H	*Journal of the American Ceramic Society*	1970	663
9	Fracture and fatigue in graphene nanocomposites	Rafiee M A, Rafiee J, Srivastava I, et al	*Small*	2010	596
10	Mechanisms of fatigue crack-propagation in metals, ceramics and composites: Role of crack tip shielding	Ritchie R O	*Materials Science and Engineering: A*	1988	539
11	Effects of defects, inclusions and inhomogeneities on fatigue strength	Murakami Y, Endo M	*International Journal of fatigue*	1994	523
12	A finite-volume-energy based approach to predict the static and fatigue behavior of components with sharp v-shaped notches	Lazzarin P, Zambardi R	*International Journal of Fracture*	2001	521
13	Additive manufactured AlSi10Mg samples using Selective Laser Melting (SLM): Microstructure, high cycle fatigue, and fracture behavior	Brandl E, Heckenberger U, Holzinger V, et al	*Materials & Design*	2012	498
14	Mechanisms of fatigue-crack propagation in ductile and brittle solids	Ritchie R O	*International Journal of Fracture*	1999	493
15	Polarization fatigue in ferroelectric films: Basic experimental findings, phenomenological scenarios, and microscopic features	Tagantsev A K, Stolichnov I, Colla E L, et al	*Journal of Applied Physics*	2001	469
16	Structural and functional fatigue of NiTi shape memory alloys	Eggeler G, Hornbogen E, Yawny A, et al	*Materials Science and Engineering: A*	2004	460
17	A crack opening stress equation for fatigue crack growth	Newman J C	*International Journal of Fracture*	1984	458
18	Geometrical effects in fatigue: A unifying theoretical model	Taylor D	*International Journal of Fatigue*	1999	417
19	Fatigue and switching in ferroelectric memories: Theory and experiment	Duiker H M, Beale P D, Scott J F, et al	*Journal of Applied Physics*	1990	413
20	A model of extrusions and intrusions in fatigued metals I . point-defect production and the growth of extrusions	Essmann U, Gosele U, Mughrabi H	*Philosophical Magazine A*	1981	413

注：序号 1、2、4 和 5 为 Google Scholar 的统计结果，其余均来自 Web of Science；被引用数统计截止到 2020 年 11 月。

1.2.3 关键研究领域分析

1. 蠕变-疲劳领域

蠕变-疲劳是复杂载荷模式的典型代表，具有广泛的工程需求。以"fatigue"和"creep"为检索词，在 Web of Science 中检索 1970～2020 年期间发表的论文情况，结果如图 1-12 所示。从图中可以看出，1970～1998 年，论文数量逐年增加，而 1999～2008 年，论文数量处于低位，随后基本保持在每年 70 篇左右。进一步以检索到的论文为对象，分析蠕变-疲劳领域研究热点的变化。结果表明，20 世纪 70 年代的工作聚焦于损伤模型的构建，而 20 世纪 80 年代的热点为裂纹扩展及预测、损伤机理与寿命预测等方面。20 世纪 90 年代后的研究工作与高温材料等有关，SiN、SiC 复合材料、铅锡焊料和接头、高 Cr 耐热钢、Ni 基合金等成为热门的研究对象。近 10 年来，人们更关注能量法损伤模型，并在多轴加载行为、断裂参量和模型等方面开展了较多的研究工作，这与近年来中国、印度等国家大力发展先进发电设备、航空发动机、燃气轮机等重大装备有关。

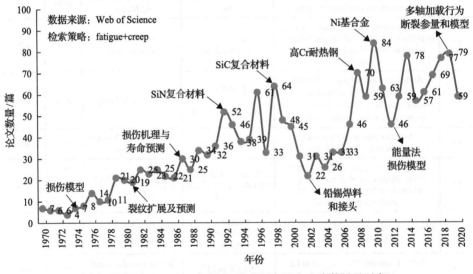

图 1-12   1970～2020 年蠕变-疲劳研究论文发表数量及对象

表 1-2 列出了 1970～2020 年蠕变-疲劳研究方向被引次数较多的论文。从表中可以看出，引用次数靠前的论文主要发表于 20 世纪 70～80 年代，论文报道的内容主要涉及损伤模型、裂纹扩展、蠕变-疲劳-氧化方面的损伤机理及寿命模型；论文作者主要包括法国 Pineau 教授、美国 Sehitoglu 教授等，而论文主要的发表期刊包括 *Journal of Engineering Materials and Technology*、*Materials Science and Engineering: A*、*Metallurgical Transctions A*、*International Journal of Fracture* 和 *Acta*

Materialia 等。

表 1-2　1970～2020 年蠕变-疲劳研究方向被引次数较多的论文列表

论文题目	作者	期刊或会议	年度	引用数
Application of damage concepts to predict creep-fatigue failures	Lemaitre J, Plumtree A	*Journal of Engineering Materials and Technology*	1979	179
Accumulated creep strain and energy density based thermal fatigue life prediction models for SnAgCu solder joints	Syed A	54th Electronic Components & Technology Conference	2004	175
Thermomechanical fatigue, oxidation, and creep: Part 1. Damage mechanisms	Neu R W, Sehitoglu H	*Metallurgical Transctions A*	1989	140
Thermomechanical fatigue, oxidation, and creep: Part 2. Life prediction	Neu R W, Sehitoglu H	*Metallurgical Transctions A*	1989	129
The effect of microstructure and environment on the crack growth behavior of inconel 718 alloy at 650℃ under fatigue, creep and combined loading	Pedron J P, Pineau A	*Materials Science and Engineering: A*	1982	126
Creep-fatigue-oxidation interactions in a 9Cr-1Mo martensitic steel. Part 1: Effect of tensile holding period on fatigue lifetime	Fournier B, Sauzay M, Pineau A	*International Journal of Fracture*	2008	102
Evaluation of the strength and creep fatigue behavior of hot isostatically pressed silicon nitride	Ferber M K, Jenkins M G	*Journal of the American Ceramic Society*	1992	100
A generalized energy-based fatigue-creep damage parameter for life prediction of turbine disk alloys	Zhu S P, Huang H Z, He L P, et al	*Engineering Fracture Mechanics*	2012	99
Constitutive relation and creep-fatigue life model for eutectic tin lead solder	Knecht S, Fox L R	*IEEE Transactions on Components Hybrids & Manufacturing Technology*	1990	91
A cohesive zone model for fatigue and creep-fatigue crack growth in single crystal superalloys	Bouvard J L, Chaboche J L, Feyel F, et al	*International Journal of Fracture*	2009	91

注：被引次数的统计时间截至 2020 年 11 月。

2. 超高周疲劳领域

超高周疲劳是对低周疲劳和高周疲劳研究的延伸，是近 20 年的新兴研究领域。以"very high cycle fatigue""ultralong cycle fatigue""gigacycle fatigue""superlong life fatigue""ultrahigh cycle fatigue"为主题词，通过 Web of Science 数据库共检索到学术论文 579 篇（时间截至 2020 年 11 月）。从图 1-13 的论文分布情况可见，2006 年后 SCI 论文数量处于较高水平，2016 年的论文数量最多，总体上反映了这一领域逐年升温的研究态势。

3. 原位疲劳领域

以"in situ"和"fatigue"为检索词，在 Web of Science 中检索近 50 年来的论文发表情况，结果如图 1-14 所示。从图中可以看出，20 世纪 70～80 年代的论文数量很少，90 年代后的论文数量逐年增加，至 2018 年论文数量达到 90 篇左右，表明原位疲劳的研究逐渐成为研究热点。对所发表论文进行分析，可以看出每一时期的研究热点与主题。图 1-14 中的文字标注基本反映了原位疲劳领域关键技术的发展和进步，表明原位疲劳试验是开展疲劳损伤机理或微细观力学行为研究的重要手段。例如，原位疲劳的研究需求逐步与扫描电子显微镜(scanning electron microscopy, SEM)、透射电子显微镜(transmission electron microscopy, TEM)、X

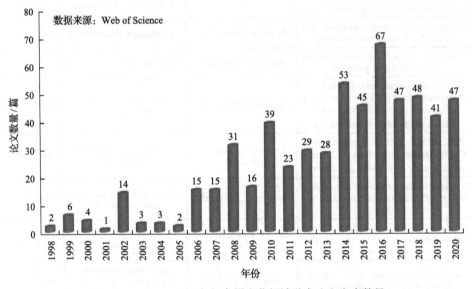

图 1-13　1998～2020 年超高周疲劳领域学术论文发表数量

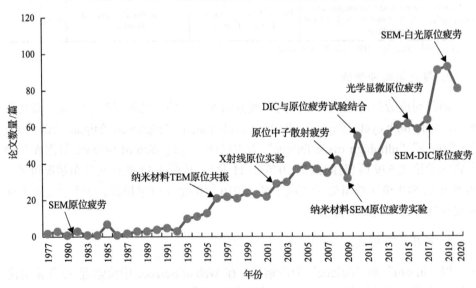

图 1-14　近 50 年来原位疲劳方向的论文发表情况及热点分析

射线、中子散射、数字图像相关法(digital image correlation, DIC)、光学显微镜及同步辐射等技术结合起来。

4. 有限元分析领域

有限元分析是重要的研究工具,其在疲劳领域的应用能够反映技术发展的趋势。图 1-15 为 1970~2020 年基于有限元分析方法开展疲劳研究的论文分布情况(其中 1970~1972 年没有相关论文)。从图中可以看出,该领域的论文发表数量逐年增加,表明疲劳分析计算技术逐渐成为人们的研究工具,尤其是近 10 年,平均每年有 125 篇论文发表。从论文报道的研究主题看,20 世纪的研究主要集中在应力分析、裂纹闭合和三维裂纹扩展三个方面。进入 21 世纪以来,随着有限元分析方法的进步,尤其是晶体塑性有限元和扩展有限元分析技术的发展,为复杂条件下的疲劳研究提供了重要支撑。图 1-15 中的插图表示 1992 年以来,基于晶体塑性方法的疲劳研究的论文数量逐渐增加。扩展有限元和晶体塑性有限元等方法的出现促进了人们对疲劳裂纹扩展行为和多尺度疲劳损伤问题的研究,为多尺度、多场耦合条件下的疲劳破坏机理研究提供了重要的工具。

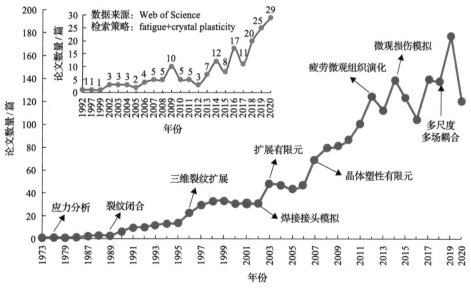

图 1-15　1970~2020 年疲劳有限元研究的论文分布

1.2.4　国内主要研究单位分析

我国自 20 世纪 70 年代以来,逐渐形成了一批疲劳研究的队伍。图 1-16 为近 20 年中国发表疲劳领域论文研究团队的统计情况,共有 31 家单位的发文数量超过 100 篇。进一步分析近 20 年的研究热点,厘清发展变化的趋势,结果见表 1-3。

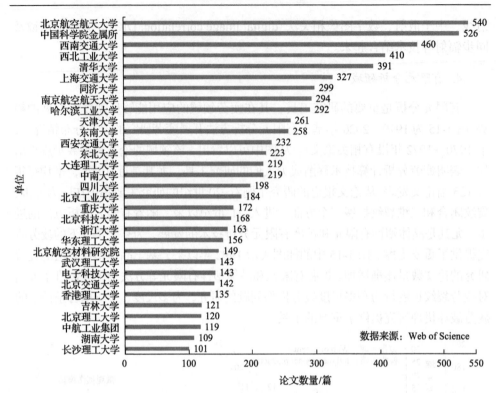

图 1-16　近 20 年(2001～2020 年)中国发表疲劳论文的研究团队

表 1-3　国内相关单位近 20 年疲劳研究热点问题的比较

单位名称	前 10 年(2001～2010 年)		后 10 年(2011～2020 年)	
	论文数量	研究热点	论文数量	研究热点
中国科学院金属研究所	237	表面纳米化、超高周疲劳、铜薄膜/镁合金/钛合金/金属玻璃	289	梯度纳米化、增材制造、纳米孪晶铜、孪晶界断裂、超高周疲劳
北京航空航天大学	71	热障涂层、复合材料、蠕变-疲劳、金属玻璃	469	钛合金、增材制造、复合材料、蠕变-疲劳、镍基合金、纳米材料
西南交通大学	102	超高周疲劳、棘轮、概率寿命与可靠性	358	NiTi 合金、高铁结构疲劳、接触疲劳、超高周疲劳、同步辐射
清华大学	147	电极材料、纳米材料、铁电材料、原位疲劳	244	压电陶瓷、超高周疲劳、原位高温疲劳、纳米孪晶
西北工业大学	107	棘轮、喷丸强化、高低周复合、超高周、压痕	303	焊接接头、复合材料、NiTi 合金、微动疲劳
上海交通大学	66	碳纳米管、寿命预测、镁合金、蠕变-疲劳、涂层	261	镁合金、焊接接头、喷丸强化
华东理工大学	33	激光冲击、表面纳米化、涂层、裂纹、蠕变-疲劳	123	蠕变-疲劳、小裂纹、超高周疲劳、非线性超声检测

由表 1-3 可见，2001～2020 年，所选的国内 7 家单位后 10 年的论文数量明显高于前 10 年，这一方面与前 10 年的研究累积效应有关，另一方面也表明疲劳研究已成为刚性需求。值得注意的是，北京航空航天大学发表论文的数量增幅最大，成为后 10 年发表论文数量最多的单位，表明其在疲劳领域研究的势头强劲。对于研究热点的变化，中国科学院金属研究所的研究热点受到纳米尺度断裂和增材制造的驱动，清华大学以新材料、原位疲劳测试及微观机理等研究为特色，华东理工大学更关注复杂载荷的疲劳及其损伤监测等问题的研究。相关单位研究热点的变化，一方面反映了国际学术前沿的动态，另一方面也反映了国内部分行业需求的变化。

1.2.5　中美比较分析

比较中国与美国在疲劳领域的差异，可以帮助我们找到短板，实现超越。图 1-17 为 1970～2020 年中国与美国发表的疲劳研究论文数量的比较结果。从图中可以看出，中国与美国发表论文数量的差异可分为三个阶段：美国领先阶段（1970～2007 年）、中美相持阶段（2008～2010 年）和中国赶超阶段（2011～2020 年）。在美国领先阶段，美国发表的论文数量明显多于中国，中国自 1982 年相关研究才逐渐起步；在中美相持阶段，中国与美国的论文数量均在 300 篇/年左右；在中国赶超阶段，中国发表的论文数量大幅度提升，而美国的研究论文数量呈波动性增长，但增长缓慢。近 10 年，中国的疲劳研究在体量上相对美国具有绝对优势，中国赶超可能与日益增长的先进制造业的发展需求有关，也表明中国在疲劳研究领域已是世界大国。2020 年中美发表的论文数量均略有下降，这可能与新冠疫情对科研的影响有关。

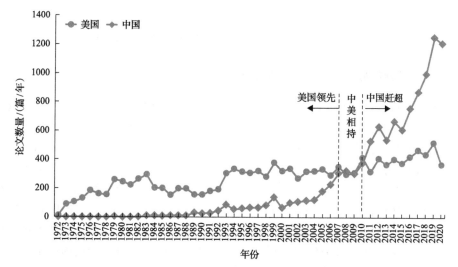

图 1-17　1970～2020 年中国与美国疲劳研究论文发表数量的比较

自 1998 年以来,中国发表的论文数量稳步增长。基于这方面的考虑,分析了 1998~2020 年中国与美国发表的较高被引次数论文的特点,并采用关键词描述每 4 年的研究热点,如图 1-18 所示。从中国方面看,疲劳研究的主题经历了多轴疲劳、棘轮、超高周疲劳和概率疲劳等过程,热点研究对象包括单晶铜、铁电材料、铜薄膜、复合材料、岩石材料、梯度纳米晶、增材制造和隧道/桥梁等材料与结构;中国与美国共同关心的问题包括电极材料、金属玻璃、镁合金、水凝胶和沥青混合物等材料的疲劳及疲劳损伤监测/检测等领域的研究。同时可见,超高周疲劳领域逐渐由共同热点转变为中国热点,疲劳损伤监测/检测领域由早期的美国热点转变为中美共同的热点,而在增材制造、高熵合金等领域,美国先于中国开展研究。此外,在碳纳米管、燃料电池、镍基合金、石墨烯和镍钛合金等新材料热点研究领域,目前主要由美国主导,中国仍需抓紧赶上。

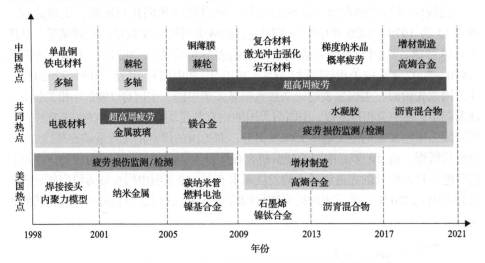

图 1-18　1998~2020 年疲劳领域中国与美国研究热点的变化

1.2.6　疲劳研究领域科学基金资助分析

在国家自然科学基金学科分布方面,与疲劳研究相关的基金项目涉及机械工程、材料和力学等学科,本书着重分析疲劳研究在机械结构强度学(申请代码 E0504)方向的资助情况。经统计,自 1986 年国家自然科学基金委员会成立迄今,已资助面上、青年、地区等各类型项目共 761 项,资助金额 36165.5 万元(截至 2020 年 11 月)。其中,与疲劳直接相关的项目共计 229 项,资助金额 11292 万元,约占比 31%。从项目类型看,面上项目 105 项、青年基金项目 85 项、地区基金项目 21 项、国际合作与交流项目 4 项、杰青项目 4 项、优青项目 3 项、海外青年合作基金项目 1 项、联合基金项目 3 项、重点项目 3 项和重大研究计划项目 1 项,多类型项目的资助表明疲劳研究领域相当活跃。

对 1993～2020 年疲劳研究获科学基金的资助情况进行统计，结果如图 1-19 所示。从图中可以看出，在 1993～2000 年、2001～2010 年和 2011～2020 年三个时间段，科学基金的资助数量呈现出较低水平、稳步提升和快速增加的特点。1993～2000 年共资助 12 项，项目主题涉及疲劳监测技术、多轴疲劳和抗疲劳设计等；2001～2010 年资助的项目有所增加，共资助 37 项，项目主题涉及新材料、焊接/连接结构、复杂载荷下的疲劳行为、损伤与寿命预测、抗疲劳制造工艺等，体现了增长的工程需求对疲劳研究的推动作用；2011～2020 年资助的数量快速增加，达到了 180 项，项目研究主题涉及新材料/结构、复杂环境/载荷、内部缺陷致裂、多尺度损伤机理、裂纹/损伤的监测、材料/工艺与性能等多个方面，这在很大程度上受到知识获取的驱动，体现了人们对疲劳理论与方法研究在广度和深度方面的拓展，并逐渐与制造工艺相融合。

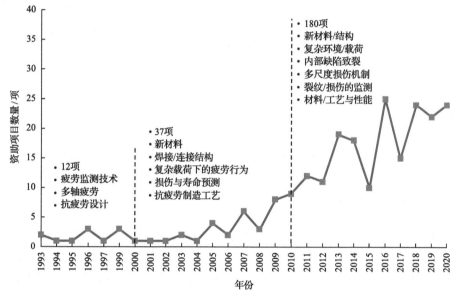

图 1-19　1993～2020 年疲劳研究获科学基金的资助情况

1998 年数据为零，未体现在图中

对基金资助项目的研究主题与前述国际研究热点进行比较，可以看出部分受资助项目的研究对象、所采用的方法和科学问题具有明显的创新性。例如，1993 年批准的基金面上项目"金属内部及表面疲劳极限研究"，这在当时处于国际学术前沿，至今还是人们开展超高周疲劳研究需要考虑的科学问题；1994 年批准的青年基金"运用神经网络的疲劳过程实时监测方法的研究"，这对近年来装备的损伤监测与智能运维技术研究具有引领性。因此，自然科学基金资助的疲劳领域的科研项目创新性明显，并具有较好的前瞻性和引领性。科学基金已成为引导科学家探索科学前沿、潜心开展基础研究、提升学科国际影响力的重要渠道。

1.2.7　从热点看趋势

近 50 年疲劳领域的研究热点分析清楚地表明，前期研究侧重于疲劳基础理论框架的发展，如多向应力、短裂纹、裂纹闭合和复合材料的研究丰富了疲劳的早期理论，形成了人们熟知的疲劳理论框架。这一阶段的疲劳研究受到工程需求的推动，尤其是工程事故调查与取证的驱动，其主要目标是满足新型工业装备的设计与制造需求，进而提高工程结构的服役安全性。进入 21 世纪以来，疲劳研究聚焦于非传统材料和非传统制造工艺等新兴领域，如高熵合金、增材制造等引发的新疲劳问题扩大了疲劳研究对象，丰富了疲劳理论与方法。原位试验技术和有限元分析方法的进步为深入分析疲劳行为和多尺度损伤机理提供了很好的工具，使疲劳这一古老的问题焕发出新的生机与力量，也使疲劳领域呈现出"永远有疲劳问题研究"且"永不疲劳的研究"的景象，这一阶段的研究以知识驱动为主要特点，人们期待着提供更多的科学证据以解释传统现象，或者将现有的疲劳理论拓展至新的未知领域。因此，知识驱动型的疲劳研究将会成为新阶段的主流趋势。

1.3　主要研究进展

分析疲劳领域的论文发表情况，有助于从研究热点的变化中发现新趋势，而掌握疲劳领域的具体进展有助于明确现状与问题，最终提出新趋势下的研究思路。

1.3.1　里程碑式的工作

自"疲劳"一词正式提出以来，人们围绕疲劳问题开展了诸多研究，很多标志性工作奠定了疲劳的重要理论基础，具有里程碑式意义[17]。图 1-20 为 1854～2020 年疲劳领域中里程碑式的工作，图中年份特指相关研究成果发表见刊的时间。从图中可以看出[18,19]，19 世纪末另一具有重要意义的工作是包辛格效应的提出[20]；20 世纪前半叶的重要工作包括 Basquin 建立应力-寿命关系[21]、Palmgren-Miner 提出的损伤累积准则[22,23]及 Manson-Coffin 关系的提出[24,25]。20 世纪 60 年代后，随着微观分析手段的进步和断裂力学的发展，疲劳研究领域涌现出大量具有重要意义的工作。Forsyth[26]与 Ryder[27]利用微观电镜技术观察到了疲劳断口存在辉纹；Neuber[28]建立了较为成熟的缺口应力理论，从而为深入认识疲劳极限和结构设计提供了基础；Paris 和 Erdogan[13]对疲劳裂纹扩展行为进行描述，提出了裂纹扩展速率与应力强度因子范围的幂函数关系，即 Paris 公式；Matsuishi 和 Endo[29]提出雨流计数法，解决了变幅载荷下的循环数计算，进而为结构寿命估算提供了依据。

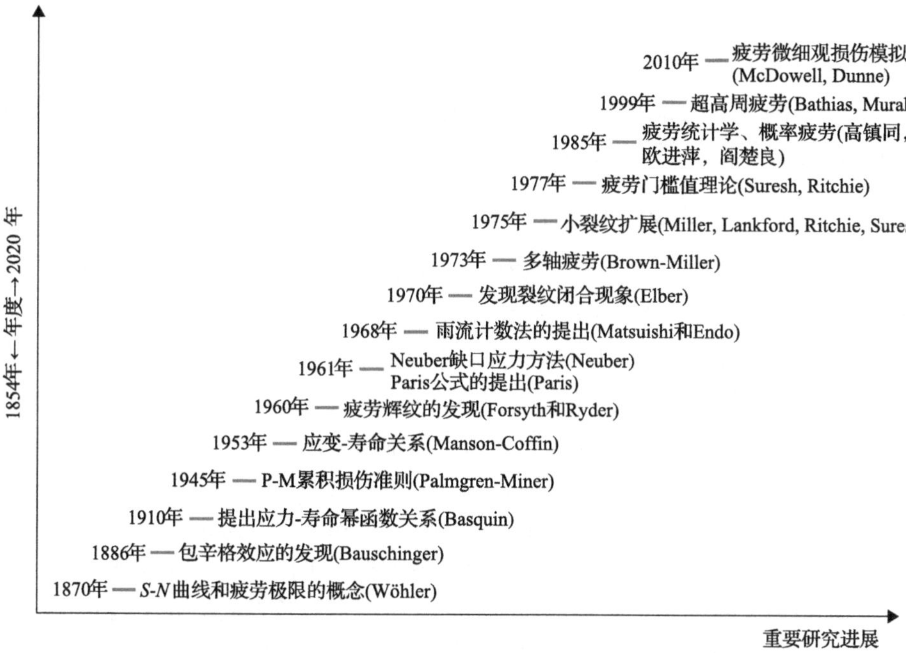

图 1-20　1854～2020 年疲劳领域的里程碑工作

20 世纪 70 年代，Elber[14]发现裂纹闭合现象，这成为伴随裂纹扩展过程的一个重要特征，至今仍是研究热点；Brown 和 Miller[30]建立了多轴疲劳强度与寿命的关系；Miller[31]、Lankford[32]、Suresh 和 Ritchie[33]、Ritchie 和 Lankford[34]系统地研究了小(短)裂纹的扩展行为，提出了疲劳裂纹扩展的短裂纹效应；Ritchie 与 Suresh 等对近门槛值区的疲劳裂纹扩展行为及断裂机理进行了研究[35-37]，为疲劳门槛值测试和损伤容限设计提供了理论基础。进入 20 世纪 80 年代，我国科学家高镇同、欧进萍和闫楚良在疲劳统计学和概率疲劳方面的工作为疲劳的工程应用提供了基础[38-40]。20 世纪 90 年代后期，超高周疲劳逐渐成为研究热点，Bathias[41]和 Murakami 等[42]较早地开展了相关研究工作。进入 21 世纪，McDowell 和 Dunne[43]提出微观组织敏感的疲劳模拟方法，至今仍是本领域的热门研究领域。

1.3.2　基于应变-寿命曲线的欧洲疲劳设计理论体系

Wöhler[18]针对铁路车轴钢进行了疲劳试验研究，研发了旋转弯曲疲劳试验装置，并于 1870 年首次提出了应变-寿命(S-N)曲线及疲劳极限概念，被工程领域沿用至今[19]。在 S-N 曲线的基础上，人们分析发现循环应力幅比最大应力更重要，Goodman、Gerber、Soderberg 等相继考虑平均应力效应[44]，所建立的疲劳应力幅-平均应力关系曲线沿用至今[11]，Basquin[21]构建了应力幅与疲劳寿命的关系式。将应力-寿命关系应用到变幅载荷条件需要疲劳损伤的计算方法，而 Palmgren[22]

和 Miner[23]提出的线性累积损伤提供了重要的准则,至今成为疲劳寿命计算的主要路线,Matsuishi 和 Endo[29]提出的雨流计数法为变幅载荷计算提供了准确的方法。基于 *S-N* 曲线发展起来的疲劳损伤与寿命的计算方法,成为欧洲国家开展结构抗疲劳设计的理论基础,在铁路、航空等领域发挥着重要作用。

1.3.3 基于应变-寿命曲线的美国疲劳设计理论体系

20 世纪 50 年代的多起疲劳事故使人们关注到缺口疲劳行为,而疲劳试验技术的发展使高应力水平下的疲劳测试成为可能。20 世纪 50 年代,美国 Baldwin 公司的 Head 和 Anon 研制了基于液压伺服系统的疲劳试验机,这为精准控制应变提供了技术基础[45];美国国家航空航天局(NASA)研究员 Manson(1953 年)和 Coffin(1954 年)分别开展了应变控制的高应力幅疲劳试验,发现塑性应变与疲劳寿命的函数关系[24, 25]。在塑性应变与疲劳寿命关系的基础上,围绕缺口疲劳问题相继提出了描述缺口应力应变的 Neuber 规则[28]和 Smith-Watson-Topper 缺口损伤参量[46],Brown 和 Miller[30]发现多轴疲劳的最大损伤平面,而 Fatemi 和 Socie[47]提出了多轴疲劳临界面法。应变-寿命关系及缺口疲劳理论发展成为美国疲劳设计的基础理论,在航空航天等结构抗疲劳设计中发挥着重要作用。

1.3.4 我国结构疲劳研究的主要进展

20 世纪 70 年代开始,国内逐渐重视对疲劳的研究,70 年代初期的工作主要围绕疲劳试验机的设计与制造进行。70 年代后期,颜鸣皋系统综述了疲劳裂纹扩展规律及微观机理的进展[9,48,49],师昌绪研究团队报道了蠕变与低周疲劳的交互作用行为[50],徐灏[51]提出了疲劳强度可靠性设计的重要性,张康达[52]分析了压力容器疲劳设计的 ASME 标准,中国航发北京航空材料研究院(原 621 研究所)讨论了喷丸强化对高温疲劳的影响[53],国内一些单位翻译整理了国外的研究成果[54,55]。进入 80 年代后,国内对疲劳的研究逐渐兴起,郑修麟[56]提出了预测裂纹萌生寿命的局部应力-应变法,高镇同和傅惠民[38]提出了疲劳强度的概率分析方法,闫楚良和王公权[39]提出了载荷谱的编制方法。90 年代,谢里阳和林文强[58]发展了概率累积损伤准则,李金魁等提出了内部疲劳极限的概念[59,60],陈旭等[61]研究了非比例加载的多轴低周疲劳,欧进萍和叶骏[40]发展了概率疲劳累积损伤方法,姚卫星等[62,63]提出了结构抗疲劳设计的应力场强方法,尚德广等[64]建立了多轴疲劳损伤模型。进入 21 世纪后,疲劳的研究领域得到扩大,由轨道交通、压力容器和航空航天等领域进一步拓展到土木、矿业、汽车、发电、船舶和新材料等领域[65-72]。疲劳理论与方法得到进一步发展,如赵永翔[73]提出了应变疲劳可靠性分析方法,王清远、薛红前、轩福贞、王弘、李守新和洪友士等相继开展了超高周疲劳研究[74-79],赵振业[80]提出了抗疲劳制造技术,吴学仁和刘建中[81]提出了基于小裂纹理论的疲劳全寿命预测方法,还有学者提出的概率疲劳寿命预测成为解决结构疲劳的重要方法[82-85]。

1.3.5 疲劳裂纹扩展机制及理论描述

在裂纹扩展方面,图 1-21 为连续介质力学框架下疲劳裂纹扩展行为的统一描述。从图中可以看出,在疲劳裂纹的扩展过程中,裂纹长度增加的同时,对应的物理机理也发生着重要转变,大体上可以分为不连续机理、连续性机理和快速断裂主导的三个阶段。在不连续机理主导阶段,疲劳裂纹以纳米尺度、物理短裂纹和近门槛值区裂纹呈现,此时裂纹短、裂纹扩展不连续,疲劳裂纹扩展速率与应力强度因子范围ΔK 的规律并不明显、随机性大。研究发现,疲劳裂纹的萌生及早期扩展寿命约占疲劳总寿命的 70%~80%,甚至更多。Pearson[86]对短裂纹的研究发现短裂纹扩展速率快于长裂纹,即"短裂纹效应";Kitagawa-Takahashi 图的提出完整描述了短-长裂纹的转变机理[87],而 El Haddad 等[88,89]推导了短-长裂纹转变的临界裂纹长度公式;Suresh 等[36,37,90]系统阐明了裂纹的闭合机理和理论模型;Navarro 和 Rios[91,92]提出了短-长裂纹的统一扩展模型,解决了裂纹随机扩展的理论描述问题;Newman 等[93,94]提出了基于短裂纹理论的寿命预测方法;Zhu 等[95,96]建立了近门槛值区疲劳裂纹扩展的统一模型。在连续扩展机理阶段,疲劳裂纹扩展速率与ΔK 呈现明显的线性关系,疲劳裂纹扩展基本可用 Paris 公式进行描述。在快速断裂区,疲劳裂纹的扩展速率增加得很快,占疲劳总寿命分数较少。

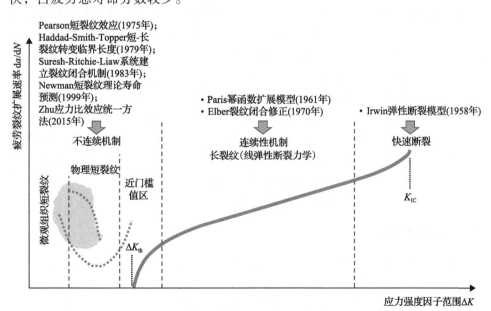

图 1-21 连续介质力学框架下的疲劳裂纹扩展机理及理论描述

1.3.6　蠕变-疲劳交互效应

蠕变-疲劳交互效应的提出与人们对更高温度的利用密切相关。1951 年，美国阿贡国家实验室建造了首台快中子增值核反应堆（EBRI-1），提出蠕变-疲劳交互作用是潜在破坏原因。1963 年，ASME 标准 Code Case 1331 首次提出使用线性累积损伤模式计算作为蠕变-疲劳交互设计准则。随后，蠕变-疲劳交互作用的潜在破坏性进一步得到了两个失效事故的证实，即 1974 年美国 TVA Gallatin 热电厂 2 号机组转子蠕变-疲劳断裂失效事故和 1979 年美国 Sabine 热电厂再热管发生的蠕变-疲劳失效事故。

围绕蠕变-疲劳问题，人们在损伤累积与寿命预测方面取得了重要进展。1963 年，ASME Code Case N-47 提出采用 Miner 线性疲劳损伤和 Robinson 蠕变损伤叠加的路线，这一技术路线被工程沿用至今；1971 年，Manson 等[97]提出应变范围划分模型（strain range partitioning, SRP），被 NASA 采用；1975 年，Lemaitre 和 Chaboche[98]以线性损伤累积律为基础，建立了损伤理论模型；1976 年，Coffin 等[99]提出了基于 Manson-Coffin 公式的频率修正模型；1980 年，Hales[100]提出了韧性耗竭模型，被 R5 规程采用；2013 年，Takahashi 等[101]发表了关于应变能密度耗竭模型的工作成果。

蠕变及蠕变-疲劳裂纹扩展的研究至关重要。1976 年，Landes 与 Begley[102]率先建立稳态蠕变断裂参量；1981 年，Bassani 和 McClintock[103]提出过渡蠕变范畴的参量 $C(t)$；1986 年，Saxena[104]提出小范围和过渡蠕变范畴的参量 C_t；1990 年，Yoon 等[105]建立包含蠕变影响的蠕变-疲劳裂纹扩展模型，被美国电力研究院（Electric Power Research Institute, EPRI）采用；2004 年，Xuan 等[106]提出非均匀材料的参量 C_t；2009 年，Xuan 等[107]建立了多裂纹干涉与合并的判据与模型。此外，人们基于蠕变强度理论对高温设备进行了安全评价，1975 年，Dowling 和 Townley[108]提出的延性断裂与塑性失效评价方法被轩福贞和涂善东等于 2006 年发展成为包括蠕变损伤、延性断裂和塑性失效等多失效模式的协同评价方法[109]。蠕变-疲劳交互效应的微观机理研究方面，Hales[110,111]系统阐明微观机理的载荷依赖性，而产生蠕变-疲劳交互的应力区间问题仍不明确；2017 年，Gong 和 Xuan[112]阐明蠕变-疲劳交互效应下的缺口强化和弱化机理。

1.3.7　腐蚀疲劳模型

疲劳与腐蚀环境的结合促成了对腐蚀疲劳的研究，人们对腐蚀疲劳的研究仍起源于相关的事故，尤其是同材料与结构的季节性开裂密切相关。例如，1860 年，英军在印度发现大量弹壳黄铜发生了"季节性开裂"（应力腐蚀），而最早的腐蚀疲劳事故报道于第一次世界大战期间，当时英国海军扫雷器引线破裂，其后发现大量轮轴、锅炉等设备的腐蚀疲劳事故[113]；1988 年，美国阿罗哈航空公司波音 737 飞机发生事故，分析表明沿海飞行导致的含盐湿度是腐蚀疲劳的重要原因，这也引起人们对老化的航空结构完整性问题的重视[114]。

人们关于腐蚀疲劳的研究最早可追溯到 1917 年 Haigh 发表腐蚀疲劳的试验报告，随后 1926 年，McAdam 和 Lehmann 发表腐蚀疲劳方面的论文，并提出"腐蚀-疲劳"概念，成为 20 世纪冶金学的重大进展[113]。1944 年，由美国材料实验协会(American Society of Testing Materials,ASTM)、美国矿业、冶金和石油工程师协会(American Institute of Mining, Metallurgical and Petroleum Engineers, AIME)发起第一个关于"金属应力腐蚀开裂"的研讨会在美国费城召开，主要讨论黄铜等的腐蚀开裂[115]；20 世纪 60 年代，Leckie[116]首先采用电位法研究裂纹的生长速率与施加电位的关系，成为当前腐蚀疲劳裂纹生长规律研究的主流方法，Wei 和 Landes[117-119] 提出腐蚀疲劳裂纹扩展的叠加模型，未考虑机械和环境成分影响；1977 年，Austen 和 Walker[120]认为，机械、化学作用是竞争而不是叠加的，腐蚀疲劳裂纹的生长速率取决于这两个因素谁占优势。进入 21 世纪，腐蚀疲劳的相关研究更多地聚焦于微纳观尺度的机理研究，以从根本上阐明腐蚀疲劳破坏的微观机理[121]。

1.3.8　超高周疲劳行为

近 20 年来，超高周疲劳行为的研究是疲劳界的热点，其根本原因在于人们对传统疲劳极限是否存在产生的疑问。1984 年，Naito 等[122]报道了 50Hz 下超过 10^8 次应力循环的旋转弯曲疲劳试验结果，发现应力低于传统疲劳极限时仍会发生失效。因此，传统疲劳极限是否存在的问题引起了疲劳界的广泛兴趣[123]。2005 年，Chandran 和 Jha[124,125]研究表明超高周疲劳寿命受材料微缺陷和微结构主导，内部或亚表面为起裂位置，应力-循环次数表现为双 S-N 曲线现象。另外，超高周疲劳增长的研究兴趣也与工程结构的长寿命服役需求有关[76,126,127]。例如，发动机部件、汽车承力运动部件、铁路轮轴和轨道、飞机、海洋结构、桥梁和特殊医疗设备等，通常会承受高频低应力幅循环载荷的作用，实际的疲劳寿命已经超过了 10^7 周次，对这类构件的抗疲劳设计迫切需要获得对更长寿命条件下疲劳破坏行为的科学认知。

人们特别关注超高周疲劳内部微缺陷处的裂纹萌生与扩展机理[128,129]，至今已提出了多个缺陷致裂机理模型。例如，Murakam 等[42]提出氢元素(H_2、H、H^+)致裂机理，建立了夹杂物与寿命的关系；Wang 等[130]提出疲劳裂纹的萌生与扩展寿命模型；Shiozawa 等[131]提出碳化物脱黏模型；Sakai 等[132-134]提出细晶区细化脱黏模型；Grad 等[135]提出晶粒细化模型；Chai 等[136,137]认为缺陷致裂与局部塑性变形有关；Hong 等[138,139]提出大数循环压缩模型；Zhu 等[140,141]提出马氏体断裂形成的位错胞结构和塑性能量累积模型。

1.3.9　疲劳试验技术

疲劳试验技术的发展与进步是疲劳研究的重要支撑。对于疲劳的研究，试验技术主要包括疲劳试验机和微观分析技术。疲劳试验机是人们获取疲劳数据的基本工具。1870 年，Wöhler[19]报道了旋转疲劳试验机，使开展试样的疲劳试验成为可能；1938 年，瑞士 Amsler 公司 Russenberge 等报道了高频疲劳试验机[142]；1950年，Head 和 Anon 发明了液压伺服疲劳试验机[45]；此外，早在 1950 年 Mason 等报道了可在 20kHz 下振动的超声疲劳试验机，至 1959 年 Neppiras 首次报道用超声疲劳试验机测量得到的 S-N 曲线[143]，近 20 年来超声疲劳试验机重新受到重视，成为热门工具，用于研究多种材料的超高周疲劳行为[144]。

人们最初使用光学显微镜观察物质，20 世纪早期，Ewing 和 Humfrey[145]报道微裂纹形成过程中的表面滑移形貌，Gough[6]研究了弯曲与扭转共同作用下的疲劳机理。为了突破光学显微镜在放大倍数和分辨率的局限性，1932 年，Knoll 和 Ruska 发明了透射电子显微镜；至 1970 年，芝加哥大学的 Crewe 发明了场发射枪，至此场发射透射电子显微镜出现；1938 年，Ardenne 发明了 SEM，1965 年第一部商用 SEM 在英国剑桥出现，日本电子(JEOL)于 1966 年生产了第一台商用 SEM[146]。电子显微技术的发展为人们研究疲劳微观机理提供了高精度的工具[147]。此外，人们也开发并利用同步辐射技术来研究材料内部的损伤演化行为，2000 年，法日科学家分别报道了基于该技术的疲劳研究结果[148,149]，该技术成为近 20 年来热门的研究手段[150-152]。图 1-22 为疲劳试验机和微观分析技术的进步。

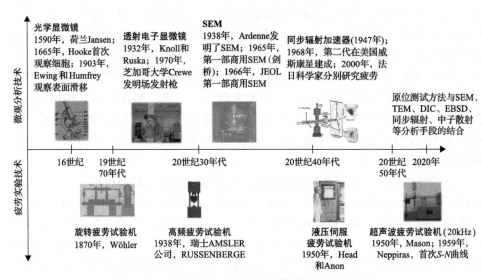

图 1-22　疲劳试验机及微观分析技术的发展与进步

除对疲劳后试样的损伤与断裂机理进行观测外，能够实时观测疲劳损伤过程的试验方法已成为讨论疲劳微观机理的主流手段。1969 年，Dingley[153]首次报道了块体材料在 SEM 内的原位试验装置；1979 年，Vehoff 与 Neumann[154]报道了块体材料在 SEM 的原位疲劳研究结果；1999 年，Poncharal 等[155]开展了纳米材料在 TEM 中的原位共振疲劳试验；同年，Morano 等[156]利用 X 射线原位疲劳装置观测疲劳裂纹的形貌，分析了裂纹闭合效应；2000 年以来，人们逐渐开始使用中子散射与同步辐射技术研究结构残余应力测量[157]、疲劳裂尖场测定[158,159]等；2009 年，Vanlanduit 等[160]将 DIC 技术用于原位分析疲劳裂纹扩展及应力强度因子；2012 年，Zybell 等[161]采用光学显微镜原位疲劳技术分析了疲劳裂纹扩展时的过载效应；2015 年，Lu 和 Zhu 等[162,163]利用 DIC 技术表征疲劳裂尖场，提出了疲劳裂纹扩展的临界应变准则；2018 年，Yang 等[164,165]将 DIC 技术用于研究描述疲劳裂纹扩展的 CJP 模型；2020 年，Yin 等[166]发展了高温 SEM-DIC 原位疲劳技术，研究了超强合金的高温疲劳裂纹扩展行为，Chen 等[167]将同步辐射技术与原位 SEM-DIC 结合起来分析疲劳裂纹的过载机理。可以看出，光学显微镜、电子显微镜、先进同步辐射及中子散射等技术提供了不同尺度和精度下疲劳裂纹的观测手段，对系统揭示疲劳破坏的微观机理和规律具有重要价值。

1.3.10　疲劳分析计算技术

疲劳分析计算技术可为疲劳试验结果提供佐证，并能提供试验无法提供的科学认知。实现疲劳分析需要具备计算能力和分析方法。有限元分析方法的发展与计算能力的提升支撑了疲劳分析。目前，人们基于疲劳分析工具已经获得了许多重要进展。1973 年，瑞典科学家 Härkegård[168]发表了基于有限元分析的缺陷萌生疲劳裂纹的研究论文。1982 年，英国恩科(nCode)国际有限公司成立，其开发的 MSC/FATIGUE 软件系统成为开展疲劳有限元分析的热门工具，使结构疲劳损伤与寿命分析的效率和便捷性得到了显著提高[169]。1989 年，McClung 和 Sehitoglu[170]发表了疲劳裂纹闭合模拟的研究成果，从而为人们研究疲劳裂纹扩展的驱动力提供了新方向，至今仍是疲劳有限元分析领域引用次数最高的论文。20 世纪 90 年代以后，晶体塑性有限元分析方法开始兴起[171-173]，这为人们分析疲劳的微细观损伤提供了重要手段，促使材料微观组织敏感的疲劳模拟技术成为前沿领域[43,174]。

近 20 年来，一些新分析方法的提出满足了疲劳多尺度损伤模拟的需求。例如，分子动力学方法可用于研究位错与晶界交互作用[175]，离散位错动力学方法能够输出滑移和位错密度，并能得到高度局部化的塑性应变和永久滑移带信息[176]，晶体塑性有限元方法可用于研究晶向和滑移系的影响，应变梯度模型可输出几何必要性位错密度等信息[177]，扩展有限元法实现了 3D 裂纹扩展模拟，且使网格划分更加便利[178]。通过发展以断裂机理为基础的疲劳损伤模拟技术，并与宏观连续介质模型实现关联，进而完整呈现疲劳裂纹的萌生过程及寿命，这是可行的技术路径，目前是疲劳领域的热门研究方向。但这一方向目前仍存在一些难题，包括分子动力学模拟与试验存在时间与长度尺度的不匹配性，人们正尝试采用原位 TEM 与分子动力学的协同方法来研究变形微观机理[179]；传统 TEM 的位错观察仅体现了2D 薄膜的局部结果，所以离散位错动力学的位错模拟结果难以用传统 TEM 的位错分布进行验证，且模拟仅能获得少数循环的结果[180]。

1.4　疲劳研究的挑战与机遇

通过对疲劳研究的回顾，从起源与演化过程中看理论与技术贡献，从文献分析中看热点与趋势，从疲劳的历史变迁中看标志性工作、关键领域的进展与现状及试验与分析方法的进步，比较完整地呈现了疲劳研究的历史、问题和现状。站在新的起点上，疲劳研究向何处去成为需要回答的根本问题。为此，总结疲劳研究领域的待解难题显得十分必要，而大数据技术可能为突破现有科学难题提供新的机遇。

1.4.1　疲劳研究领域的待解难题

1. 疲劳极限的存在性问题

一直以来，人们将疲劳极限作为材料的本质属性，认为它是材料常数，可用于评价材料的优劣，是结构抗疲劳设计的重要参数。人们普遍认为它代表的是裂纹萌生后不发生扩展的临界应力水平。传统认为，裂纹主要萌生于表面，疲劳极限反映了表面缺陷或表面裂纹不扩展时的疲劳强度。实际上，疲劳极限的尺度特性对其存在性构成了挑战，疲劳极限不仅局限于材料层面，结构或部件尺度上的疲劳极限对断裂的控制也至关重要。此外，随着对超高周疲劳研究的不断深入，疲劳破坏常起源于内部缺陷(如夹杂物、气孔)或不连续组织处，致使 S-N 曲线呈现多阶段特征(图 1-23)[181]。若从材料内部缺陷的角度分析疲劳极限，则材料受交变载荷作用终会断裂于内部缺陷处，即疲劳极限是不存在的[41]，所以有必要修正传统的疲劳设计方法；若从疲劳损伤过程的角度分析疲劳极限，则含缺陷或理想材料的疲劳损伤及其裂纹萌生与扩展过程必然存在裂纹萌生或扩展的临界应力条件[182]，即疲劳极限可能存在。因此，是否存在真实的疲劳极限仍是需要进一步求证的科学难题[183]。

2. 疲劳损伤的易感基因

循环塑性的不可逆性是疲劳损伤及裂纹萌生的源头[184,185]，人们相继建立了疲劳裂纹萌生的理论模型[186]，并从微观组织的角度开展多尺度损伤模拟[43]，综合运用分子动力学、位错动力学、晶体塑性和连续介质有限元等多种分析方法，明

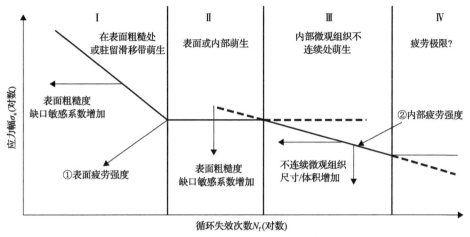

图 1-23　结构材料超高周疲劳的多阶段 S-N 曲线形式[181]

确了疲劳寿命分散性与微观组织的关系[187]，大量研究工作较好地揭示了材料的循环变形特征[188]及微观组织的疲劳损伤机理[189,190]。从材料开发与利用角度，人们更关心疲劳的易感基因，这对于优化材料冶金与制造工艺至关重要。目前的困境在于，难以明确复杂微观组织的疲劳损伤机制，单一条件与复杂因素的疲劳机制可能存在差异，不同尺度的疲劳损伤的主控机制不同，这导致确定控制疲劳性能的微观组织比较困难。因此，是否存在疲劳的易感基因又是一个科学难题。近年来，人们发展了高精度的应变测量与表征技术，配以原位观察，如高精度电子背散射衍射[191]、原位扫描电镜/数字图像相关[192]和 3D/4D 原位同步辐射技术等[193-195]，可以得到高分辨率的应变局部化信息[196]，这为开展如板条马氏体类微观组织的疲劳损伤定位及其演化行为研究提供了重要工具[197]，能够更精准地建立微观组织与疲劳性能的关系，进而为寻找相应尺度上的疲劳易感基因提供技术方案。

3. 疲劳裂纹扩展的主控因素

20 世纪 80 年代以来，人们对裂尖的塑性变形和尾迹的闭合机制的研究形成了裂纹扩展的动力与阻力的理论模型和描述方法(图 1-24)[198]。然而，疲劳裂纹是否扩展本质上是一个多尺度断裂问题，包括材料原子尺度的断裂、微观尺度上裂纹与材料特征组织的相互作用、宏观尺度上裂尖与尾迹力学参量平衡等方面，断裂准则的尺度相关性导致临界扩展条件的认识不唯一，疲劳裂纹尖端控制扩展的主要因素仍是待解难题。近年来，人们基于数字图像相关法尝试发展可定量的裂尖应变累积准则[199]，相较现有的基于应力强度扩展准则，其能更好反映地物理机制；基于同步辐射 X 射线衍射和计算 X 射线断层成像技术，有助于分析裂尖与尾迹三维断裂的物理机制[200]；基于衍射衬度成像技术分析晶粒尺度上的三维损伤与断裂机理[201]，有利于评判断裂模式与裂纹临界扩展条件。这些先进的试验测量和表征手段的兴起为疲劳裂纹扩展的多尺度特性及其主控因素的探索研究提供了较好的条件,但完全澄清断裂本质的科研之路还很长。

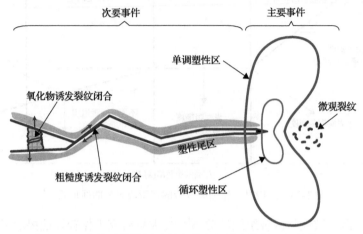

图 1-24　疲劳裂纹扩展过程中裂尖与尾迹的物理机制模型

4. 蠕变-疲劳交互效应的多尺度认识

人们对蠕变、疲劳及其交互作用发展了诸多理论模型和工程防断方法。现有研究认为,对某种材料,蠕变与疲劳两种载荷模式的交互作用需要具有一定条件,即敏感窗口期(图 1-25)[110]。目前存在的问题是,在交互效应的机理认识方面,仍不明确裂纹起裂和扩展路径是否存在叠加效应,而疲劳裂纹扩展的穿晶模式和蠕变裂纹扩展的沿晶模式是否存在交互作用仍不明;在交互效应的设计策略方面,ASME code case N-47 中线性叠加的下包络线是否足够保守或过于保守,仍缺乏数

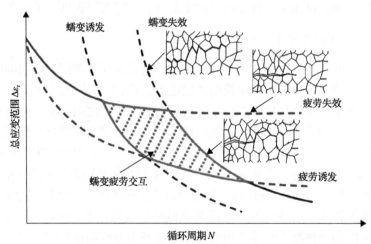

图 1-25　蠕变-疲劳交互作用存在敏感窗口[110]

据支持与验证。解决此类问题需要获得对蠕变-疲劳交互效应的多尺度认识。从材料尺度看，需要了解不同材料交互效应差异的机理，掌握晶粒内部如何交互及不同应力水平与材料的交互问题；从试样尺度看，需要明确不同简化载荷谱下的损伤与寿命，研究缺口或多向应力的叠加，并分析数据之间的关联性；从部件尺度看，由于存在广泛的局部不连续应力问题，因此需要发展高效的计算方法，并考虑载荷谱的科学简化，进而获得结构破坏的临界准则。

5. 疲劳设计安全系数的物理本质

安全系数是工程结构设计中材料破坏极限与设计许用值的比值，安全系数越大代表设计安全裕度越大，保守性越高。人们在确定安全系数的过程中，需要综合考虑材料类型、失效模式、应力分析精度、制造工艺和经济性等因素。随着计算精度的提高和制造工艺条件的改善[202]，安全系数也会发生变化(图 1-26)。以压力容器为例，美国 ASME 设计标准的安全系数已由最初的 5 降低到 3.5；中国《压力容器：GB 150—2011》常规设计的安全系数从 3 降低到 2.7，分析设计也由 2.7 降低到 2.4；欧盟《压力容器标准：EN 13445—2002》的安全系数较低，维持在 2.4。目前的安全系数确定具有较强的经验性，人们仍然不清楚安全系数数值所代表的真正含义，也没有关于其物理本质的研究。想突破这一难题需要揭示材料失效机制的物理本质，建立相应的断裂准则，并纳入试样和部件等多个尺度的断裂风险，如发展基于损伤模式的压力容器设计技术[203]。对疲劳设计的安全系数而言，也受到服役寿命区间的影响，不同的设计寿命可能具有不同的失效机制，如超高周疲劳中的多阶段 *S-N* 曲线关系,这会使安全系数表现为与服役寿命或损伤机制的相关性[204,205]。大数据科学为解决该难题提供了可能的途径。

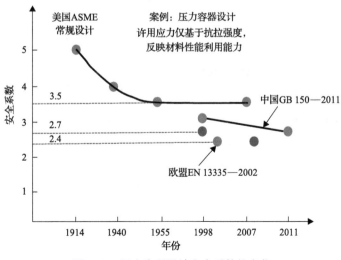

图 1-26　压力容器设计安全系数的变化

1.4.2 大数据时代的疲劳强度学

疲劳强度学涉及材料力学行为、制造工艺、结构几何参数和失效判据等基本内容。现有的研究思路主要包括从理论到现象的推演法、从试验现象到理论的归纳法及基于有限元的模拟仿真方法。然而，推演法中的理论推导过程存在多重假设和理想化等问题，无法对实际的试验现象进行准确描述；归纳法侧重于模拟条件下的现象分析，所以理论的普适性不足；有限元模拟获取的变化规律受限于模型的可靠性。这些方法通常以物理机制和规律为基础，并依赖于理想和简化模型，研究范式上注重因果逻辑。当涉及具体应用时，疲劳机理的尺寸相关性，材料、制造工艺和服役条件等多变量因素[206]，以及对安全系数的过度依赖，都为结构的安全带来不确定性。

近年来，以大数据和机器学习为代表的数据科学成为新时代科学与工程领域的热门工具[207]，强调因素之间的关联性，成为发展数据驱动研究范式和数据融合强度的基础。大数据时代的结构强度学范式为传统动力与能源革命带来的安全与强度知识基础，与信息与数据革命带来的数据利用需求得到有效融合，这不仅有利于解决复杂在役结构的故障诊断和寿命预测难题，也有利于满足高端工业领域机械结构的全寿命和高可靠安全保障需求。数据融合的疲劳强度学已经成为前沿研究领域与学科方向。大数据时代的疲劳强度学的研究思路包括健康状态感知、损伤机理预测和寿命智能管理三个步骤，最终实现具有数据支撑的结构疲劳寿命预测及装备智能化管理[208]，构筑基于感知-模型-诊断深度融合的设备服役安全科学基础，进而提供面向复杂系统服役安全的一体化方案(图 1-27)。

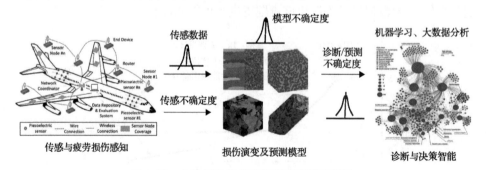

图 1-27　大数据时代的疲劳强度学研究思路

资料来源：https://www.imperial.ac.uk/structural-integrity-health-monitoring/research/structural-health-monitoring-/;

https://www.nature.com/articles/s41467-018-05116-5

1.5　总结与展望

(1)交变往复受载是蒸汽机时代以来机械装备的固有基因和基本损伤范式，是动力/能量转换模式机械化引入的自然结果。随着机器装备的高速、重载、轻量化等极端化发展，结构强度的安全冗余降低，从而引发零部件失效事故增多和破坏概率增大，结构的疲劳损伤断裂依然是亟待解决的难题。从这一角度看，疲劳的研究历史是一部科学家、工程师破解结构疲劳损伤断裂这一"顽疾"的奋斗史。

(2) 工程中新的失效模式、新的破坏现象、新的研究手段，一直是推动疲劳强度研究领域新方向诞生和学科前进的源动力。长期以来，结构疲劳强度领域的进展支撑了诸多高端装备和工艺的实现，然而所建立的上百个寿命预测模型依然局限于试验数据的拟合或唯象关联，以及数据小样本和微观分析的局部性，仍未能突破疲劳的统计特征和分散性，难免"以偏概全"。大量工作局限于材料损伤机理和试验数据的简单重复，在物理机制研究和寿命预测领域引领性和突破性的工作较少体现。

(3) 随着物联网和工业互联网技术的普及，可以预见，未来疲劳领域的工作将不仅是传统知识的工程应用和普及，数据科学和大数据技术必将在疲劳寿命精准预测、疲劳损伤机制的微纳观尺度诠释和结构寿命可靠性实施预警方面具有更大的突破空间。

参 考 文 献

[1] Albert W A J. Uber Treibseile am Harz Archiv fur Mineralogie, Georgnosie[J]. Bergbau und Huttenkunde, 1837, 10: 215-234.

[2] Poncelet J V. Introduction À La Mécanique Industrielle, Physique Ou' expérimentale[M]. Paris: Imprinmerie de Gauthier-Villars, 1839.

[3] Rankine W J M. On the causes of the unexpected breakage of the journals of railway axles; and on the means of preventing such accidents by observing the law of continuity in their construction[C]//Minutes of the Proceedings of the Institution of Civil Engineers, Thomas Telford-ICE Virtual Library, 1843: 105-107.

[4] Hodgkinson E A. Report of the Commissioners Appointed to Inquire into the Application of Iron to Railway Structures[M]. London: William Clowes and Sons, 1849.

[5] Braithwaite F. On the fatigue and consequent fracture of metals [C]// Minutes of the Proceedings of the Institution of Civil Engineers. Thomas Telford-ICE Virtual Library, 1854, 13: 463-467.

[6] Gough H J. The Fatigue of Metals[M]. London: Scott, Greenwood and Son, 1924.

[7] 高镇同. 疲劳性能测试[M]. 北京: 国防工业出版社, 1980.

[8] Fairbairn W. Experiments to determine the effect of impact, vibratory action, and long-continued changes of load on wrought-iron girders[J]. Philosophical Transactions of the Royal Society of London, 1864 (154): 311-325.

[9] 颜鸣皋. 金属疲劳裂纹扩展规律及其微观机制(上)[J]. 航空材料, 1978 (5): 1-10.

[10] Zhang W. Technical problem identification for the failures of the liberty ships[J]. Challenges, 2016, 7 (2): 20.

[11] Stephens R I, Fatemi A, Stephens R R, et al. Metal Fatigue in Engineering[M]. New York: John Wiley & Sons, 2000.

[12] Irwin G. Discussion of the dynamic stress distribution surrounding a running crack-A photoelastic analysis[J]. Proceedings of the Society for Experimental Stress Analysis, 1958, 16 (1): 93-96.

[13] Paris P, Erdogan F. A critical analysis of crack propagation laws[J]. Journal of Fluids Engineering, 1963, 85 (4): 528-534.

[14] Elber W. The significance of fatigue crack closure[C]//Damage Tolerance in Aircraft Structures. West Conshohocken, Pennsylvania: ASTM International STP 486, 1971.

[15] 俞茂宏, 彭一江. 强度理论百年总结[J]. 力学进展, 2004, 34 (4): 529-560.

[16] 张小丽, 陈雪峰, 李兵, 等. 机械重大装备寿命预测综述[J]. 机械工程学报, 2011, 47 (11): 100-116.

[17] Miller K J, 柯伟, 韩玉梅, 等. 金属疲劳——过去、现在和未来(一)[J]. 机械强度, 1993, (1): 77-80, 61.

[18] Wöhler A. Wöhler's experiments on the strength of metals[J]. Engineering, 1867, 4: 160-161.

[19] Wöhler A. Über die festigkeitsversuche mit eisen und stahl[J]. Zeitschrift für Bauwesen, 1870, 20: 73-106.

[20] Bauschinger J. Ueber die Veranderung der elasticitatsgrenge und der festigkeit des eisens und stahls durch strecken und quetschn, durch erwarmen und abkuhlen und durch oftmal wiederholte beanspruchung[J]. Mitteilungen aus dem Mechanisch-Technischen Laboratorium der K, Technischen Hochschule in Munchen, 1886, 13: 1-115.

[21] Basquin O. The exponential law of endurance tests[C]//Proceedings of the American Society for Testing and Materials, 1910, 10: 625-630.

[22] Palmgren A. Die lebensdauer von kugellagern[J]. Zeitschrift des Vereinesdeutscher Ingenierure, 1924, 68 (14): 339-341.

[23] Miner M A. Cumulative damage in fatigue[J]. Journal of Applied Mechanics, 1945, 12 (3): 159-164.

[24] Manson S S. Behavior of Materials Under Conditions of Thermal Stress[M]. Washington: National Advisory Committee for Aeronautics, 1953.

[25] Coffin JR L F. A study of the effects of cyclic thermal stresses on a ductile metal[J]. Transactions of the American Society of Mechanical Engineers, 1954, 76: 931-950.

[26] Forsyth P J E. The Physical Basis of Metal Fatigue[M]. London: Blackie and Son Ltd., 1969.

[27] Ryder D A. Some quantitative information obtained from the examination of fatigue fracture surfaces[R]. Technical Note No: MET 288. Farnborough, UK: Royal Aircraft Establishment, 1958.

[28] Neuber H. Theory of Notch Stresses: Principles for Exact Calculation of Strength with Reference to Structural form and Material[M]. Oak Ridge: USAEC Office of Technical Information, 1961.

[29] Matsuishi M, Endo T. Fatigue of metals subjected to varying stress[J]. Japan Society of Mechanical Engineers, 1968, 68 (2): 37-40.

[30] Brown M W, Miller K J. A theory for fatigue failure under multiaxial stress-strain conditions[J]. Proceedings of the Institution of Mechanical Engineers, 1973, 187 (1): 745-755.

[31] Miller K. The short crack problem[J]. Fatigue & Fracture of Engineering Materials & Structures, 1982, 5 (3): 223-232.

[32] Lankford J. The growth of small fatigue cracks in 7075–T6 aluminum[J]. Fatigue & Fracture of Engineering Materials & Structures, 1982, 5 (3): 233-248.

[33] Suresh S, Ritchie R. Propagation of short fatigue cracks[J]. International Metals Reviews, 1984, 29 (1): 445-475.

[34] Ritchie R, Lankford J. Small fatigue cracks: a statement of the problem and potential solutions[J]. Materials Science and Engineering, 1986, 84: 11-16.

[35] Ritchie R. Near-threshold fatigue-crack propagation in steels[J]. International Metals Reviews, 1979, 24 (1): 205-230.

[36] Suresh S, Zamiski G F, Ritchie R O. Oxide-induced crack closure: An explanation for near-threshold corrosion fatigue crack growth behavior[J]. Metallurgical and Materials Transactions A, 1981, 12 (8): 1435-1443.

[37] Suresh S, Ritchie R. A geometric model for fatigue crack closure induced by fracture surface roughness[J]. Metallurgical Transactions A, 1982, 13(9): 1627-1631.

[38] 高镇同, 傅惠民. 疲劳强度的频率分布和疲劳强度特征函数[J]. 机械强度, 1985(2): 27-34.

[39] 闫楚良, 王公权. 峰值计数法疲劳载荷谱的编制与统计处理程序[J]. 农业机械学报, 1984(1): 51-57.

[40] 欧进萍, 叶骏. 结构风振的概率疲劳累积损伤[J]. 振动工程学报, 1993, 6(2): 164-169.

[41] Bathias C. There is no infinite fatigue life in metallic materials[J]. Fatigue & Fracture of Engineering Materials & Structures, 1999, 22(7): 559-565.

[42] Murakam Y, Nomoto T, Ueda T. Factors influencing the mechanism of superlong fatigue failure in steels[J]. Fatigue & Fracture of Engineering Materials & Structures, 1999, 22(7): 581-590.

[43] McDowell D L, Dunne F P E. Microstructure-sensitive computational modeling of fatigue crack formation[J]. International Journal of Fatigue, 2010, 32(9): 1521-1542.

[44] Goodman J. Mechanics Applied to Engineering[M]. London: Longmans, Green, 1919.

[45] History of SATEC^{TM}[EB/OL]. [2005-02-01]. https://www.instron.us/-/media/literature-library/corporate/2005/02/history-of-satec.pdf.

[46] Smith R, Watson P, Topper T. A stress-strain parameter for the fatigue of metals[J]. Journal of Materials, 1970, 5(4): 767-778.

[47] Fatemi A, Socie D F. A critical plane approach to multiaxial fatigue damage including out-of-phase loading[J]. Fatigue & Fracture of Engineering Materials & Structures, 1988, 11(3): 149-165.

[48] 颜鸣皋. 金属疲劳裂纹扩展规律及其微观机制(下)[J]. 航空材料, 1979, (1): 28-45.

[49] 颜鸣皋. 金属疲劳裂纹扩展规律及其微观机制(中)[J]. 航空材料, 1978, (6): 38-47.

[50] 章安庆, 孔庆平, 师昌绪. 一种镍基合金的蠕变和低周疲劳的交互作用[J]. 金属学报, 1979(4): 518-525, 592.

[51] 徐灏. 疲劳强度的可靠性设计[J]. 东北工学院学报, 1979(2): 82-91.

[52] 张康达. 压力容器疲劳失效的可靠性估计[J]. 浙江化工学院学报, 1979(2): 4-13.

[53] 六二一所 X 光结构分析组, 六二一所喷丸强化组. 喷丸强化对镍基高温合金及燃气涡轮叶片高温疲劳性能的影响[J]. 航空材料, 1979, (1): 15-19, 47.

[54] Barsam J M. 合肥通用机械研究所断裂韧性课题组. 压力容器用钢的疲劳行为(一)[J]. 化工与通用机械, 1975, (10): 48-62.

[55] 中国科学院北京力学研究所十二室疲劳组. 金属疲劳中的累积损伤理论[J]. 力学情报, 1976, (1): 53-61.

[56] 郑修麟. 循环局部应力-应变与疲劳裂纹起始寿命[J]. 固体力学学报, 1984, (2): 175-184.

[57] 闫楚良. 双参数疲劳载荷谱的编制[J]. 农业机械学报, 1986, (2): 94-102.

[58] 谢里阳, 林文强. 线性累积损伤的概率准则[J]. 机械强度, 1993, 15(3): 41-44.

[59] 李金魁, 李海涛, 姚枚, 等. 喷丸产生的残余拉应力场及材料的内部疲劳极限[J]. 航空学报, 1990, 11(7): 369-375.

[60] 王仁智, 汝继来, 李向斌, 等. 疲劳裂纹萌生的微细观过程与内部疲劳极限理论[J]. 金属热处理学报, 1995, 16(4): 26-34.

[61] 陈旭, 高庆, 孙训方, 等. 非比例载荷下多轴低周疲劳研究最新进展[J]. 力学进展, 1997, 27(3): 26-38.

[62] 姚卫星. 金属材料疲劳行为的应力场强法描述[J]. 固体力学学报, 1997, 18(1): 38-48.

[63] 尚德广, 王大康, 李明, 等. 随机疲劳寿命预测的局部应力应变场强法[J]. 机械工程学报, 2002, 38(1): 67-70.

[64] 尚德广, 王德俊, 姚卫星. 多轴非线性连续疲劳损伤累积模型的研究[J]. 固体力学学报, 1999, 20(4): 325-330.

[65] 崔维成, 蔡新刚, 冷建兴. 船舶结构疲劳强度校核研究现状及我国的进展[J]. 船舶力学, 1998, 2(4): 63-81.

[66] 王成国, 孟广伟, 原亮明, 等. 新型高速客车构架的疲劳寿命数值仿真分析[J]. 中国铁道科学, 2001, 22(3): 94-98.

[67] 金学松, 沈志云. 轮轨滚动接触疲劳问题研究的最新进展[J]. 铁道学报, 2001, 23(2): 92-108.

[68] 葛修润, 蒋宇, 卢允德, 等. 周期荷载作用下岩石疲劳变形特性试验研究[J]. 岩石力学与工程学报, 2003, 22(10): 1581-1585.

[69] 蒋宇, 葛修润, 任建喜. 岩石疲劳破坏过程中的变形规律及声发射特性[J]. 岩石力学与工程学报, 2004, 23(11): 1810-1814.

[70] 李德源, 叶枝全, 陈严, 等. 风力机叶片载荷谱及疲劳寿命分析[J]. 工程力学, 2004, 21(6): 118-123.

[71] 毛喆, 初秀民, 严新平, 等. 汽车驾驶员驾驶疲劳监测技术研究进展[J]. 中国安全科学学报, 2005, 15(3): 108-112, 2.

[72] 冯国庆. 船舶结构疲劳强度评估方法研究[D]. 哈尔滨: 哈尔滨工程大学, 2006.

[73] 赵永翔. 应变疲劳可靠性分析的现状及展望[J]. 机械工程学报, 2001, 37(11): 1-6.

[74] 王清远. 超声加速疲劳实验研究[J]. 四川大学学报(工程科学版), 2002, 34(3): 6-11.

[75] 薛红前, 陶华. 20 kHz 频率下高强度钢超高疲劳研究[J]. 机械工程材料, 2005, 29(5): 12-15.

[76] 刘龙隆, 轩福贞, 朱明亮. 25Cr2Ni2MoV 钢焊接接头的超高周疲劳特性[J]. 机械工程学报, 2014, 50(4): 25-31.

[77] 王弘, 高庆. 40Cr 钢超高周疲劳性能及疲劳断口分析[J]. 中国铁道科学, 2003, 24(6): 94-99.

[78] 张继明, 杨振国, 李守新, 等. 汽车用高强度弹簧钢 54SiCrV6 和 54SiCr6 的超高周疲劳行为[J]. 金属学报, 2006, 42(3): 259-264.

[79] 周承恩, 洪友士. GCr15 钢超高周疲劳行为的实验研究[J]. 机械强度, 2004, 26(S1): 157-160.

[80] 赵振业. 高强度合金抗疲劳应用技术研究与发展[J]. 中国工程科学, 2005, 7(3): 90-94.

[81] 吴学仁, 刘建中. 基于小裂纹理论的航空材料疲劳全寿命预测[J]. 航空学报, 2006, 27(2): 219-226.

[82] 谢里阳, 任俊刚, 吴宁祥, 等. 复杂结构部件概率疲劳寿命预测方法与模型[J]. 航空学报, 2015, 36(8): 2688-2695.

[83] 邓扬, 李爱群, 刘扬, 等. 钢桥疲劳荷载效应监测数据概率建模与疲劳可靠性分析方法[J]. 土木工程学报, 2014, 47(7): 79-87.

[84] 高阳, 白广忱, 张瑛莉. 涡轮盘低循环疲劳寿命的概率分析[J]. 航空动力学报, 2009, 24(4): 804-809.

[85] 赵永翔, 杨冰, 何朝明, 等. LZ50 钢概率疲劳 S-N 曲线外推新方法[J]. 铁道学报, 2004, 26(3): 20-25.

[86] Pearson S. Initiation of fatigue cracks in commercial aluminium alloys and the subsequent propagation of very short cracks[J]. Engineering Fracture Mechanics, 1975, 7(2): 235-247.

[87] Kitagawa H, Takahashi S. Applicability of fracture mechanics to very small cracks or the cracks in the early stage[C]//Proceedings of Second International Conference on Mechanical Behavior of Materials. Met Park Ohio: ASM International, 1976: 627-631.

[88] El Haddad M H, Topper T, Smith K. Prediction of non propagating cracks[J]. Engineering Fracture Mechanics, 1979, 11(3): 573-584.

[89] El Haddad M H, Smith K N, Topper T H. Fatigue crack propagation of short cracks[J]. Journal of Engineering Materials and Technology, 1979, 101(1): 42-46.

[90] Liaw P, Leax T, Williams R, et al. Influence of oxide-induced crack closure on near-threshold fatigue crack growth behavior[J]. Acta Metallurgica, 1982, 30(12): 2071-2078.

[91] Navarro A, Rios E R D. A model for short fatigue crack propagation with an interpretation of the short-long crack transition[J]. Fatigue & Fracture of Engineering Materials & Structures, 1987, 10(2): 169-186.

[92] Navarro A, Rios E R D. Fatigue crack growth modelling by successive blocking of dislocations[J]. Proceedings of the Royal Society of London. Series A: Mathematical and Physical Sciences, 1992, 437 (1900): 375-390.

[93] Newman Jr J, Phillips E P, Swain M. Fatigue-life prediction methodology using small-crack theory[J]. International Journal of Fatigue, 1999, 21 (2): 109-119.

[94] Newman J, Wu X, Swain M, et al. Small-crack growth and fatigue life predictions for high-strength aluminium alloys. Part II: crack closure and fatigue analyses[J]. Fatigue & Fracture of Engineering Materials & Structures, 2000, 23 (1): 59-72.

[95] Zhu M L, Xuan F Z, Tu S T. Effect of load ratio on fatigue crack growth in the near-threshold regime: A literature review, and a combined crack closure and driving force approach[J]. Engineering Fracture Mechanics, 2015, 141: 57-77.

[96] Zhu M L, Xuan F Z, Tu S T. Interpreting load ratio dependence of near-threshold fatigue crack growth by a new crack closure model[J]. International Journal of Pressure Vessels and Piping, 2013, 110: 9-13.

[97] Manson S, Halford G, Hirschberg M. Creep fatigue analysis by strain-range partitioning[R]. Lewis Research Center, US: NASA TM X-67838, 1971.

[98] Lemaitre J, Chaboche J. A non-linear model of creep-fatigue damage cumulation and interaction (for hot metallic structures) [C]//Mechanics of Visco-elastic Media and Bodies. Gothenburg, Sweden: Springer, 1975: 291-301.

[99] Coffin L. Concept of frequency separation in life prediction for time-dependent fatigue[R]. Schenectady: General Electric Co., 1976.

[100] Hales R. A quantitative metallographic assessment of structural degradation of type 316 stainless steel during creep-fatigue[J]. Fatigue & Fracture of Engineering Materials & Structures, 1980, 3 (4): 339-356.

[101] Takahashi Y, Dogan B, Gandy D. Systematic evaluation of creep-fatigue life prediction methods for various alloys[J]. Journal of Pressure Vessel Technology, 2013, 135 (6): 1461-1470.

[102] Landes J, Begley J. A fracture mechanics approach to creep crack growth[C]//Mechanics of Crack Growth. West Conshohocken, Pennsylvania: ASTM International, 1976.

[103] Bassani J, Mcclintock F. Creep relaxation of stress around a crack tip[J]. International Journal of Solids and Structures, 1981, 17 (5): 479-492.

[104] Saxena A. Creep crack growth under non-steady-state conditions[C]//Fracture Mechanics: Seventeenth Volume. West Conshohocken, Pennsylvania: ASTM International, 1986.

[105] Yoon K B, Saxena A, Mcdowell D L. Influence of crack-tip cyclic plasticity on creep-fatigue crack growth[C]//Fracture Mechanics: Twenty-Second Symposium. West Conshohocken, Pennsylvania: ASTM International, 1990, 1: 367-392.

[106] Xuan F Z, Tu S T, Wang Z C. Estimation for cracks in mismatched welds and finite element validation[J]. International Journal of Fracture, 2004, 126 (3): 267-280.

[107] Xuan F Z, Si J, Tu S T. Evaluation of C* integral for interacting cracks in plates under tension[J]. Engineering Fracture Mechanics, 2009, 76 (14): 2192-2201.

[108] Dowling A R, Townley C H A. The effect of defects on structural failure: A two-criteria approach[J]. International Journal of Pressure Vessels and Piping, 1975, 3 (2): 77-107.

[109] 涂善东, 轩福贞, 王卫泽. 高温蠕变与断裂评价的若干关键问题[J]. 金属学报, 2009, 45 (7): 781-787.

[110] Hales R. A method of creep damage summation based on accumulated strain for the assessment of creep-fatigue endurance[J]. Fatigue & Fracture of Engineering Materials & Structures, 1983, 6 (2): 121-135.

[111] Hales R. The role of cavity growth mechanisms in determining creep-rupture under multiaxial stresses[J]. Fatigue & Fracture of Engineering Materials & Structures, 1994, 17 (5): 579-591.

[112] Gong J G, Xuan F Z. Notch behavior of components under the stress-controlled creep-fatigue condition: Weakening or strengthening[J]. Journal of Pressure Vessel Technology, 2017, 139 (1): 011407.

[113] Shipilov S A. 应力腐蚀破裂和腐蚀疲劳研究: 历史回顾与趋势[C]//2002 中国国际腐蚀控制大会, 北京, 2002: 288-293.

[114] Hendricks W R. The Aloha airlines accident—a new era for aging aircraft[C]//Structural Integrity of Aging Airplanes. Berlin, Heidelberg: Springer, 1991: 153-165.

[115] Shipilov S A. Stress corrosion cracking, corrosion fatigue and hydrogen embrittlement research[C]// Environmentally Induced Cracking of Metals. Montreal: Canadian Institute of Mining, Metallurgy and Petroleum, 2000: 121-148.

[116] Leckie H P. Effects of environments on stress induced failure of high strength maraging steels[C]//Proceedings of Conference on Fundamental Aspects of Stress Corrosion Cracking. National Association of Corrosion Engineers, 1969: 411.

[117] Wei R P, Landes J D. The effect of D2O on fatigue-crack propagation in a high-strength aluminum alloy[J]. International Journal of Fracture Mechanics, 1969, 5 (1): 69-71.

[118] Landes J D, Wei R P. Correlation between sustained-load and fatigue crack growth in high-strength steels[J]. Materials Research and Standards, 1969, 9 (7): 25-27.

[119] Wei R P. On understanding environment-enhanced fatigue crack growth-A fundamental approach[C]//Fatigue Mechanisms. West Conshohocken, Pennsylvania: ASTM International, 1979.

[120] Austen I M, Walker E F. Quantitative understanding of the effects of mechanical and environmental variables on corrosion fatigue crack growth behaviour[C]//The Influence of Environment on Fatigue. London: Institution of Mechanical Engineers, 1977: 1-10.

[121] 韩恩厚. 核电站关键材料在微纳米尺度上的环境损伤行为研究-进展与趋势[J]. 金属学报, 2011, 47 (7): 769-776.

[122] Naito T, Ueda H, Kikuchi M. Fatigue behavior of carburized steel with internal oxides and nonmartensitic microstructure near the surface[J]. Metallurgical Transactions A, 1984, 15 (7): 1431-1436.

[123] Pyttel B, Schwerdt D, Berger C. Very high cycle fatigue–Is there a fatigue limit[J]. International Journal of Fatigue, 2011, 33 (1): 49-58.

[124] Chandran K S R. Duality of fatigue failures of materials caused by Poisson defect statistics of competing failure modes[J]. Nature Materials, 2005, 4 (4): 303-308.

[125] Chandran K S R, Jha S K. Duality of the S–N fatigue curve caused by competing failure modes in a titanium alloy and the role of Poisson defect statistics[J]. Acta Materialia, 2005, 53 (7): 1867-1881.

[126] 李守新, 翁宇庆, 惠卫军, 等. 高强度钢超高周疲劳性能: 非金属夹杂物的影响[M]. 北京: 冶金工业出版社, 2010.

[127] 洪友士, 孙成奇, 刘小龙. 合金材料超高周疲劳的机理与模型综述[J]. 力学进展, 2018, 48 (1): 1-65.

[128] Marines I, Bin X, Bathias C. An understanding of very high cycle fatigue of metals[J]. International Journal of Fatigue, 2003, 25 (9-11): 1101-1107.

[129] Li S. Effects of inclusions on very high cycle fatigue properties of high strength steels[J]. International Materials Reviews, 2012, 57 (2): 92-114.

[130] Wang Q Y, Bathias C, Kawagoishi N, et al. Effect of inclusion on subsurface crack initiation and gigacycle fatigue strength[J]. International Journal of Fatigue, 2002, 24 (12): 1269-1274.

[131] Shiozawa K, Morii Y, Nishino S, et al. Subsurface crack initiation and propagation mechanism in high-strength steel in a very high cycle fatigue regime[J]. International Journal of Fatigue, 2006, 28 (11): 1521-1532.

[132] Sakai T, Harada H, Oguma N. Crack initiation mechanism of bearing steel in very high cycle fatigue[C]//Fracture of Nano and Engineering Materials and Structures. Dordrecht: Springer, 2006.

[133] Sakai T, Sato Y, Nagano Y, et al. Effect of stress ratio on long life fatigue behavior of high carbon chromium bearing steel under axial loading[J]. International Journal of Fatigue, 2006, 28 (11): 1547-1554.

[134] Sakai T. Review and prospects for current studies on very high cycle fatigue of metallic materials for machine structural use[J]. Journal of Solid Mechanics and Materials Engineering, 2009, 3 (3): 425-439.

[135] Grad P, Reuscher B, Brodyanski A, et al. Mechanism of fatigue crack initiation and propagation in the very high cycle fatigue regime of high-strength steels[J]. Scripta Materialia, 2012, 67 (10): 838-841.

[136] Chai G, Forsman T, Gustavsson F, et al. Formation of fine grained area in martensitic steel during very high cycle fatigue[J]. Fatigue & Fracture of Engineering Materials & Structures, 2015, 38 (11): 1315-1323.

[137] Chai G, Zhou N, Ciurea S, et al. Local plasticity exhaustion in a very high cycle fatigue regime[J]. Scripta Materialia, 2012, 66 (10): 769-772.

[138] Hong Y, Liu X, Lei Z, et al. The formation mechanism of characteristic region at crack initiation for very-high-cycle fatigue of high-strength steels[J]. International Journal of Fatigue, 2016, 89: 108-118.

[139] Chang Y K, Pan X N, Zheng L, et al. Microstructure refinement and grain size distribution in crack initiation region of very-high-cycle fatigue regime for high-strength alloys[J]. International Journal of Fatigue, 2020, 134: 12.

[140] Zhu M L, Jin L, Xuan F Z. Fatigue life and mechanistic modeling of interior micro-defect induced cracking in high cycle and very high cycle regimes[J]. Acta Materialia, 2018, 157: 259-275.

[141] Zhu M L, Xuan F Z. Failure mechanisms and fatigue strength assessment of a low strength Cr−Ni−Mo−V steel welded joint: Coupled frequency and size effects[J]. Mechanics of Materials, 2016, 100: 198-208.

[142] Leading through specialization: RUMUL resonant fatigue testing machines[EB/OL]. [2011-04]. https://www.rumul. ch/110_cn_firma.php.

[143] Bathias C, Paris P C. Gigacycle Fatigue in Mechanical Practice[M]. New York: Marcel Dekker, 2005.

[144] Stanzl-Tschegg S. Very high cycle fatigue measuring techniques[J]. International Journal of Fatigue, 2014, 60: 2-17.

[145] Ewing J, Humfrey J. The fracture of metals under repeated alternations of stress[J]. Proceedings of the Royal Society of London Series A: Mathematical and Physical Sciences, 1903, 200: 241-250.

[146] Wischnitzer S. Introduction to Electron Microscopy[M]. New York: Elsevier, 2013.

[147] 赵子华, 张峥, 吴素君, 等. 金属疲劳断口定量反推研究综述[J]. 机械强度, 2008, 30 (3): 508-514.

[148] Akita K, Yoshioka Y, Suzuki H, et al. X-ray fractography using synchrotron radiation-Residual stress distribution just beneath fatigue fracture surface[J]. Journal of the Society of Materials Science, Japan, 2000, 49 (12): 269-274.

[149] Savelli S, Buffière J Y, Fougères R. Pore characterization in a model cast aluminum alloy and its quantitative relation to fatigue life studied by synchrotron X-ray microtomography[J]. Materials Science Forum, 2000, 331-337: 197-202.

[150] Toda H, Sinclair I, Buffière J Y, et al. Assessment of the fatigue crack closure phenomenon in damage-tolerant aluminium alloy by in-situ high-resolution synchrotron X-ray microtomography[J]. Philosophical Magazine, 2003, 83 (21): 2429-2448.

[151] Robertson S W, Mehta A, Pelton A R, et al. Evolution of crack-tip transformation zones in superelastic Nitinol subjected to in situ fatigue: A fracture mechanics and synchrotron X-ray microdiffraction analysis[J]. Acta Materialia, 2007, 55(18): 6198-6207.

[152] Wu S C, Yu C, Zhang W H, et al. Porosity induced fatigue damage of laser welded 7075-T6 joints investigated via synchrotron X-ray microtomography[J]. Science and Technology of Welding and Joining, 2015, 20(1): 11-19.

[153] Dingley D. A simple straining stage for the scanning electron microscope[J]. Micron, 1969, 1(2): 206-210.

[154] Vehoff H, Neumann P. In situ SEM experiments concerning the mechanism of ductile crack growth[J]. Acta Metallurgica, 1979, 27(5): 915-920.

[155] Poncharal P, Wang Z, Ugarte D, et al. Electrostatic deflections and electromechanical resonances of carbon nanotubes[J]. Science, 1999, 283(5407): 1513-1516.

[156] Morano R, Stock S R, Davis G R, et al. X-ray microtomography of fatigue crack closure as a function of applied load in Al-Li 2090 T8E41 samples[J]. MRS Proceedings, 2011, 591: 31-35.

[157] Fitzpatrick M E, Lodini A. Analysis of Residual Stress by Diffraction Using Neutron and Synchrotron Radiation[M]. London: Taylor & Francis, 2003.

[158] Lee S Y, Choo H, Liaw P K, et al. In situ neutron diffraction study of internal strain evolution around a crack tip under variable-amplitude fatigue-loading conditions[J]. Scripta Materialia, 2009, 60(10): 866-869.

[159] Lopez-Crespo P, Peralta J V, Kelleher J F, et al. In situ through-thickness analysis of crack tip fields with synchrotron X-ray diffraction[J]. International Journal of Fatigue, 2019, 127: 500-508.

[160] Vanlanduit S, Vanherzeele J, Longo R, et al. A digital image correlation method for fatigue test experiments[J]. Optics and Lasers in Engineering, 2009, 47(3-4): 371-378.

[161] Zybell L, Chaves H, Kuna M, et al. Optical in situ investigations of overload effects during fatigue crack growth in nodular cast iron[J]. Engineering Fracture Mechanics, 2012, 95: 45-56.

[162] Lu Y W, Lupton C, Zhu M L, et al. In situ experimental study of near-tip strain evolution of fatigue cracks[J]. Experimental Mechanics, 2015, 55(6): 1175-1185.

[163] Zhu M L, Lu Y W, Lupton C, et al. In situ near-tip normal strain evolution of a growing fatigue crack[J]. Fatigue & Fracture of Engineering Materials & Structures, 2016, 39(8): 950-955.

[164] Yang B, Vasco-Olmo J M, Díaz F A, et al. A more effective rationalisation of fatigue crack growth rate data for various specimen geometries and stress ratios using the CJP model[J]. International Journal of Fatigue, 2018, 114: 189-197.

[165] 杨冰, James M N. 基于 CJP 模型的疲劳裂纹扩展率曲线及应用方法[J]. 机械工程学报, 2018, 54(18): 76-84.

[166] Yin Y, Xie H, He W. In situ SEM-DIC technique and its application to characterize the high-temperature fatigue crack closure effect[J]. Science China Technological Sciences, 2020, 63(2): 265-276.

[167] Chen R, Zhu M L, Xuan F Z, et al. Near-tip strain evolution and crack closure of growing fatigue crack under a single tensile overload[J]. International Journal of Fatigue, 2020, 134: 105478.

[168] Härkegård G. A finite element analysis of elastic-plastic plates containing cavities and inclusions with reference to fatigue crack initiation[J]. International Journal of Fracture, 1973, 9(4): 437-447.

[169] 林晓斌. 基于有限元的疲劳设计分析系统 MSC/FATIGUE[J]. 中国机械工程, 1998, 9(11): 12-16,1-2.

[170] McClung R, Sehitoglu H. On the finite element analysis of fatigue crack closure—1. Basic modeling issues[J]. Engineering Fracture Mechanics, 1989, 33(2): 237-252.

[171] Huang Y. A User-material Subroutine Incorporating Single Crystal Plasticity in the ABAQUS Finite Element Program[M]. Cambridge: Harvard University, 1991.

[172] Roters F, Eisenlohr P, Hantcherli L, et al. Overview of constitutive laws, kinematics, homogenization and multiscale methods in crystal plasticity finite-element modeling: Theory, experiments, applications[J]. Acta Materialia, 2010, 58(4): 1152-1211.

[173] Roters F, Eisenlohr P, Bieler T R, et al. Crystal Plasticity Finite Element Methods: In Materials Science and Engineering[M]. Weinheim: John Wiley & Sons, 2011.

[174] Mcdowell D L. A perspective on trends in multiscale plasticity[J]. International Journal of Plasticity, 2010, 26(9): 1280-1309.

[175] Sangid M D, Maier H J, Sehitoglu H. A physically based fatigue model for prediction of crack initiation from persistent slip bands in polycrystals[J]. Acta Materialia, 2011, 59(1): 328-341.

[176] Dunne F P E. Fatigue crack nucleation: Mechanistic modelling across the length scales[J]. Current Opinion in Solid State and Materials Science, 2014, 18(4): 170-179.

[177] Li D F, Barrett R A, O'Donoghue P E, et al. A multi-scale crystal plasticity model for cyclic plasticity and low-cycle fatigue in a precipitate-strengthened steel at elevated temperature[J]. Journal of the Mechanics and Physics of Solids, 2017, 101: 44-62.

[178] Sukumar N, Chopp D L, Moran B. Extended finite element method and fast marching method for three-dimensional fatigue crack propagation[J]. Engineering Fracture Mechanics, 2003, 70(1): 29-48.

[179] Kacher J, Zhu T, Pierron O, et al. Integrating in situ TEM experiments and atomistic simulations for defect mechanics[J]. Current Opinion in Solid State and Materials Science, 2019, 23(3): 117-128.

[180] Lavenstein S, El-Awady J A. Micro-scale fatigue mechanisms in metals: Insights gained from small-scale experiments and discrete dislocation dynamics simulations[J]. Current Opinion in Solid State and Materials Science, 2019, 23(5): 100765.

[181] Pyttel B, Schwerdt D, Berger C. Very high cycle fatigue – Is there a fatigue limit[J]. International Journal of Fatigue, 2011, 33(1): 49-58.

[182] Mughrabi H. On 'multi‐stage'fatigue life diagrams and the relevant life-controlling mechanisms in ultrahigh-cycle fatigue[J]. Fatigue & Fracture of Engineering Materials & Structures, 2002, 25(8-9): 755-764.

[183] 朱明亮, 轩福贞. 材料疲劳极限的科学本质//10000 个科学难题（制造科学卷）[M]. 北京: 科学出版社, 2018.

[184] Mughrabi H, Wang R, Differt K, et al. Fatigue crack initiation by cyclic slip irreversibilities in high-cycle fatigue[C]//Fatigue Mechanisms: Advances in Quantitative Measurement of Physical Damage. New York: ASTM International, 1983.

[185] Sangid M D. The physics of fatigue crack initiation[J]. International Journal of Fatigue, 2013, 57: 58-72.

[186] Polák J, Man J. Experimental evidence and physical models of fatigue crack initiation[J]. International Journal of Fatigue, 2016, 91: 294-303.

[187] Mughrabi H. Microstructural mechanisms of cyclic deformation, fatigue crack initiation and early crack growth[J]. Philosophical Transactions of the Royal Society A: Mathematical, Physical and Engineering Sciences, 2015, 373(2038): 20140132.

[188] 谢里阳, 徐灏, 王德俊. 疲劳过程中材料强化和弱化现象的探讨[J]. 机械强度, 1991, 13(1): 32-35.

[189] Zhang Z, Wang Z. Grain boundary effects on cyclic deformation and fatigue damage[J]. Progress in Materials Science, 2008, 53(7): 1025-1099.

[190] 范永升, 黄渭清, 杨晓光, 等. 某型航空发动机涡轮叶片服役微观损伤研究[J]. 机械工程学报, 2019, 55(13): 122-128.

[191] Zhang T, Jiang J, Shollock B A, et al. Slip localization and fatigue crack nucleation near a non-metallic inclusion in polycrystalline nickel-based superalloy[J]. Materials Science and Engineering: A, 2015, 641: 328-339.

[192] Wang D Q, Zhu M L, Xuan F Z. Correlation of local strain with microstructures around fusion zone of a Cr-Ni-Mo-V steel welded joint[J]. Materials Science and Engineering: A, 2017, 685: 205-212.

[193] Miller M P, Park J S, Dawson P R, et al. Measuring and modeling distributions of stress state in deforming polycrystals[J]. Acta Materialia, 2008, 56(15): 3927-3939.

[194] Herbig M, King A, Reischig P, et al. 3-D growth of a short fatigue crack within a polycrystalline microstructure studied using combined diffraction and phase-contrast X-ray tomography[J]. Acta Materialia, 2011, 59(2): 590-601.

[195] Naragani D P, Shade P A, Kenesei P, et al. X-ray characterization of the micromechanical response ahead of a propagating small fatigue crack in a Ni-based superalloy[J]. Acta Materialia, 2019, 179: 342-359.

[196] Liu S D, Zhu M L, Zhou H B, et al. Strain visualization of growing short fatigue cracks in the heat-affected zone of a Ni-Cr-Mo-V steel welded joint: Intergranular cracking and crack closure[J]. International Journal of Pressure Vessels and Piping, 2019, 178: 103992.

[197] Morsdorf L, Jeannin O, Barbier D, et al. Multiple mechanisms of lath martensite plasticity[J]. Acta Materialia, 2016, 121: 202-214.

[198] Ritchie R O. Mechanisms of fatigue-crack propagation in ductile and brittle solids[J]. International Journal of Fracture, 1999, 100(1): 55-83.

[199] Zhu M L, Lu Y W, Lupton C, et al. In situ near-tip normal strain evolution of a growing fatigue crack[J]. Fatigue & Fracture of Engineering Materials & Structures, 2016, 39(8): 950-955.

[200] Withers P. Fracture mechanics by three-dimensional crack-tip synchrotron X-ray microscopy[J]. Philosophical Transactions of the Royal Society A: Mathematical, Physical and Engineering Sciences, 2015, 373(2036): 20130157.

[201] King A, Johnson G, Engelberg D, et al. Observations of intergranular stress corrosion cracking in a grain-mapped polycrystal[J]. Science, 2008, 321(5887): 382-385.

[202] 徐春广, 李培禄. 无应力制造技术[J]. 机械工程学报, 2020, 56(8): 113-132.

[203] 轩福贞, 宫建国. 基于损伤模式的压力容器设计原理[M]. 北京: 科学出版社, 2020.

[204] Zhang W C, Zhu M L, Wang K, et al. Failure mechanisms and design of dissimilar welds of 9%Cr and CrMoV steels up to very high cycle fatigue regime[J]. International Journal of Fatigue, 2018, 113: 367-376.

[205] Zhu M L, Xuan F Z. Failure mechanisms and fatigue strength reduction factor of a Cr-Ni-Mo-V steel welded joint up to ultra-long life regime[C]//MATEC Web of Conferences, 12th International Fatigue Congress, FATIGUE 2018. 2018, 165: 21012.

[206] Yang G, Wang M, Li Q, et al. Methodology to evaluate fatigue damage of high-speed train welded bogie frames based on on-track dynamic stress test data[J]. Chinese Journal of Mechanical Engineering, 2019, 32(3): 193-200.

[207] Kusiak A. Smart manufacturing must embrace big data[J]. Nature, 2017, 544(7648): 23-25.

[208] Zhu M L, Xuan F Z. Effect of microstructure on strain hardening and strength distributions along a Cr-Ni-Mo-V steel welded joint[J]. Materials & Design, 2015, 65: 707-715.

本章主要符号说明

C_t	小范围和过渡蠕变区参量	N_f	疲劳寿命
$C(t)$	蠕变裂纹扩展参量	ε_a	应变幅值
da/dN	疲劳裂纹扩展速率	ΔK	应力强度因子范围
K_{IC}	断裂制度	ΔK_{th}	疲劳裂纹扩展门槛值
N	循环次数	$\Delta\varepsilon_t$	总应变范围

第2章　焊接结构疲劳失效研究进展

回顾疲劳的研究历史，焊接结构的疲劳是重要的研究内容。焊接结构的应用场景和工艺类型多，疲劳是机械装备主要的失效形式之一，且疲劳的类别多且内涵丰富，这使得焊接结构的疲劳失效成为工程结构设计、制造与服役过程中不可忽略的问题。本章将从焊接结构的特点和新工艺着手，分析焊接结构疲劳研究的新进展，再结合近年来高端装备焊接新工艺的开发，阐述焊接结构长寿命服役过程中面临的难点问题，并为后续各章节开篇。

2.1　焊接结构的特点

焊接是两种或两种以上同种或异种材料通过原子或分子之间的结合和扩散连接成一体的工艺过程，它是机械结构主要的连接方式。据统计，90%以上的机械装备含有焊接结构。相对于均匀材料，焊接结构具有结构不连续、组织不均匀和性能不匹配等特点。以熔焊为例，如图 2-1 所示，在接头熔合线附近，焊缝与热影响区存在微界面，而在热影响区内部，材料的微观组织形态和尺寸存在梯度变化，微观组织的不均匀性引起了接头性能的不匹配，导致结构存在弱区现象；此外，焊接接头中的残余应力也会对接头的力学性能产生影响。焊接结构在服役过程中，在复杂载荷和苛刻的环境条件下，结构的安全性需要考虑结构设计、焊接工艺和结构强度等多个因素。此外，服役焊接接头的组织变化、化学成分偏移等微观损伤因素会使破坏概率增加，这对焊接结构的防断设计方法与准则提出了新挑战。

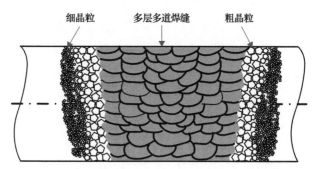

图 2-1　焊接接头的材料不连续、组织不均匀和性能不匹配特性

过去几十年中，人们围绕焊接接头做了大量的研究工作，如疲劳[1]、蠕变[2]、断裂[3]、极限载荷[4]、结构完整性评定[5]和残余应力[6]等。人们发现，焊接接头的

性能除与母材和焊缝金属有关，更重要的影响因素包括焊接热影响区、焊接结构的几何形式、焊接工艺及材料中的缺陷。焊接接头的疲劳性能[7]、异种焊接接头中的裂纹扩展路径[8-10]和焊接接头疲劳裂纹扩展的模拟[11]等研究为优化焊接结构的设计提供了重要支持信息。

2.2　高端装备焊接新工艺

近年来，一些先进的焊接技术逐渐被应用到航空发动机、汽轮机等高端装备及其部件的制造上。如图 2-2 所示，将深窄间隙埋弧焊技术用于制造大壁厚核电汽轮机转子，极大地提高了生产效率[12]；将电子束焊接技术用于制造航空发动机压气机盘；而搅拌摩擦焊接技术可开发用于航空铝合金材料的焊接，实现了飞机蒙皮与地板等部件的高效制造[13]。

(a)　　　　　　　　　　　　(b)

(c)

图 2-2　焊接技术的新应用

(a)深窄间隙埋弧焊技术制造大壁厚核电汽轮机转子；(b)电子束焊接技术制造航空发动机压气机盘；
(c)搅拌摩擦焊接技术制造飞机蒙皮、地板

2.2.1　深窄间隙埋弧焊技术

对汽轮机转子的制造技术，到目前为止，国内外曾先后出现过套装结构、整锻结构和焊接结构的汽轮机转子。当采用套装结构时，叶轮内孔在运行中将发生较大的弹性变形，因此需要设计较大的装配过盈量，同时可引起很大的装配应力。

采用整锻结构时，原高、中、低压分体式的三缸结构被以高低压一体化为代表的单缸紧凑结构所取代，高低压整锻转子对锻造水平的要求较高。焊接转子的最大优点在于能够连接和组装不同尺寸的锻件，既减小了高低压整锻带来的技术难度，缩短生产周期，提高效率，又能实现整锻结构的功能。目前，焊接转子的制造使用深窄间隙埋弧焊技术，具有较大的优势。表 2-1 列出了焊接转子的技术优势。然而焊接转子对材料的焊接性能要求高，焊接技术复杂，焊后的探伤要求高和难度大已成为制约焊接转子发展的瓶颈。国内上海汽轮机厂有限公司和东方电气集团东方汽轮机有限公司均启动了开发百万千瓦级核电焊接汽轮机转子的计划，其中上海汽轮机厂早在 1969 年便成功焊接了 125MW 汽轮机低压转子[14]。到目前为止，世界上已有近万根焊接转子(包括汽轮机高、中、低压转子)和大量焊接修复转子在电厂运行，使用焊接转子的最大汽轮机功率达 1300MW(转子重达 213t)。

表 2-1　焊接转子的技术优势

序号	焊接转子的技术特点
1	设计灵活、结构紧凑，可利用较小的锻件，易于锻造
2	内部可形成空腔，减轻了转子重量，减薄了壁厚，使转子的内外温差得以降低，减小了转子的热应力，也提高了临界转速
3	按轮盘进行热处理，易于探伤检查、返修和更换
4	可避免整锻转子在温度作用下因钢锭成分、组织及性能方面的不均匀而引起变形
5	转子各部分可采用不同材料，以满足不同工作部位对材料性能的不同要求，合理地使用合金材料
6	采用焊接转子可解决优质大锻件锻造难度大的问题
7	大功率机组汽轮机若采用焊接转子则更适合用于调峰机组

2.2.2　电子束焊接技术

现代航空发动机的结构设计和制造技术是发动机研制、发展和使用中的一个重要环节，在发动机风扇、压气机、涡轮上采用整体叶盘结构(包括整体叶轮、整体叶环)是发展先进发动机技术的重要技术路径，如图 2-2(b)所示。整体叶盘从结构设计上分为整体式和焊接式两类。整体式结构的制造依赖于精密制坯技术、特种加工技术和数控机床的发展；焊接式结构把复杂、困难的叶型加工改变成对单个叶片的叶型加工。

在各种先进精密的焊接工艺中，电子束焊的发展较早，也较成熟，并最先用于整体叶盘的制造过程中，图 2-3 为电子束焊接系统的基本部件。整体叶盘因其主要用于风扇的第 2/3 级和高压压气机的第 1/2 级，故材料多为钛合金。由于钛合金电子束焊具有大穿透、小变形、无氧化、高强度、焊接尺寸精度高、质量稳定、效率高等优点，因此在高性能航空发动机制造中很多钛合金零件都采用电子束焊接工艺。其焊接过程是先将单个叶片用电子束焊接成叶片环，然后用电子束焊接技术将锻造和电解加工成形的轮盘腹板与叶片环焊接成整体叶盘结构，从而达到减重的效果。

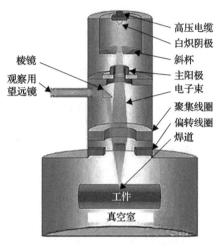

图 2-3　电子束真空焊接系统

2.2.3　搅拌摩擦焊接技术

搅拌摩擦焊接(friction stir welding, FSW)是英国焊接研究所于 1991 年提出的一种固态连接方法。与传统的熔化焊接方法相比较，搅拌摩擦焊接具有晶粒细小、疲劳性能、拉伸性能和弯曲性能良好、无尘烟、无气孔、无飞溅、节能、无需焊丝、焊接时无需使用保护气体、焊接后残余应力和变形小等优点[15]。该技术的诸多优点决定了其自问世起就受到国内外学术界与工程界的高度关注，被称为焊接技术的一场革命。作为一种先进的绿色焊接制造技术，历经 20 余年的研究和应用推广，搅拌摩擦焊接得到了其他焊接方法从未有过的快速发展。图 2-4 为搅拌摩擦焊接的原理及工艺过程。

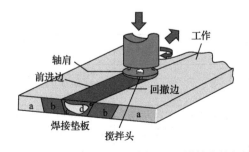

图 2-4　搅拌摩擦焊接的原理及工艺过程
a-母材；b-热影响区；c-热机影响区；d-焊核区

搅拌摩擦焊接的最大特点是固相焊接，其热源主要是机械摩擦热和塑化材料变形功。在众多先进的飞机制造技术中，针对飞机金属材料（铝合金、钛合金）的连接，搅拌摩擦焊接具有焊接材料兼容性好、接头性能高等特点；针对飞机薄壁的复杂金属结构，可以利用平直缝焊、点焊、胶接复合焊、函数曲线焊和空间轨迹焊等众多搅拌摩擦焊方法，实现新型飞机的整体化制造和装配，甚至可以实现对在役飞机结构零件的修理和恢复。迄今为止，利用搅拌摩擦焊接技术已经实现了飞机机翼、机身、翼盒、地板、密封舱及加强筋板等零部件的制造，对于提高飞机性能和生产效率及降低生产成本有着显著作用[16]。

2.3　焊接结构疲劳研究新进展

2.3.1　被引次数较多的 30 篇论文

结构的疲劳破坏是工程中最典型的失效形式之一[17]，如第 1 章的综述表明，人们对疲劳的研究已有一百多年的历史。为了分析焊接结构疲劳领域的新进展，在 Web of Science 数据库中，以"welded joint"和"fatigue"为主题词，检索了1985 年以来在焊接接头疲劳方面的文献，并选择被引次数靠前的 30 篇论文进行深入分析。表 2-2 列出了被引数量靠前的 30 篇论文。从中可以看出，这些论文主要发表在 IJFatigue、FFEMS 和 Materials & Design 等学术期刊上，2001~2010 年的论文最多。通过对这些论文进行分析，可以获得焊接结构疲劳研究领域的热点及新进展。

表 2-2　1985 年以来被引数量靠前的 30 篇论文

年度	论文题目	作者	期刊
1999	From a local stress approach to fracture mechanics: A comprehensive evaluation of the fatigue strength of welded joints	Atzori B, Lazzarin P, Tovo R	*Fatigue & Fracture of Engineering Materials & Structures*
1999	Experimental investigation of E/M impedance health monitoring for spot-welded structural joints	Giurgiutiu V, Reynolds A, Rogers C A	*Journal of Intelligent Material Systems & Structures*
2001	A structural stress definition and numerical implementation for fatigue analysis of welded joints	Dong P	*International Journal of Fatigue*
2001	Notch stress intensity factors and fatigue strength of aluminium and steel welded joints	Lazzarin P, Livieri P	*International Journal of Fatigue*
2001	Multiaxial fatigue of welded joints under constant and variable amplitude loadings	Sonsino C M, Kueppers M	*Fatigue & Fracture of Engineering Materials & Structures*
2002	Some new methods for predicting fatigue in welded joints	Taylor D, Barrett N, Lucano G	*International Journal of Fatigue*
2003	The role of residual stress and heat affected zone properties on fatigue crack propagation in friction stir welded 2024-T351 aluminium joints	Bussu G, Irving P E	*International Journal of Fatigue*

续表

年度	论文题目	作者	期刊
2003	A notch stress intensity approach applied to fatigue life predictions of welded joints with different local toe geometry	Lazzarin P, Lassen T, Livieri P	*Fatigue & Fracture of Engineering Materials & Structures*
2004	A notch stress intensity approach to assess the multiaxial fatigue strength of welded tube-to-flange joints subjected to combined loadings	Lazzarin P, Sonsino C M, Zambardi R	*Fatigue & Fracture of Engineering Materials & Structures*
2004	A method of determining geometric stress for fatigue strength evaluation of steel welded joints	Xiao Z G, Yamada K	*International Journal of Fatigue*
2005	Investigation of the fatigue behaviour of the welded joints treated by TIG dressing and ultrasonic peening under variable-amplitude load	Huo L X, Wang D P, Zhang Y F	*International Journal of Fatigue*
2005	Fatigue strength of steel and aluminium welded joints based on generalised stress intensity factors and local strain energy values	Livieri P, Lazzarin P	*International Journal of Fracture*
2005	Fatigue strength improvement of 5083 H11 Al-alloy T-welded joints by shot peening: Experimental characterization and predictive approach	Sidhom N, Laamouri A, Fathallah R, et al	*International Journal of Fatigue*
2006	Effect of welding parameters on mechanical and micro structural properties of AA6056 joints produced by Friction Stir Welding	Cavaliere P, Campanile G, Panella F, et al	*Journal of Materials Processing Technology*
2007	Laser and shot peening effects on fatigue crack growth in friction stir welded 7075-T7351 aluminum alloy joints	Hatamleh O, Lyons J, Forman R	*International Journal of Fatigue*
2008	Local strain energy density and fatigue strength of welded joints under uniaxial and multiaxial loading	Lazzarin P, Livieri P, Berto F, et al	*Engineering Fracture Mechanics*
2008	Effect of re-filling probe hole on tensile failure and fatigue behaviour of friction stir spot welded joints in Al-Mg-Si alloy	Uematsu Y, Tokaji K, Tozaki Y, et al	*International Journal of Fatigue*
2009	Multiaxial fatigue life estimation in welded joints using the critical plane approach	Carpinteri A, Spagnoli A, Vantadori S	*International Journal of Fatigue*
2009	Effect of welding parameters on mechanical and microstructural properties of dissimilar AA6082-AA2024 joints produced by friction stir welding	Cavaliere P, De Santis A, Panella F, et al	*Materials & Design*
2009	Fatigue crack growth in 2024-T351 friction stir welded joints: Longitudinal residual stress and microstructural effects	Fratini L, Pasta S, Reynolds A P	*International Journal of Fatigue*
2009	A comprehensive investigation on the effects of laser and shot peening on fatigue crack growth in friction stir welded AA 2195 joints	Hatamleh O	*International Journal of Fatigue*
2009	Fatigue-relevant stress field parameters of welded lap joints: Pointed slit tip compared with keyhole notch	Lazzarin P, Berto F, Radaj D	*Fatigue & Fracture of Engineering Materials & Structures*
2009	Effect of residual stresses on the fatigue behaviour of welded joints depending on loading conditions and weld geometry	Sonsino C M	*International Journal of Fatigue*
2009	On the use of infrared thermography for the analysis of fatigue damage processes in welded joints	Ummenhofer T, Medgenberg J	*International Journal of Fatigue*
2010	Microstructure and mechanical properties of laser welded DP600 steel joints	Farabi N, Chen D L, Li J, et al	*Materials Science and Engineering: A*

续表

年度	论文题目	作者	期刊
2011	Microstructure and mechanical properties of laser welded dissimilar DP600/DP980 dual-phase steel joints	Farabi N, Chen D L, Zhou Y	*Journal of Alloys and Compounds*
2011	Fatigue evaluation of rib-to-deck welded joints of orthotropic steel bridge deck	Ya S, Yamada K, Ishikawa T	*Journal of Bridge Engineering*
2012	Notch stress concepts for the fatigue assessment of welded joints - background and applications	Sonsino C M, Fricke W, de Bruyne F, et al	*International Journal of Fatigue*
2012	Fatigue strength improvement factors for high strength steel welded joints treated by high frequency mechanical impact	Yildirim H C, Marquis G B	*International Journal of Fatigue*
2013	Tensile and fatigue properties of fiber laser welded high strength low alloy and DP980 dual-phase steel joints	Xu W, Westerbaan D, Nayak S S, et al	*Materials & Design*

2.3.2　焊接新工艺推动疲劳问题研究

近 30 余年来,搅拌摩擦焊接、激光焊接等新的焊接工艺得到开发与应用,该过程中人们把接头疲劳强度作为工艺开发及优化的重要依据。例如,Cavaliere 等[13]分析了焊接工艺参数对 AA6056 搅拌摩擦焊接头力学性能的影响,得到 56mm/min 的焊接速度具有最低周疲劳性能,并得到 AA6082-AA2024 搅拌摩擦焊接的工艺参数[18]。Uematsu 等[19]研究了再次填充孔对 Al-Mg-Si 合金搅拌摩擦焊接接头拉伸与疲劳行为的影响。Farabi 等[20]对激光焊接的 DP600/DP980 异种钢接头进行了力学性能表征,研究表明在焊接热影响区形成了软化区,并在拉伸与疲劳载荷下断裂于 DP600 侧的软化区;对于 DP600 同种钢焊接接头,相对母材,激光焊接接头的延性下降但强度增加,高应力幅下母材与接头的疲劳强度相近,拉伸与疲劳断裂也位于热影响区外侧[21]。Xu 等[22]研究了高强低合金钢与 DP980 双相钢分别经过高速纤维激光焊接后的接头组织与性能,焊接接头系数分别达到 94%~96%和 96%~97%,随着应力水平的下降,高强度低合金钢的疲劳失效位置从母材逐渐转移至焊缝中的气孔缺陷处,而 DP980 双相钢的接头主要从焊缝气孔处萌生裂纹直至失效。

2.3.3　焊接结构疲劳评定方法

Atzori 等[23]通过比较结构几何引起的局部应力场与基于线弹性断裂力学的剩余寿命预测,尝试建立焊接接头疲劳强度评价的统一准则。研究表明,接头几何参数的变化使名义应力数据分散,一旦在焊趾部位引入 0.3mm 虚拟裂纹将使应力分散带大为降低,接头疲劳行为通过 I 型应力强度因子范围ΔK_I与疲劳寿命的关系表示,断裂参量的计算可由靠近焊趾部位不含裂纹类缺陷时的局部应力分布得到,研究提出了从局部应力向断裂力学转变的疲劳强度评价方法。

Dong[24]提出了网格尺寸不敏感的结构应力方法,该结构应力可有效地评价膜应力与弯曲应力下焊接接头的应力状态,应用结果可使多种焊接接头的 S-N 曲线缩减为一条主曲线,而 S-N 曲线的斜率由膜应力与弯曲应力分量的权重确定,各应力分量的影响可根据等效应力强度因子参量确定,该方法表明焊接接头疲劳的结构应力可通过网格不敏感的有限元计算得到,并能得到与结构类型和载荷模式无关的 S-N 测试数据。

Sonsino 和 Kueppers[25]研究了恒幅与变幅载荷下法兰-接管焊接接头的多轴疲劳行为,结果表明面内载荷可用传统的名义、结构或局部应变/应力处理,面外载荷条件下的疲劳寿命预测不保守,而有效等效应力对恒幅与变幅载荷均适用,并指出考虑局部应变与应力是必要的。针对焊接结构疲劳设计的线弹性缺口应力理论,Sonsino 等[26]介绍了薄壁与厚壁焊接接头中参考半径的提出背景和应用,比较了缺口应力计算与实验结果及理论的可靠性,并提出了针对薄壁与厚壁结构的疲劳设计曲线斜率值。Taylor 等[27]将预测缺口与其他应力集中因素影响疲劳强度的方法推广至焊接接头,并使用光滑试样疲劳极限和疲劳裂纹扩展门槛值两个基本参量预测不同接头几何形式的疲劳强度。

考虑到应力分布的奇异性使任何基于弹性峰值应力的失效准则不再适用,Lazzarin 与 Livieri[28]提出了铝合金与钢焊接接头基于缺口应力强度因子的疲劳强度评价方法,并对厚度为 3~24mm 的焊接接头实验数据进行统计分析。Lazzarin 等[29]把缺口应力强度因子方法用于预测总疲劳寿命并讨论焊趾几何参数的影响,当焊趾半径平均值偏离 0 时,采用缺口应力强度因子方法会低估疲劳寿命,此外,该研究也评估了焊趾角度的变化对预测方法的可行性和精度的影响。Lazzarin 等[30]通过将焊趾作为 V 型缺口,联合 I、III 型应力分布建立等效缺口应力强度因子,提出了评价管道-法兰接头多轴高周疲劳强度的等效缺口应力强度方法,并以焊趾周围材料体积内偏应变能的变化进行验证,得到了典型焊接接头在多种载荷模式下的临界半径值。Livieri 和 Lazzarin[31]分别把钢和铝合金焊接接头的焊趾区域看作 V 型缺口,使用缺口应力强度因子方法研究应力分布强度,同时为了考虑 V 型缺口张开角的变化,使用缺口尖端周围结构应变能的平均值作为评价参量。Lazzarin 等[32]研究单轴与多轴载荷下焊接接头的局部应变能密度和疲劳强度,而局部应变能密度方法具有较好的适用性,提供了从缺口应力强度因子向基于应力集中方法的转变。Lazzarin 等[33]把缺口应力强度因子分析方法应用于焊接疲劳评价,并考虑 T 应力分析的影响;此外,研究提出了 Keyhole 缺口方法,并使用两种不同的控制半径比较了平均局部应变能密度的变化。

Xiao 和 Yamada[34]提出了确定焊接接头的几何/结构应力方法,即裂纹扩展路径方向表面下 1mm 的计算应力,总应力被认为是由结构几何改变引起的几何应力与由焊接引起的非线性局部应力的总和,与结构热点应力评价方法比较,该方法具有考虑焊接接头尺寸与厚度效应的优势。Ya 等[35]比较了 80%焊透与完全焊透两种接头形式的疲劳强度，结果表明完全焊透可能影响疲劳裂纹的萌生行为，使疲劳强度略低。Carpinteri 等[36]把光滑与缺口部件中使用的多轴疲劳临界面准则推广应用于考虑面内与面外载荷的焊接接头疲劳评定，并基于实验数据开展了疲劳寿命预测研究。

2.3.4　焊接接头的疲劳损伤监测技术

Giurgiutiu 等[37]利用电-力阻抗技术(electro-mechanical impedance)监测点焊接头的疲劳损伤，使用压电传感器记录了 200～1100Hz 的阻抗信号，建立了疲劳损伤与试样刚度降低的关系，并与裂纹萌生与扩展联系起来，指出阻抗技术是点焊接头损伤检测、监测和无损探伤的潜在重要工具。Ummenhofer 和 Medgenberg[38]提出将热像法用于表征焊接结构疲劳的损伤局部化过程，通过将线性与非线性损伤进行区分，局部损伤过程可在 10%～30%的疲劳总寿命时观察到，具有确定疲劳裂纹萌生寿命的潜力。

2.3.5　焊接接头的疲劳强化方法

Sidhom 等[39]开展了 5083 H11 铝合金 T 型接头的喷丸强化试验研究，得到了应力比为 0.1 与 0.5 时的疲劳强度分别提升了 135%与 69%(2×10^6 周次)，并提出了局部疲劳强度预测方法。Huo 等[40]研究了钨极氩弧焊熔修和超声冲击处理焊趾对接头变幅疲劳强度的影响。研究表明，在变幅疲劳下，钨极氩弧焊熔修处理后的疲劳强度增加了 34%，弱于恒幅载荷时的 37%；超声冲击处理的强化效果取决于应力水平，在低应力/高周疲劳区间，恒幅载荷的疲劳强度增加 84%，而变幅载荷下增加 80%。Hatamleh 等[41]以 7075-T7351 搅拌摩擦焊接头为研究对象，比较了激光冲击与喷丸处理对疲劳裂纹扩展的影响，研究表明喷丸处理并没有使疲劳裂纹的扩展速率下降，而激光冲击可改善疲劳性能，其疲劳断口上的辉纹间距小于喷丸处理断口，这与更深的残余压缩应力有关。Hatamleh[42]比较了激光冲击与喷丸处理对 AA2195 搅拌摩擦焊接头疲劳裂纹扩展的影响，研究表明焊接过程中产生的拉伸残余应力会转变为压缩应力，与喷丸和不做处理时相比，激光冲击后的疲劳裂纹扩展速率降低幅度较大。Yildirim 和 Marquis[43]对高频机械冲击处理对疲劳强度的影响进行了系统评价，通过对 228 组实验数据的分析，发现材料强度每增加 200MPa，疲劳强度约增加 12%，此时疲劳设计曲线也增加一级，并指出需要注意较高应力比或变幅疲劳的设计。

2.3.6　残余应力与热影响区的影响

Bussu 和 Irving[44]研究了残余应力与热影响区对平行或垂直于 2024-T351 搅拌

摩擦焊焊接方向的疲劳裂纹扩展行为，研究表明裂纹扩展对焊缝方向和到焊缝熔合线的距离有关，疲劳裂纹扩展行为主要受焊接残余应力的影响，而微观组织与硬度改变对其的影响较弱。Fratini 等[45]研究了纵向残余应力对 2024-T351 搅拌摩擦焊接头疲劳裂纹扩展行为的影响，研究表明焊接区的裂纹扩展受到了微观组织硬度变化的影响，对焊接接头消除残余应力后，比较发现焊接区外的疲劳裂纹扩展主要受焊接残余应力的影响，对应的扩展速率较低。Sonsino[46]指出焊接残余应力对疲劳行为的影响取决于加载条件和焊接几何形状，过载仅会弱化低强度接头，而材料、载荷模式与残余应力的交互作用并不明显。

2.4 超长寿命服役引起的新问题

随着结构服役寿命的延长，人们更加关注在低应力、长寿命条件下的疲劳强度。相对于传统的低周和高周疲劳，人们把循环次数高于 10^7 的疲劳称为超高周疲劳(very high cycle fatigue, VHCF)。原因在于，工程中的一些部件如发动机部件、汽车承力运动部件、铁路轮轴和轨道、飞机、海岸结构、桥梁和特殊医疗设备等，在长寿命服役条件下常承受高频低应力幅循环载荷的作用，实际的疲劳寿命已经超过了 10^7 周次[47,48]。而对于核电装备 60 年寿命的要求，某些部件承受的循环载荷将超过 10^{10} 周次。起初，对超高周疲劳的科学认识主要源于人们对高强钢超长寿命疲劳试验研究，而对低强钢超高周疲劳行为的报道较少。

20 世纪 90 年代以来，国内外围绕超高周疲劳做了大量工作，纵观其研究内容，主要围绕着两个基本科学问题展开，即超高周疲劳破坏行为及机理的研究和以设计为导向的超高周疲劳寿命预测研究。Naito 等[49]早在 1982 年就对渗碳处理的 Cr-Mo 钢进行了 10^8 周次的疲劳试验，发现 S-N 曲线出现了两个转折点，疲劳极限消失。Asami 和 Emura[50]指出高强度钢及表面处理钢，在 10^7 周次以内表现为表面破坏，在大于 10^7 周次时表现为裂纹萌生于夹杂物的内部破坏，同时 S-N 曲线呈阶梯下降，疲劳断口表现出鱼眼状的特征，内部裂纹萌生是超高周疲劳的典型特征。在对内部破坏机理的诠释上，Mughrabi 等认为，裂纹萌生于材料内部夹杂物[51]、气孔[52]和微观组织不连续处[53]，本质上仍可归结为循环塑性变形局部化[54]。Murakami 等[55]观察断口发现了光学暗区(optically dark area, ODA)，断口表面最终呈鱼眼状形貌，如图 2-5 所示；实际上，光学暗区同 Shiozawa 等[56]观察到的粒状亮面(granular bright facet, GBF)和 Sakai 等[57]提出的细粒状区(fine granular area, FGA)本质上属同一区域。人们已经认识到，高强钢中光学暗区的尺寸随疲劳寿命延长而增大，超高周疲劳 90%以上的寿命都消耗在光学暗区内[58, 59]。

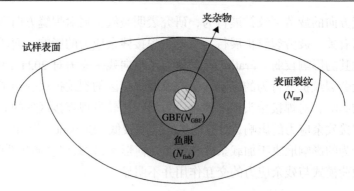

图 2-5 内部裂纹萌生与扩展过程示意图

Chapetti 等[60]认为裂纹萌生和不连续的扩展最终将形成光学暗区，Shiozawa[56]提出了"球形夹杂物分散脱离"模型，Sakai[61]认为夹杂物附近产生了小的亚晶粒，Murakami 等[51]把它归结为裂纹扩展的贡献，认为裂纹扩展是由氢在夹杂周围聚集和循环应力共同引起的。总体来说，光学暗区的形成是一个裂纹在微缺陷处萌生和扩展的过程。大量试验数据表明，光学暗区前缘对应的应力强度因子范围 ΔK 与长裂纹疲劳门槛值 ΔK_{th} 相当，这反映了光学暗区内裂纹扩展速率 da/dN 很低（甚至能达到 10^{-10}mm/cyc①），不是逐次扩展的过程[62]。

焊接过程中难免会引入气孔、夹杂物等微观内部缺陷，而在结构层次存在未熔合、焊接裂纹等宏观缺陷，这些含缺陷的结构在承受疲劳载荷的条件下，都可能成为疲劳裂纹源，并随着循环周次或服役周期的延长，缺陷对结构的破坏可能是一个竞争的过程。从科学研究层面，既要基于焊接冶金学思考缺陷的来源，又要基于焊接工艺优化以最大程度地减少缺陷，更要通过工程损伤与断裂力学原理以使缺陷不至于引起结构破坏。

2.5　焊接结构疲劳研究的难点

对于焊接结构，如前述研究进展中指出，焊接接头的疲劳行为随应力水平的降低，断裂的位置可能发生转变，高应力下焊缝可能不是断裂位置，但在低应力下焊缝中的缺陷会成为裂纹萌生位置，这种与应力水平相关的断裂位置转变可能会引起疲劳 S-N 曲线的形状发生变化，进而与现有标准与规范出现不一致的现象，所以从设计角度确保焊接结构的长寿命强度与可靠性是首要问题。此外，焊缝中缺陷的致裂行为可能表现出与超高周疲劳缺陷破坏机理的相似性，所以从制造角度优化焊接工艺成为新问题。因此，面向超长寿命服役条件下的焊接结构设计、

① cyc 表示循环或周次，下同。

制造与安全评价是值得深入研究的课题。从目前研究的进展与现状看，至少存在如下研究难点。

(1)在接头疲劳性能测试与表征方面，焊接接头的高周疲劳试样形状存在多种可能性。由于焊接接头是由母材、焊缝和热影响区三部分组成，所以疲劳试样的准备需要考虑选取接头的具体部位。对于弧形试样，任何一个部位居于试样中心位置将得到不同的疲劳强度与寿命结果；而对于中间平行段试样，平行部位包含接头组元的多少直接关系到危险体积大小，进而影响疲劳强度。

(2)在结构的损伤容限设计方面，焊接接头的疲劳裂纹扩展抗力与局部微观组织和残余应力相关。焊接接头微观组织的不均匀性可引起疲劳裂纹扩展行为的差异，代表疲劳裂纹扩展抗力的不均匀性，对如疲劳裂纹扩展门槛值等参量的测量和选取既需要评价母材、焊缝和热影响区等多个区域的门槛值，又需要纳入循环载荷变量(如应力比)的影响规律，为结构的防断设计提供精准的断裂参数。

(3)在接头性能的不均匀性方面，焊接接头的疲劳行为与焊接工艺相关。焊接工艺是接头质量与可靠性的关键工艺参数，采用何种焊接方法、接头母材与焊缝的匹配程度、同种或异种接头等因素，可直接形成焊接接头的不均匀变形和疲劳损伤的不均匀性分布，进而对结构性能产生影响，如能建立接头强度的预测方法势必对焊接结构的疲劳评价具有重要意义。对于异种钢焊接接头，其疲劳断裂机制与同种钢接头有较大不同，主要表现在对称性与非对称性结构对疲劳损伤的累积程度及弱区位置具有较大差异，从而进一步引起抗疲劳设计的区别。

(4)在接头的长寿命疲劳破坏机制方面，焊接缺陷可能成为疲劳破坏的"易感基因"。对于焊接接头的低周与高周疲劳问题，在试样层次其主要的裂纹萌生位置为试样的表面，在结构层次其主要断裂位置为接头的弱区。对于超高周疲劳问题，材料的内部缺陷可能成为除表面和接头弱区外的裂纹萌生点，材料内部缺陷不可见、分布获取难及缺陷-基体交互作用等都是公认的难题。相对于均匀材料，焊接接头中疲劳裂纹萌生位置转变的驱动力和机制更加复杂，它可能既与内部缺陷特征有关，又与温度、加载方式(旋转弯曲、轴向加载)和残余应力(表面处理工艺)等疲劳外部因素有关。

(5)从寿命预测角度，建立焊接结构的超长寿命预测模型十分必要。将传统高周疲劳理论和数据直接推广到超高周疲劳区域，缺乏理论依据，这势必会影响结构安全与可靠性[63]。Murakami 和 Endo[64]通过把夹杂物当作裂纹来处理，实现了断裂力学在内部复杂疲劳破坏机制上的运用，建立了基于缺陷尺寸和显微硬度的疲劳强度预测方法。Shiozawa 等[65]在考虑内部裂纹萌生与扩展过程的基础上，认为内部裂纹以 Paris 公式的规律扩展，提出了相应的寿命预测模型。因此，通过考虑内部缺陷自身因素对超高周疲劳破坏的影响规律，进而构建寿命模型是具有可行性的。

参 考 文 献

[1] Kang H T. Fatigue prediction of spot welded joints using equivalent structural stress[J]. Materials & Design, 2007, 28(3): 837-843.

[2] Xuan F Z, Wang Z F, Tu S T. Creep finite element simulation of multilayered system with interfacial cracks[J]. Materials & Design, 2009, 30(3): 563-569.

[3] Ma T J, Li W Y, Yang S Y. Impact toughness and fracture analysis of linear friction welded Ti-6Al-4V alloy joints[J]. Materials & Design, 2009, 30(6): 2128-2132.

[4] Kim Y J, Schwalbe K H. Mismatch effect on plastic yield loads in idealised weldments: II. Heat affected zone cracks[J]. Engineering Fracture Mechanics, 2001, 68(2): 183-199.

[5] Xuan F Z, Tu S T, Wang Z D. Time-dependent fracture and defect assessment of welded structures at high temperature[J]. Journal of Pressure Vessel Technology, 2006, 128(4): 556-565.

[6] Jiang W C, Gong J M, Tu S D, et al. A comparison of brazed residual stress in plate-fin structure made of different stainless steel[J]. Materials & Design, 2009, 30(1): 23-27.

[7] Kikuchi M. Ductile crack growth behavior of welded plate[J]. International Journal of Fracture, 1996, 78(3-4): 347-362.

[8] Sugimura Y, Grondin L, Suresh S. Fatigue crack growth at arbitrary angles to bimaterial interfaces[J]. Scripta Metallurgica Et Materialia, 1995, 33(12): 2007-2012.

[9] Ritchie R. On the interaction of cracks with bimaterial interfaces[J]. Materials Science, 1996, 32(1): 107-120.

[10] He M Y, Hutchinson J W. Crack deflection at an interface between dissimilar elastic materials[J]. International Journal of Solids and Structures, 1989, 25(9): 1053-1067.

[11] Wang B, Siegmund T. Simulation of fatigue crack growth at plastically mismatched bi-material interfaces[J]. International Journal of Plasticity, 2006, 22(9): 1586-1609.

[12] Zhu M L, Xuan F Z. Effects of temperature on tensile and impact behavior of dissimilar welds of rotor steels[J]. Materials & Design, 2010, 31(7): 3346-3352.

[13] Cavaliere P, Campanile G, Panella F, et al. Effect of welding parameters on mechanical and microstructural properties of AA6056 joints produced by friction stir welding[J]. Journal of Materials Processing Technology, 2006, 180(1-3): 263-270.

[14] 上海汽轮机厂, 清华大学, 哈尔滨焊接研究所, 等. 电站设备大型转子焊接制造技术[M]. 北京: 机械工业出版社, 2009.

[15] 傅志红, 黄明辉, 周鹏展, 等. 搅拌摩擦焊及其研究现状[J]. 焊接, 2002, (11): 6-10.

[16] 栾国红. 飞机制造中的搅拌摩擦焊技术及其发展[J]. 航空制造技术, 2009, (20): 26-31.

[17] Kruzic J J. Predicting fatigue failures[J]. Science, 2009, 325(5937): 156-158.

[18] Cavaliere P, De Santis A, Panella F, et al. Effect of welding parameters on mechanical and microstructural properties of dissimilar AA6082–AA2024 joints produced by friction stir welding[J]. Materials & Design, 2009, 30(3): 609-616.

[19] Uematsu Y, Tokaji K, Tozaki Y, et al. Effect of re-filling probe hole on tensile failure and fatigue behaviour of friction stir spot welded joints in Al-Mg-Si alloy[J]. International Journal of Fatigue, 2008, 30(10-11): 1956-1966.

[20] Farabi N, Chen D, Zhou Y. Microstructure and mechanical properties of laser welded dissimilar DP600/DP980 dual-phase steel joints[J]. Journal of Alloys and Compounds, 2011, 509(3): 982-989.

[21] Farabi N, Chen D, Li J, et al. Microstructure and mechanical properties of laser welded DP600 steel joints[J]. Materials Science and Engineering: A, 2010, 527(4-5): 1215-1222.

[22] Xu W, Westerbaan D, Nayak S, et al. Tensile and fatigue properties of fiber laser welded high strength low alloy and DP980 dual-phase steel joints[J]. Materials & Design, 2013, 43: 373-383.

[23] Atzori B, Lazzarin P, Tovo R. From a local stress approach to fracture mechanics: A comprehensive evaluation of the fatigue strength of welded joints[J]. Fatigue & Fracture of Engineering Materials & Structures, 1999, 22(5): 369-381.

[24] Dong P. A structural stress definition and numerical implementation for fatigue analysis of welded joints[J]. International Journal of Fatigue, 2001, 23(10): 865-876.

[25] Sonsino C M, Kueppers M. Multiaxial fatigue of welded joints under constant and variable amplitude loadings[J]. Fatigue & Fracture of Engineering Materials & Structures, 2001, 24(5): 309-327.

[26] Sonsino C, Fricke W, De Bruyne F, et al. Notch stress concepts for the fatigue assessment of welded joints-Background and applications[J]. International Journal of Fatigue, 2012, 34(1): 2-16.

[27] Taylor D, Barrett N, Lucano G. Some new methods for predicting fatigue in welded joints[J]. International Journal of Fatigue, 2002, 24(5): 509-518.

[28] Lazzarin P, Livieri P. Notch stress intensity factors and fatigue strength of aluminium and steel welded joints[J]. International Journal of Fatigue, 2001, 23(3): 225-232.

[29] Lazzarin P, Lassen T, Livieri P. A notch stress intensity approach applied to fatigue life predictions of welded joints with different local toe geometry[J]. Fatigue & Fracture of Engineering Materials & Structures, 2003, 26(1): 49-58.

[30] Lazzarin P, Sonsino C, Zambardi R. A notch stress intensity approach to assess the multiaxial fatigue strength of welded tube-to-flange joints subjected to combined loadings[J]. Fatigue & Fracture of Engineering Materials & Structures, 2004, 27(2): 127-140.

[31] Livieri P, Lazzarin P. Fatigue strength of steel and aluminium welded joints based on generalised stress intensity factors and local strain energy values[J]. International Journal of Fracture, 2005, 133(3): 247-276.

[32] Lazzarin P, Livieri P, Berto F, et al. Local strain energy density and fatigue strength of welded joints under uniaxial and multiaxial loading[J]. Engineering Fracture Mechanics, 2008, 75(7): 1875-1889.

[33] Lazzarin P, Berto F, Radaj D. Fatigue-relevant stress field parameters of welded lap joints: Pointed slit tip compared with keyhole notch[J]. Fatigue & Fracture of Engineering Materials & Structures, 2009, 32(9): 713-735.

[34] Xiao Z G, Yamada K. A method of determining geometric stress for fatigue strength evaluation of steel welded joints[J]. International Journal of Fatigue, 2004, 26(12): 1277-1293.

[35] Ya S, Yamada K, Ishikawa T. Fatigue evaluation of rib-to-deck welded joints of orthotropic steel bridge deck[J]. Journal of Bridge Engineering, 2011, 16(4): 492-499.

[36] Carpinteri A, Spagnoli A, Vantadori S. Multiaxial fatigue life estimation in welded joints using the critical plane approach[J]. International Journal of Fatigue, 2009, 31(1): 188-196.

[37] Giurgiutiu V, Reynolds A, Rogers C A. Experimental investigation of E/M impedance health monitoring for spot-welded structural joints[J]. Journal of Intelligent Material Systems and Structures, 1999, 10(10): 802-812.

[38] Ummenhofer T, Medgenberg J. On the use of infrared thermography for the analysis of fatigue damage processes in welded joints[J]. International Journal of Fatigue, 2009, 31(1): 130-137.

[39] Sidhom N, Laamouri A, Fathallah R, et al. Fatigue strength improvement of 5083 H11 Al-alloy T-welded joints by shot peening: Experimental characterization and predictive approach[J]. International Journal of Fatigue, 2005, 27(7): 729-745.

[40] Huo L, Wang D, Zhang Y. Investigation of the fatigue behaviour of the welded joints treated by TIG dressing and ultrasonic peening under variable-amplitude load[J]. International Journal of Fatigue, 2005, 27(1): 95-101.

[41] Hatamleh O, Lyons J, Forman R. Laser and shot peening effects on fatigue crack growth in friction stir welded 7075-T7351 aluminum alloy joints[J]. International Journal of Fatigue, 2007, 29 (3): 421-434.

[42] Hatamleh O. A comprehensive investigation on the effects of laser and shot peening on fatigue crack growth in friction stir welded AA 2195 joints[J]. International Journal of Fatigue, 2009, 31 (5): 974-988.

[43] Yildirim H C, Marquis G B. Fatigue strength improvement factors for high strength steel welded joints treated by high frequency mechanical impact[J]. International Journal of Fatigue, 2012, 44: 168-176.

[44] Bussu G, Irving P. The role of residual stress and heat affected zone properties on fatigue crack propagation in friction stir welded 2024-T351 aluminium joints[J]. International Journal of Fatigue, 2003, 25 (1): 77-88.

[45] Fratini L, Pasta S, Reynolds A P. Fatigue crack growth in 2024-T351 friction stir welded joints: Longitudinal residual stress and microstructural effects[J]. International Journal of Fatigue, 2009, 31 (3): 495-500.

[46] Sonsino C. Effect of residual stresses on the fatigue behaviour of welded joints depending on loading conditions and weld geometry[J]. International Journal of Fatigue, 2009, 31 (1): 88-101.

[47] 李守新, 翁宇庆, 惠卫军, 等. 高强度钢超高周疲劳性能:非金属夹杂物的影响[M]. 北京: 冶金工业出版社, 2010.

[48] 赵永翔, 高庆, 张斌, 等. 轨道车辆轮对的关键力学问题及研究进展[J]. 固体力学学报, 2010, (06): 716-30.

[49] Naito T, Ueda H, Kikuchi M. Observation of fatigue fracture surface of carburized steel[J]. Journal of the Society of Materials Science, Japan, 1983, 32 (361): 1162-1166.

[50] Emura H, Asami K. Fatigue strength characteristics of high-strength steel[J]. Transactions of the Japan Society of Mechanical Engineers Series A, 1989, 55 (509): 45-50.

[51] Murakami Y, Yokoyama N, Nagata J. Mechanism of fatigue failure in ultralong life regime[J]. Fatigue & Fracture of Engineering Materials & Structures, 2002, 25 (8-9): 735-746.

[52] Wang Q, Berard J, Dubarre A, et al. Gigacycle fatigue of ferrous alloys[J]. Fatigue & Fracture of Engineering Materials & Structures, 1999, 22 (8): 667-672.

[53] Chai G. The formation of subsurface non-defect fatigue crack origins[J]. International Journal of Fatigue, 2006, 28 (11): 1533-1539.

[54] Mughrabi H. On the life-controlling microstructural fatigue mechanisms in ductile metals and alloys in the gigacycle regime[J]. Fatigue & Fracture of Engineering Materials & Structures, 1999, 22 (7): 633-641.

[55] Murakami Y, Yokoyama N N, Nagata J. Mechanism of fatigue failure in ultralong life regime[J]. Fatigue & Fracture of Engineering Materials & Structures, 2002, 25 (8-9): 735-746.

[56] Shiozawa K, Lu L, Ishihara S. S-N curve characteristics and subsurface crack initiation behaviour in ultra-long life fatigue of a high carbon-chromium bearing steel[J]. Fatigue & Fracture of Engineering Materials & Structures, 2001, 24 (12): 781-790.

[57] Sakai T, Takeda M, Shiozawa K, et al. Experimental reconfirmation of characteristic SN property for high carbon chromium bearing steel in wide life region in rotating bending[J]. Zairyo, 2000, 49 (7): 779-785.

[58] Wang Q Y, Berard J Y, Rathery S, et al. High-cycle fatigue crack initiation and propagation behaviour of high-strength spring steel wires[J]. Fatigue & Fracture of Engineering Materials & Structures, 2003, 22 (8): 673-677.

[59] Ranc N, Wagner D, Paris P. Study of thermal effects associated with crack propagation during very high cycle fatigue tests[J]. Acta Materialia, 2008, 56 (15): 4012-4021.

[60] Chapetti M, Tagawa T, Miyata T. Ultra-long cycle fatigue of high-strength carbon steels part I: Review and analysis of the mechanism of failure[J]. Materials Science and Engineering: A, 2003, 356 (1-2): 227-235.

[61] Sakai T. Review and prospects for current studies on very high cycle fatigue of metallic materials for machine structural use[J]. Journal of Solid Mechanics and Materials Engineering, 2009, 3 (3): 425-439.

[62] Pippan R, Tabernig B, Gach E, et al. Non-propagation conditions for fatigue cracks and fatigue in the very high-cycle regime[J]. Fatigue & Fracture of Engineering Materials & Structures, 2002, 25 (8-9): 805-811.

[63] Sonsino C M. Course of SN-curves especially in the high-cycle fatigue regime with regard to component design and safety[J]. International Journal of Fatigue, 2007, 29 (12): 2246-2258.

[64] Murakami Y, Endo M. Effects of defects, inclusions and inhomogeneities on fatigue strength[J]. International Journal of Fatigue, 1994, 16 (3): 163-182.

[65] Shiozawa K, Murai M, Shimatani Y, et al. Transition of fatigue failure mode of Ni-Cr-Mo low-alloy steel in very high cycle regime[J]. International Journal of Fatigue, 2010, 32 (3): 541-550.

本章主要符号说明

da/dN　　裂纹扩展速率　　　　　　　　　ΔK_{I}　　Ⅰ型应力强度因子范围

第3章 焊接接头的损伤不均匀性表征

焊接接头的强度与材料选择、焊接冶金工艺等多个因素有关，接头的微观组织、性能的不均匀性是影响结构强度的首要问题。例如，对于常用的多层多道焊接工艺，具有焊接大尺寸结构并保证较好韧性的优势[1-3]，但同时形成的焊接结构不同部位的不连续组织与不均匀性能，尤其是焊接热影响区内的性能分布仍是难题。此外，多道焊的焊缝中也存在组织不均匀现象，后一道焊缝对前一道焊缝的影响相当于经历着多次热处理，而每一次热处理都会使前一道焊缝的微观组织发生一定变化[4]，所以在焊接接头的常规设计和评价中，把焊缝作为均匀材料处理是不妥当的。因此，需要开发不均匀损伤的表征技术，以了解接头微区的抗疲劳性能，进而优化焊接工艺参数。

研究局部力学行为对整个部件和结构的评估非常重要。非均匀材料研究的方法主要局限在显微组织的观察[5,6]、显微硬度测量[5-7]、基于电子背散射衍射（electron back scattered diffraction, EBSD）技术对相和碳化物的分析[7,8]，这些研究对揭示材料性能的不均匀性具有重要意义。随着数字图像相关技术的普及，采用原位技术获得全场应变已成为可能[9,10]。数字图像相关法可以直接测量焊接接头的表面应变场分布，根据应变场可以获取焊接接头各个局部的力学性能及本构关系。

为此，本章以一种窄间隙埋弧焊的焊接接头为研究对象，从微试样力学行为测量、有限元分析、微应变测试等方面介绍焊接接头的不均匀行为表征方法，最后从宏观层面提出结构强度的预测方法。

3.1 接头组织与宏观性能的不均匀性

3.1.1 接头冶金与微观组织

1. 焊接材料成分及力学性能

焊接接头采用 23CrMoNiWV88 和 26NiCrMoV145 两种母材，经过氩弧焊打底和埋弧焊填充的焊接方式，采用窄间隙埋弧焊工艺连接而成。其中，23CrMoNiWV88 钢以 IP 表示，26NiCrMoV145 钢以 LP 表示，其化学成分和力学性能分别见表 3-1 和表 3-2。

表 3-1　焊接接头母材的化学成分

材料	C	Si	Mn	P	S	Ni	Cr	Mo	V	Sn	As	Sb
23CrMoNiWV88(IP)	0.23	0.06	0.70	0.006	0.002	0.74	2.09	0.82	0.29	0.005	0.005	0.0013
26NiCrMoV145(LP)	0.25	0.04	0.29	0.005	0.001	3.56	1.71	0.38	0.09	0.003	0.004	0.0013

表 3-2　焊接接头两种母材的力学性能

材料	屈服强度 $R_{p0.2}$/MPa	抗拉强度 R_m/MPa	延伸率 A/%	断面收缩率 Z/%
23CrMoNiWV88(IP)	703	816	19	74
26NiCrMoV145(LP)	835.5	938	20	73

2. 焊接接头性能的表征

显微组织观察法：试样经打磨、抛光，用指定溶液腐蚀后用光学显微镜或扫描电子显微镜观察得到显微组织，通过显微组织来判断试样金相变化的方法。

纳米压痕硬度测试法：将试样用砂纸打磨并抛光，选择纳米压痕硬度压头确定面交角。根据需要选择实验时施加的最大载荷和保载时间。通过记录的载荷-压深曲线按 Oliver-Pharr 方法[11]确定硬度值和弹性模量。通过硬度和弹性模量来定量分析焊接接头热影响区、母材区和焊缝金属区纳米硬度差别的方法。通常，热影响区(heat affected zone, HAZ)和母材(base metal, BM)中测试位置间隔与焊缝金属(weld metal, WM)中的间隔有所差别。

显微硬度测试法：将试样进行打磨、抛光，采用特定溶液腐蚀后在硬度计上进行室温下的显微硬度测试，测试时沿试样的中心线移动，选择测试时的最大载荷和保持时间。实验时，直接读出硬度值。通过硬度来鉴定焊缝与母材的抗压能力的方法。同样，热影响区、母材和焊缝金属的测试位置间隔应该有所差别。

3. 焊接接头的显微组织

图 3-1 为焊接接头两种母材的微观组织。可见，IP 和 LP 的微观组织都由粒状回火贝氏体和板条状的回火马氏体组成。IP 中马氏体板条的宽度较 LP 更大，这与其较高的淬火温度有关。产生回火马氏体是由于回火过程中的保温时间较短。

图 3-2 为焊接接头熔合线附近的微观组织。在熔合线附近出现了岛状铁素体组织，熔合线另一侧则为热影响区内的粗晶区组织，组织粗大。岛状铁素体的出现与此处焊接的温度较高有关，由于它比较软，所以表现为在此处具有较低的硬度[12]。图 3-3 进一步表示了焊缝金属的组织。它主要由回火马氏体和回火贝氏体组成，回火马氏体组织较细小，上部的贝氏体既以块状形式存在[图 3-3(a)]，又

可见条状的［图 3-3(b)］贝氏体组织，而下部的贝氏体组织较细，这与焊接过程中下部受到正火处理引起的组织细化有关。

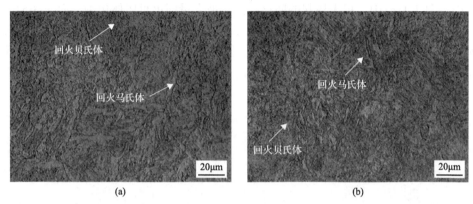

图 3-1　焊接接头两种母材的微观组织

(a) IP；　(b) LP

图 3-2　焊接接头熔合线附近的微观组织

(a) IP 端 HAZ 与 WM 组织；　(b) LP 端 HAZ 与 WM 组织

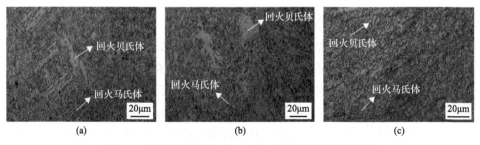

图 3-3　焊缝金属上部［(a)、(b)］和下部(c)的微观组织

图 3-4 和图 3-5 分别为 IP 热影响区和 LP 热影响区内的微观组织。考虑到焊接接头焊后热处理过程中的温度较高，故可将热影响区分为三个区域：完全淬火-

回火区、部分淬火-回火区和回火区。可见，热影响区内的组织主要由马氏体和贝氏体组成，同母材的组成相似，从部分淬火-回火区到回火区，马氏体的尺寸逐渐减小。图3-4(a)中，粗大块状的回火马氏体被大量回火贝氏体包围。而图3-5(a)中的回火马氏体较小，且马氏体板条间分布着较少的回火贝氏体。熔合线附件过大的回火马氏体与较高的焊接温度有关。图3-4(b)和图3-5(b)中的块状回火马氏体是由焊接过程中的部分淬火工艺引起的，而焊接中的"回火"和焊后热处理都会使回火区中马氏体的晶粒得到细化。

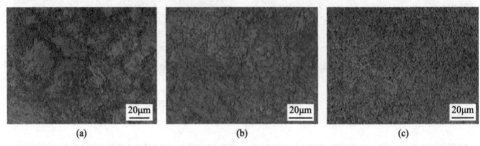

(a)　　　　　　　　　　(b)　　　　　　　　　　(c)

图3-4　IP端热影响区(IP HAZ)内的微观组织
(a)完全淬火-回火区；(b)部分淬火-回火区；(c)回火区

(a)　　　　　　　　　　(b)　　　　　　　　　　(c)

图3-5　LP端热影响区(LP HAZ)内的微观组织
(a)完全淬火-回火区；(b)部分淬火-回火区；(c)回火区

3.1.2　接头拉伸与冲击试验研究

图3-6为不同温度下焊接接头的拉伸试验结果。可见，随着温度的上升，屈服强度和强度极限下降但延伸率和断面收缩率缓慢上升。另外，当温度从100℃上升到200℃时，延伸率的变化不大，而断面收缩率下降。

拉伸结果中的另一个现象是随着温度的升高，焊接接头拉伸断裂的位置发生了转变。Fujii等[13]、Liu等[14]指出，在搅拌摩擦焊中的断裂位置与焊接的工艺参数有关。不同温度下拉伸断裂位置的变化如图3-7所示。可见，当试验温度在200℃以下时，断裂位置位于焊缝金属处；而当温度为300℃和350℃时，断裂的位置转变为IP母材处(IP BM)。这表明随着温度的升高，断裂位置从焊缝金属向母材金属转变。图 3-8 为焊缝金属和焊接接头试样在不同温度下强度极限值的变化关系。从中不难看出，焊接接头在任何温度下的强度极限都高于焊缝金属。由于 IP BM 只有一组室温下的数据，图 3-8 预测了 IP BM 抗拉强度随温度升高的变化趋势。基于这种推测，可以看出当温度在 200℃ 及以下时，焊缝金属的强度最弱，因而拉伸断裂在焊缝金属处；当温度超过 250℃ 时，IP BM 强度的下降幅度很大，可以使 IP BM 成为拉伸断裂位置。实际上，温度对拉伸性能的影响还表现在应变硬化指数的变化上。Byun 等[15]认为，超过一定温度后，随着温度的上升，硬化指数反而会提高，此时材料不容易颈缩且均匀变形能力增强。因此，当温度高于 200℃ 时，还需考虑焊缝金属和 IP BM 的硬化指数对温度的敏感性。

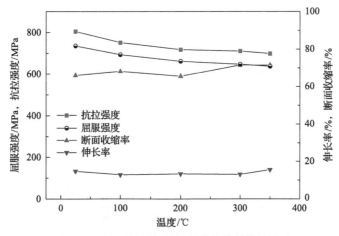

图 3-6　温度对转子钢焊接接头拉伸性能的影响

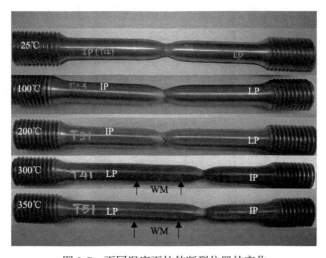

图 3-7　不同温度下拉伸断裂位置的变化

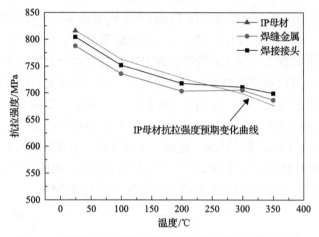

图 3-8　不同温度下焊缝金属和焊接接头强度极限的比较

图 3-9 为不同温度下的冲击断口形貌。图 3-9(a)～(c)和图 3-9(h)～(i)为典型的低温和高温冲击后的试样断面形貌。当温度处于 0～40℃时，脆性断口表面

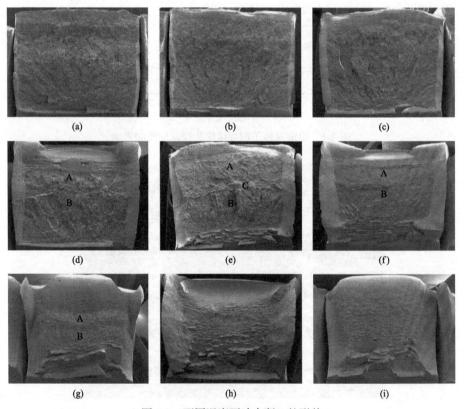

图 3-9　不同温度下冲击断口的形貌

(a)−60℃；(b)−40℃；(c)−20℃；(d)0℃；(e)10℃；(f)23℃；(g)40℃；(h)50℃；(i)75℃

出现了三个区域，其中区域 A 和 B 被区域 C 分割 [图 3-9(d)～(h)]。为此，选取 40℃的冲击断口进行观察，结果如图 3-10 所示。可见，在区域 A 和 B 中，准解理断裂是主要的断裂模式，但同时存在一些韧窝，即韧性断裂。而在区域 C 中，仅可看到韧性断裂模式 [图 3-10(b)]。这表明，在一定温度范围内对于这种缺口在焊缝金属的冲击，断口出现了准解理和韧性断裂混合型的断裂模式，这同其他材料的断口形貌有一定的差异。同时，在这一温度区域，分割层(B 区域)仅出现在材料的韧脆转变区内。

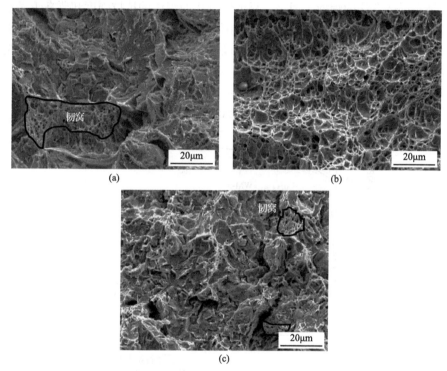

图 3-10　40℃时冲击断口 A、B 和 C 位置处的微观形貌

(a)与(c)准解理与韧性混合型断裂模式；(b)韧性断裂模式

可以认为，断口出现分层式的准解理断裂模式与多层的焊接工艺有关，这种分隔层应与焊接层有关。这意味着冲击性能既与温度有关，又与焊接工艺有关。焊接过程中，某一焊层的厚度会影响冲击性能。一般地，随着温度的变化，冲击断口表面主要由准解理断裂或韧性断裂模式组成。分隔层势必能在形成连续的准解理断面起到一定阻碍作用。可以推断，多层焊接可以改善材料的冲击性能，从而使材料的韧脆转变温度(FATT)下降。从上述拉伸与冲击结果可以看出，这种使用窄间隙埋弧焊的焊接技术形成的焊接转子能够满足产品基本的力学性能要求，这为开展其他种类材料的焊接提供了很好的经验。

3.2　基于微试样拉伸的局部力学行为

　　图 3-11(a)揭示了微试样拉伸的真应力-真应变曲线，分别代表了 6 个局部区域的力学行为。该曲线的杨氏模量均修正为 210GPa。将 6 个区域的屈服强度(YS)、抗拉强度(UTS)进行比较[图 3-11(b)]。靠近熔合线的热影响区的屈服强度和抗拉强度最大，其次是远离熔合线的热影响区。靠近热影响区的母材的屈服强度最小，其次是靠近熔合线的焊缝。但是，靠近熔合线的焊缝的抗拉强度却要高于靠近熔合线的母材的抗拉强度。也就是说，这两个区域的材料硬化能力存在很大差别。结合显微硬度的结果可以得出：与显微硬度相关度最好的是屈服强度，而不是抗拉强度。

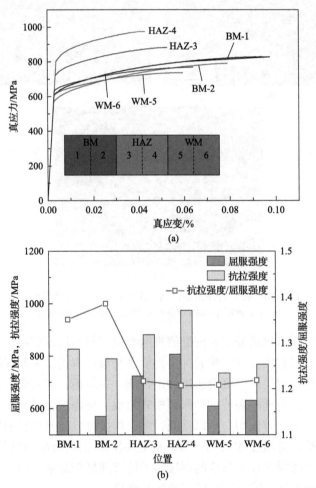

图 3-11　接头各区域的真应力应变曲线(a)和相应的力学参数(b)

3.3　基于有限元分析的焊接接头应变分布

为了与实验获得的应变分布进行对比，作者采用有限元软件 ABAQUS，通过建立图 3-12 的模型对熔合线附近区域的应变分布进行了有限元分析。该模型同样分为 6 个部分，从左到右分别是 BM-1、BM-2、HAZ-1、HAZ-2、WM-1 和 WM-2，这 6 个部分的力学性能均由微拉伸测试提供。该模型采用二维 4 节点单元，网格尺寸为 0.04mm。右边界在 X 和 Z 方向进行固定，左边施加 Y 方向的载荷。图 3-13 揭示了面内最大主应变随外载荷的演化，可以发现当外载荷从 620MPa 提高到 750MPa 时，应变集中区域从母材逐渐转移到了焊缝，这与实验结果比较吻合。

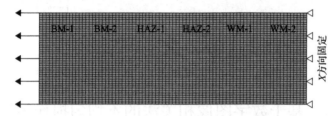

图 3-12　用于宏观应变分析的有限元模型

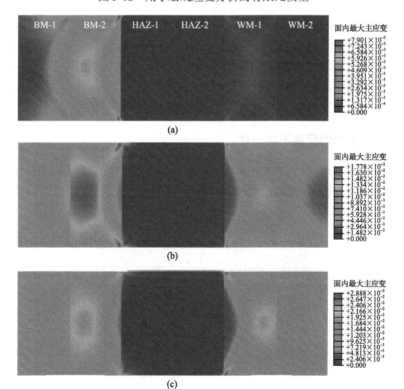

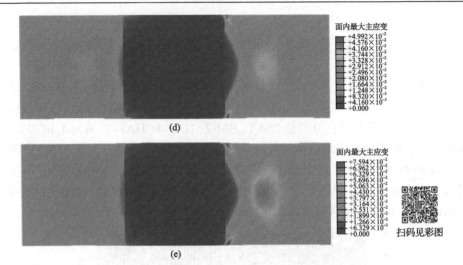

图 3-13　有限元获得的熔合区应变演化结果

(a) 620MPa；　(b) 660MPa；　(c) 680MPa；　(d) 700MPa；　(e) 750MPa

3.4　基于数字图像相关法的不均匀损伤表征

为了区分熔合区和多道焊缝的应变不均匀性，采用线切割的方法切割出两种微型试样：一种是沿轴向加工的跨接头试样，用于研究熔合区内组织引起的应变不均匀；另一种是沿径向加工的焊缝试样，用于研究多道焊缝中的应变不均匀。取样位置和平行段部分的微观组织如图 3-14 和图 3-15 所示。为更好地反映不均匀性，此处选择研究材料为 9%Cr 与 25Cr 2NiMoV 钢组成的异种钢焊接接头。

3.4.1　熔合线附近的应变不均匀性

对熔合区和多道焊缝这两个区域的样品进行抛光、腐蚀之后，用显微硬度仪（HXD-1000TM）进行了维氏硬度测量。图 3-16 为熔合线附近的显微硬度分布（硬

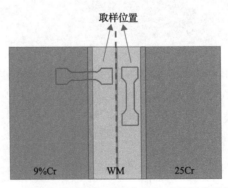

图 3-14　异种钢焊接接头及原位试样的取样位置示意图

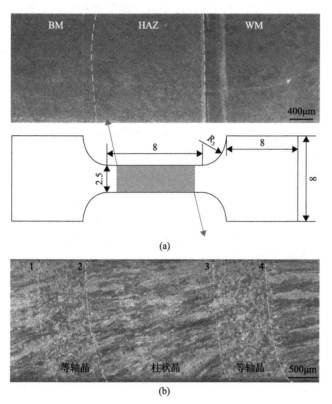

(a)

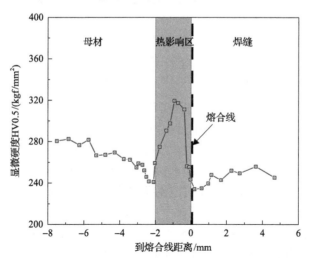

(b)

图 3-15　两个试样平行段的微观组织分布

(a)熔合线附近(单位：mm)；(b)焊缝

图 3-16　熔合线附近的显微硬度分布

HV0.5 表示 500g 力条件下测得的硬度；kgf 表示千克力，1kgf ≈ 9.8N

度单位为 kgf/mm²)。热影响区内的硬度呈现出明显的梯度,靠近熔合线区的硬度最大。母材区和焊缝区的硬度大致相当,但是远离熔合线区域的硬度均稍高于靠近熔合线区域的硬度。也就是说,在熔合线附近的焊缝和热影响区附近的母材均为接头的软化区域。显微硬度的非均匀性分布是由微观组织的非均匀性导致的,这也直接决定了强度分布的非均匀性。热影响区主要由大量的回火马氏体组成,这种马氏体的形态与母材中的马氏体存在明显差别,这就是热影响区和母材硬度差别的原因。而低硬度区的焊缝则表明板条贝氏体的硬度比马氏体更软。

　　图 3-17 表示了跨接头试样的应力-应变曲线,图中点 A 到点 K 代表了实验过程的中断点。试样整体发生屈服时对应的应变值为 1.5%,应力值为 700MPa。理论上,如果材料的抗拉强度为 700MPa,那么相应的应变值大约为 0.35%。但是,由于此处应变值的计算是直接用夹具的位移除以试样的初始平行段长度,因此夹具和试样之间的滑动被包括在内。该应力-应变曲线反映的是接头整体对外载荷的响应,包含了所有的局部力学行为。

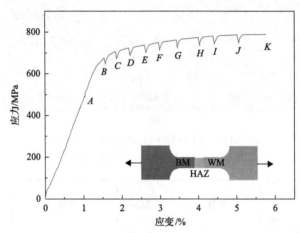

图 3-17　跨接头试样的应力-应变曲线($A \sim K$ 代表实验过程中的中断拍照点)

　　图 3-18(a)为用数字图像相关方法分析宏观应变的参考图片(55×),该图片包含整个热影响区、部分焊缝和母材,图片尺寸为 2048×1536 像素,图中的虚线代表相邻两个区域的边界,像素尺寸为 2.5μm,子区(subset)尺寸和步长(step)尺寸分别为 41 像素和 10 像素。从图 3-18(b)~(f)可以看到,熔合线附近区域的宏观应变分布及演化。图 3-18(b)反映了弹性阶段的应变分布 ε_{xx},弹性模量的差别导致了应变的非均匀性。图 3-18(c)反映了应变集中系数的分布,定义应变集中系数为应变与屈服点平均应变的比值。图 3-18(d)和图 3-18(e)分别反映了强化阶段 E 点和 H 点的应变分布,K 点对应抗拉强度。从图中可以发现,在加工硬化阶段,应变集中系数从 3.06 增加到 14.02,而且应变逐渐向焊缝区域集中,热影响区内的局部应变随应变的增大逐渐趋于一致。

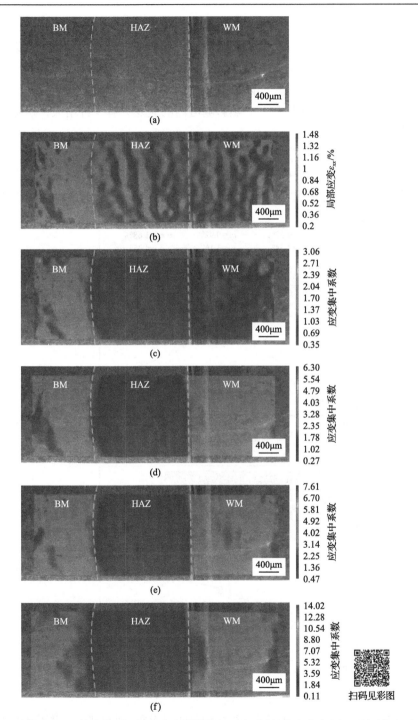

图 3-18　参考图(a)和拉伸曲线(图 3-17)中弹性阶段 A 点，局部应变分布(b)，B 点(c)、E 点(d)、H 点(e)、K 点(f)的应变集中系数(五点的应变平均值分别为 0.69%、0.72%、1.3%、1.8%、3%)

　　局部应变的转移与母材、热影响区和焊缝的硬化能力差异有关。有报道发现，相似组织的接头中焊缝的硬化能力最弱[16]，因此应变最容易在该处发生集中。图 3-18(d)最能反映拉伸过程中应变局部化的转移。母材比焊缝先发生屈服，这是因为母材的屈服强度比焊缝低。而随着外载荷的增大，焊缝区域成为应变最大的区域，这是因为焊缝的硬化指数低。热影响区内的应变只有少许增大，这是因为热影响区仍然处在弹性阶段。

　　为了使熔合线附近的应变分布更加清晰，将中心线上的应变数据进行了提取，如图 3-19 所示。如图 3-19(a)所示，跨熔合线中心线上的应变分布呈现出明显的失配现象。这里ε_{xx}是指数字图像相关法(DIC)测量图片中所有点应变的平均值，

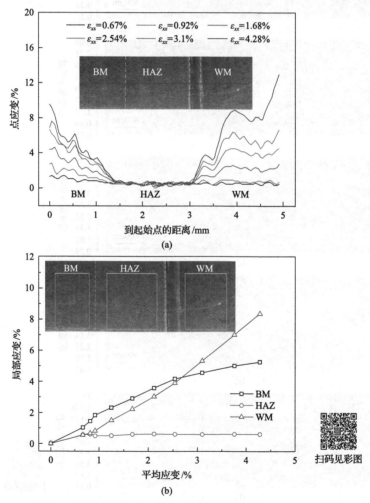

图 3-19　不同宏观应变下焊缝中心线上的局部应变分布(a)以及焊缝、热影响区和母材局部应变与平均应变的关系(b)

可以认为是总体应变。可以发现，焊缝区和母材区的应变逐渐增大，而热影响区内的应变几乎不变。图 3-19(b)揭示了焊缝、热影响区和母材三个区域内局部应变与整体平均应变的关系，从三条曲线可以看出整个接头在拉伸过程中应变的分布和演化情况。当总体应变在 2.5%附近时，应变集中区域从母材转移到焊缝，当总体应变最大值达到 4.28%时，局部最大应变达到了 9%，应变集中系数达 2.1。

图 3-20 为通过数字图像相关方法获得微尺度下的应变测量结果，该图是图 3-17 中的 K 点的高倍图。关注的区域包含热影响区、焊缝以及熔合线，这些区域中原始奥氏体晶界比较清楚。从图 3-20(a)中可以看出，在焊缝区域出现了明显的应变梯度。为了更好地观察局部应变下的显微组织以更好地将它们对应，采用光学显微镜在相同的区域内拍摄图片，如图 3-20(b)所示。结果显示，熔合线附近的焊缝区域主要由回火贝氏体和δ-铁素体组成。对比微观组织和应变分布可以发现，应变集中在δ-铁素体成块区域。该结果和双相钢中 DIC 测量结果相吻合[17,18]。

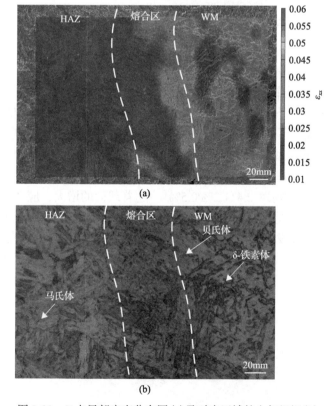

图 3-20　K 点局部应变分布图(a)及对应区域的金相组织(b)

3.4.2　多层多道焊缝内部的应变不均匀性

图 3-21 为等轴晶和柱状晶中的硬度分布,可以看出两段等轴晶区的硬度相差不大,平均硬度在 290kgf/mm² 左右,而柱状晶内的硬度呈现出很大的不均匀性,最大值与最小值之间相差 50kgf/mm² 左右,可见多道焊性能的不均匀性主要是柱状晶内部的不均匀性引起的,柱状晶上半段和下半段的差异明显。图中显示焊接方向为从左向右,也就是说在每一层焊道软化区域出现在柱状晶的下半段。

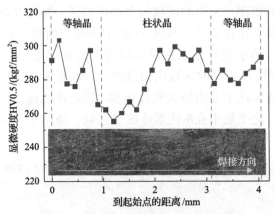

图 3-21　等轴晶和柱状晶中的硬度分布图

以零载荷下的图作为参考图片,有载荷下的图片作为目标图,采用 VIC-2D 软件得到了不同载荷下的应变分布。图 3-22(a)是参考图,由两个细晶区和一个柱状晶区组成,虚线为不同晶区的分割线。图 3-22(b)~(d)分别是拉伸曲线中 A 点、B 点和 D 点的应变云图,三个阶段下的平均应变分别为 0.5%、1.0%和 4.5%。从图 3-22(b)中可以看出,在试样刚发生屈服时,柱状晶的底端就出现了明显的应变集中带,应变集中系数为 2.4(1.2%/0.5%)。随着载荷的增大,应变集中的区域几乎没有发生变化,但是应变集中系数增大至 3.58(3.58%/1%)。当应力增加至抗拉强度时(D 点),试样发生明显的颈缩,颈缩发生的区域就是之前应变集中的区域。也就是说,柱状晶的底部区域在拉伸的整个过程中都是应变集中区域,它是整个焊缝的薄弱环节。

(a)

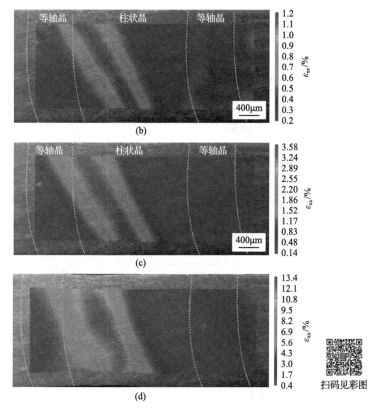

图 3-22　试样拉伸过程中不同阶段(点 A、点 B、点 D)的应变云图

　　为了更形象地表示不同区域的应变分布及硬度对材料强度的影响,将试样中心的应变提取出来并和硬度分布进行比较,如图 3-23 所示。值得一提的是,图 3-22

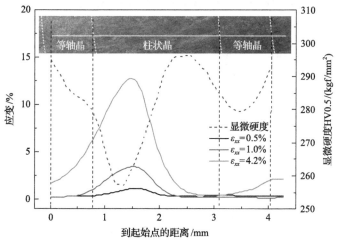

图 3-23　应变分布与硬度分布的比较

中的硬度分布进行过非线性拟合。不难看出,硬度最低的区域和应变最大的区域均发生在柱状晶区的下端,两种实验结果吻合得较好。

3.5　基于微观组织和硬度数据的焊接接头强度预测

3.5.1　显微硬度与纳米硬度的关系

图 3-24 和图 3-25 分别为埋弧焊(submerged arc welding, SAW)焊接接头显微硬度和纳米硬度数据。可见,无论是显微硬度还是纳米硬度,最大硬度值出现在熔合线附近,之后硬度值降低至母材的水平。对于焊缝金属,上部焊缝金属的宽度大于下部,这同实际是相符的(试验测得上部和下部焊缝金属的宽度分别约为 21.5mm 和 20.5mm)。在焊缝金属中,SAW 焊接接头上部和下部硬度值的变化与

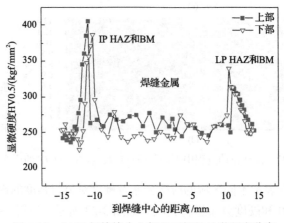

图 3-24　SAW 焊接接头上部和下部的显微硬度分布

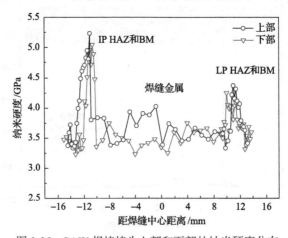

图 3-25　SAW 焊接接头上部和下部的纳米硬度分布

测量点的位置有关：当距焊接中心的位置为正时(靠近 LP 母材)，上部和下部的硬度值相差不大；当距焊缝中心的位置为负时(靠近 IP 母材)，硬度值的变化受到试样取样位置的影响。通过比较还可以看出，纳米硬度数据的波动性明显比显微硬度大。就硬度值的大小而言，SAW 接头上部的硬度值总体高于下部，且纳米硬度的数据明显大于显微硬度值。此外，从图 3-24 的显微硬度分布可以看出，在 IP 端 HAZ 外侧的硬度值最低，此处靠近 IP 端的母材，可被认为是结构软化区；类似的软化区也在 LP 端的母材处出现。

如上所述，纳米硬度值远大于显微硬度，这与 Qian 等[19]和 Mencin 等[20]的结果是一致的。一般认为，宏-微观硬度由于方法差异而无法有效确定表面层的强度，而纳米压痕硬度具有独特的优势。Poondla 等[21]认为，显微硬度受局部组织的影响，而宏观硬度则由更大范围内的组织决定。为了研究硬度值对不同测试方法的依赖性，建立不同硬度值之间的关系，无论对块体材料和表面层，还是对焊接接头都是很有必要的。

为此，对于中压端和低压端焊接的热影响区，相同坐标对应着显微和纳米两种硬度值，按式(3-1)和式(3-2)建立了纳米硬度和显微硬度的关系，如图 3-26 和图 3-27 所示。可见，IP 和 LP 热影响区内的关系是不同的，反映了微观组织的差异。

IP 热影响区：

$$H_{\text{nano}} = a_0 + a_1\text{HV} + a_2\text{HV}^2 + a_3\text{HV}^3 + a_4\text{HV}^4 + a_5\text{HV}^5 \tag{3-1}$$

LP 热影响区：

$$H_{\text{nano}} = (a + b\text{HV}^f)^{(-1/c)} \tag{3-2}$$

式中，HV 为显微硬度值；H_{nano} 为纳米硬度值。各系数分别为：a_0=141.596，a_1=−2.31635，a_2=0.01482，a_3=−4.54097×10^{-5}，a_4=6.70588×10^{-8}，a_5=−3.82536×10^{-11}；a=−1.50034×10^{-10}，b=3.52612×10^{-8}，c=19.18096，f=−0.95036。

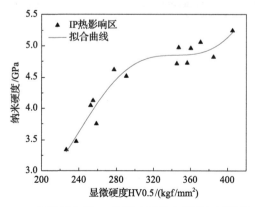

图 3-26　SAW 焊接接头的 IP 热影响区纳米硬度与显微硬度的关系

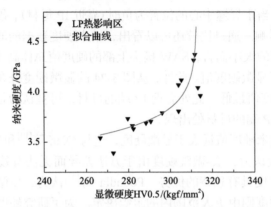

图 3-27   SAW 焊接接头的 LP 热影响区纳米硬度与显微硬度的关系

实际上，纳米硬度与显微硬度具有跨尺度的性质，它们之间的比较通常可用尺度因子来关联。式(3-1)和式(3-2)表明，两种硬度并非呈线性关系。这一方面表示了压痕过程中由载荷差异引起的尺寸效应，同时也说明纳米硬度和显微硬度的比较需要考虑组织变化的因素。

3.5.2   硬度与微观组织的关系

硬度反映了材料微观组织的变化，所以建立硬度与微观组织的对应关系十分重要，尤其是在焊接接头的热影响区中。板条马氏体作为热影响区内的特征组织，马氏体板条的宽度可依据硬度压痕周围的金相照片手动测量得到。图 3-28 和图 3-29 分别为上部和下部 SAW 接头 IP 热影响区和 LP 热影响区的硬度与特征组织尺寸之间的关系。

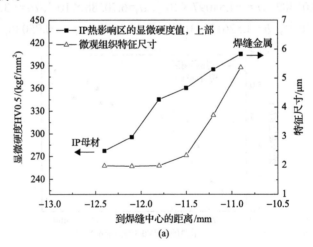

(a)

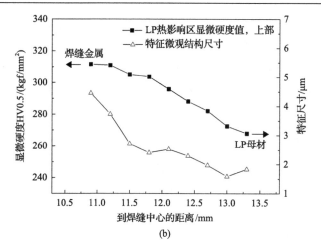

图 3-28　上部 SAW 接头显微硬度与 IP 热影响区(a)和 LP 热影响区(b)中特征组织尺寸的变化关系

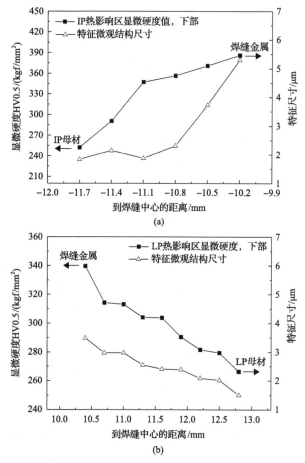

图 3-29　下部 SAW 接头显微硬度与 IP 热影响区(a)和 LP 热影响区(b)中特征组织尺寸的变化关系

当位置从熔合线转移至母材时，硬度和特征组织的尺寸都减小。图 3-28(a) 中，最大的马氏体板条尺寸为 5.4μm，出现在熔合线附近；而 LP 热影响区中的特征组织尺寸较小[图 3-29(b)]，其最小的尺寸靠近母材(1.5μm)。同时，硬度与特征组织尺寸具有几乎相同的变化趋势。这种相似关系表明特征组织尺寸的变化代表硬度值的变化，因此选取马氏体板条作为特征组织是可行的。

3.5.3　焊接接头强度分布预测方法

多年来，有关硬度同强度的关联方法已有大量的研究工作。Tabor[22]通过考虑材料的应变硬化指数 n，建立了材料的抗拉强度 R_m 与硬度值 H 的关系式[23]。Cahoon 等[24,25]进一步建立了 R_m 和屈服强度 $R_{p0.2}$ 同硬度值 H 的关系[26]，如式 (3-3) 和式 (3-4) 所示。

$$R_m = \frac{H}{2.9}\left(\frac{n}{0.217}\right)^n \tag{3-3}$$

$$R_{p0.2} = \left(\frac{H}{3}\right)(0.1)^n \tag{3-4}$$

应变硬化指数 n 是一个与微观组织有关的参数，在热影响区中，它不是一个常数。最常用的确定应变硬化指数 n 的方法是单轴拉伸试验，经典的 Meyer 硬度测量也是一个重要方法[23]。Challenger 和 Moteff[27]根据材料内部的亚晶粒或位错胞尺寸提出了一个确定硬化指数的经验公式，如式 (3-5) 所示：

$$n\lambda = k \tag{3-5}$$

式中，λ 为亚晶粒尺寸，μm；k 为常数，一般取 $k = 0.2$μm。

热影响区中 n 的分布可根据式 (3-5) 计算，λ 用特征组织的尺寸代替。再利用式 (3-3) 和式 (3-4) 进行热影响区内强度分布的预测。为了便于比较，根据特征组织的尺寸，对焊缝金属和母材的强度也进行了预测。需要指出的是，WM 中的特征组织为板条状贝氏体，母材的特征组织与热影响区相同，预测结果如图 3-30 和图 3-31 所示。用虚线和点线区分了焊接接头的不同部位。可见，对于整个焊接接头，强度越大，硬化指数越小，强度与硬化指数呈现反比例关系。硬化指数的变化与焊接接头的不均匀组织分布、特征组织的类型及其尺寸有关。就强度分布而言，热影响区内是整个焊接接头强度最高的部位。热影响区较高的强度和硬化指数与马氏体组织具有高强度和低韧性是一致的。对 IP 热影响区[图 3-30(a) 和图 3-31(a)]，强度极限(UTS)与屈服强度(YS)的差值基本维持不变；而在 LP 热影响区中[图 3-30(b) 和图 3-31(b)]，靠近母材时，抗拉强度与屈服强度的差值增大。这种变化关系反映了焊接接头的局部位置屈强比(屈服强度/抗拉

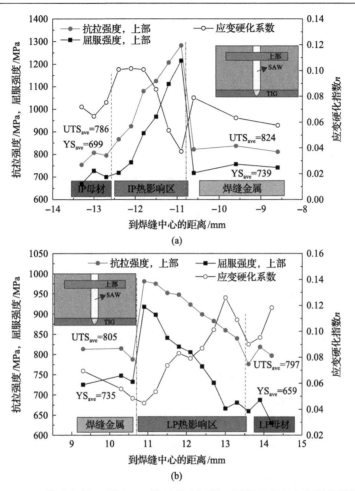

图 3-30　SAW 接头上部 IP 端和 LP 端的强度极限、屈服强度和应变硬化指数分布

(a) IP 端；　(b) LP 端

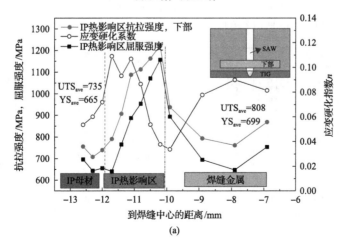

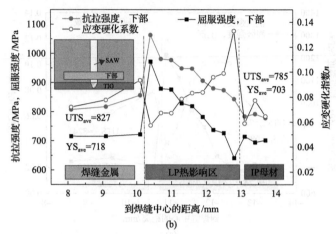

(b)

图 3-31　SAW 接头下部 IP 端和 LP 端的强度极限、屈服强度和应变硬化指数分布

(a)IP 端；(b)LP 端

强度)发生变化，进一步可以看到，屈强比的变化同应变硬化指数 n 是否发生较大变动有关，靠近母材处的 n 波动越大，屈强比也会发生变化。

图 3-32 为母材和焊缝金属中的强度预测值与拉伸试验数据的比较结果。可见，焊缝金属的预测值与试验值的最大差值为 40MPa，母材的预测值偏小。需要指出的是，这里用到的母材拉伸数据为焊前的状态。由于存在焊后热处理，这种回火处理会进一步降低母材的强度，且强度降低的幅度与回火温度有关。例如，对于 IP 母材，焊前回火处理温度为 645℃，而焊后热处理温度只有 620℃，此时焊后处理对组织的影响较小，因而强度下降的幅度较小，若 IP 母材的屈服强度在 660～700MPa，则预测结果与试验结果符合得很好。而对于 LP 母材，由于焊后热处理温度 620℃高于焊前回火温度 585℃，这将导致大量的马氏体进一步熔解，强度下降的幅度较大。若强度极限和屈服强度都下降 100MPa，则预测结果的可靠性也是很好的。基于以上分析，可以推断，基于特征组织尺寸的方法来预测焊接接头热影响区内的强度分布是可行的。

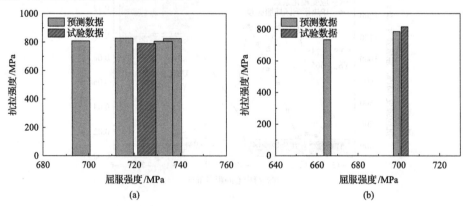

(a)　(b)

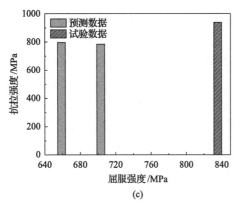

图 3-32　UTS 和 YS 的预测结果同拉伸试验结果的比较

(a) WM；(b) IP BM；(c) LP BM

3.5.4　强度预测方法的进一步拓展

根据 Cahoon 模型描述的强度与硬度关系，通过纳入微观组织特征尺寸实现了接头尤其是热影响区内部强度的预测。从模型的运用过程中可以看出，材料的硬化指数 n 没有通过实验得到。实际上，焊接接头各部位的 n 可以通过微小型试样的拉伸实验确定，确定 n 的过程中可以根据 Hollomon 关系对数据进行处理后得到，如式 (3-6) 所示，相关过程参见文献[16]。

$$\sigma = K_I(\varepsilon_p)^n \qquad (3\text{-}6)$$

在 n 已知的情况下，直接使用式 (3-3) 和式 (3-4) 将得到不准确的屈服强度和强度极限分布结果，这主要与实验的尺寸效应有关 (测量 n 的过程中使用的是微试样拉伸，而不是传统标准拉伸试样)，可能的解决方案是在原有的模型中纳入尺寸效应的参量。为此，在 Cahoon 模型中引入修正系数 $f(s)$，同时为了考虑 n 的贡献，对于屈服强度中原先的 0.1 用 n 值代替，更能代表参数的物理意义。因此，原式 (3-3) 和式 (3-4) 可以修正为式 (3-7) 和式 (3-8) 的形式以表达强度的预测模型。

$$\sigma_b = \frac{H}{2.9}\left(\frac{n}{0.217}\right)^n \frac{1}{f(s)^n} = \frac{H}{2.9}\left(\frac{n}{0.217 f(s)}\right)^n \qquad (3\text{-}7)$$

$$\sigma_s = \frac{H}{3}(n)^n \frac{1}{f(s)^n} = \frac{H}{3}\left(\frac{n}{f(s)}\right)^n \qquad (3\text{-}8)$$

式中，σ_b 为抗拉强度；σ_s 为屈服强度。

　　由式(3-7)和式(3-8)可知，已知$f(s)$值后，就可以进行强度预测，并可以推测得到$f(s)$值必须大于1，进而才能减弱试样的尺寸效应。$f(s)$的值与材料相关，由于接头微观组织的不均匀性，理论上该值应沿焊接接头发生变化，而仅考虑尺寸效应时则与微观组织的关联性不大。当预测结果与试验数据一致时，可成为确定$f(s)$值的方法与条件。按此方法，可确定焊缝部位的$f(s)$值为6，在接头n分布已知的情况下，预测的接头强度分布如图3-33所示。可以看出，运用修正后的预测模型后，预测结果与试验数据具有很好的一致性，在焊缝中的偏差低于5%，而在热影响区与母材中的偏差均低于10%。因此可以推断，新提出的强度模型可以很好地对焊接接头的强度分布进行预测。

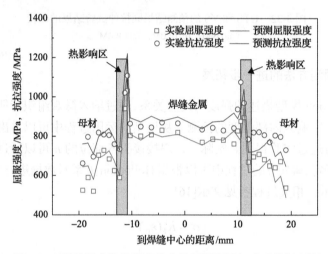

图3-33　焊接接头拉伸强度分布的预测结果与试验数据比较

参 考 文 献

[1] Kou S. Welding Metallurgy[M]. Hoboken: John Wiley & Sons, 2003.

[2] El-Banna E M, Nageda M S, El-Saadat M M A. Study of restoration by welding of pearlitic ductile cast iron[J]. Materials Letters, 2000, 42(5): 311-320.

[3] Furuya H, Aihara S, Morita K. A new proposal of HAZ toughness evaluation method-Part 1: HAZ toughness of structural steel in multilayer and single-layer weld joints[J]. Welding Journal, 2007, 86(1): 1s-8s.

[4] Mythili R, Paul V T, Saroja S, et al. Microstructural modification due to reheating in multipass manual metal arc welds of 9Cr-1Mo steel[J]. Journal of Nuclear Materials, 2003, 312(2-3): 199-206.

[5] Kolhe K P, Datta C K. Prediction of microstructure and mechanical properties of multipass SAW[J]. Journal of Materials Processing Technology, 2008, 197(1-3): 241-249.

[6] McLaughlin S R, Bayley C J, Aucoin N M. Assessment of microstructural heterogeneities in multipass pulsed gas metal arc welds[J]. Canadian Metallurgical Quarterly, 2012, 51(3): 294-301.

[7] Amrei M M, Monajati H, Thibault D, et al. Microstructure characterization and hardness distribution of 13Cr4Ni multipass weld metal[J]. Materials Characterization, 2016, 111: 128-136.

[8] 安栋, 徐学东, 张海. 基于 X70 高级管线钢多道焊缝和单道焊缝组织 EBSD 研究[J]. 电子显微学报, 2013, (5): 389-395.

[9] 宋明, 徐彤, 寿比南, 等. 基于数字图像相关方法的焊接接头局部力学性能研究进展[J]. 中国特种设备安全, 2016, 32(12): 1-6.

[10] 杭超, 杨广, 李玉龙, 等. 数字图像相关方法在焊缝材料力学性能测试中的应用[J]. 航空学报, 2013, 34(10): 2372-2382.

[11] Oliver W C, Pharr G M. An improved technique for determining hardness and elastic modulus using load and displacement sensing indentation experiments[J]. Journal of Materials Research, 1992, 7(6): 1564-1583.

[12] Cardoso P H S, Kwietniewski C, Porto J P, et al. The influence of delta ferrite in the AISI 416 stainless steel hot workability[J]. Materials Science and Engineering: A, 2003, 351(1-2): 1-8.

[13] Liu H J, Fujii H, Maeda M, et al. Tensile fracture location characterizations of friction stir welded joints of different aluminum alloys[J]. Journal of Materials Science & Technology, 2004, 20(1): 1-3.

[14] Liu H J, Fujii H, Maeda M, et al. Tensile properties and fracture locations of friction-stir-welded joints of 2017-T351 aluminum alloy[J]. Journal of Materials Processing Technology, 2003, 142(3): 692-696.

[15] Byun T S, Hashimoto N, Farrell K. Temperature dependence of strain hardening and plastic instability behaviors in austenitic stainless steels[J]. Acta Materialia, 2004, 52(13): 3889-3899.

[16] Zhu M L, Xuan F Z. Effect of microstructure on strain hardening and strength distributions along a Cr-Ni-Mo-V steel welded joint[J]. Materials & Design, 2015, 65: 707-715.

[17] Ghadbeigi H, Pinna C, Celotto S, et al. Local plastic strain evolution in a high strength dual-phase steel[J]. Materials Science and Engineering: A, 2010, 527(18-19): 5026-5032.

[18] Alharbi K, Ghadbeigi H, Efthymiadis P, et al. Damage in dual phase steel DP1000 investigated using digital image correlation and microstructure simulation[J]. Modelling and Simulation in Materials Science and Engineering, 2015, 23(8): 085005.

[19] Qian L, Li M, Zhou Z, et al. Comparison of nano-indentation hardness to microhardness[J]. Surface and Coatings Technology, 2005, 195(2-3): 264-271.

[20] Mencin P, Van Tyne C J, Levy B S. A method for measuring the hardness of the surface layer on hot forging dies using a nanoindenter[J]. Journal of Materials Engineering and Performance, 2009, 18(8): 1067-1072.

[21] Poondla N, Srivatsan T S, Patnaik A, et al. A study of the microstructure and hardness of two titanium alloys: Commercially pure and Ti-6Al-4V[J]. Journal of Alloys and Compounds, 2009, 486(1-2): 162-167.

[22] Tabor D. The Hardness and Strength of Metals[M]. Oxford: Clarendon Press, 1951.

[23] Moteff J, Bhargava R, McCullough W. Correlation of the hot-hardness with the tensile strength of 304 stainless steel to temperatures of 1200℃[J]. Metallurgical Transactions A, 1975, 6(5): 1101-1104.

[24] Cahoon J R. An improved equation relating hardness to ultimate strength[J]. Metallurgical and Materials Transactions B, 1972, 3(11): 3040.

[25] Cahoon J R, Broughton W H, Kutzak A R. The determination of yield strength from hardness measurements[J]. Metallurgical Transactions, 1971, 2(7): 1979-1983.

[26] Pavlina E J, Van Tyne C J. Correlation of yield strength and tensile strength with hardness for steels[J]. Journal of Materials Engineering and Performance, 2008, 17(6): 888-893.

[27] Challenger K D, Moteff J. A correlation between strain hardening parameters and dislocation substructure in austenitic stainless steels[J]. Scripta Metallurgica, 1972, 6(2): 155-160.

本章主要符号说明

A	延伸率	R_m、σ_b	抗拉强度
$f(s)$	修正系数	$R_{p0.2}$、σ_s	屈服强度
H	硬度值	Z	断面收缩率
H_{nano}	纳米硬度值	ε_p	塑性应变
HV	维氏硬度	λ	亚晶粒尺寸
K_I	Ⅰ型应力强度因子	σ	应力
n	应变硬化指数		

第4章 焊接接头微区疲劳短裂纹扩展行为

一般认为，疲劳寿命主要消耗在裂纹萌生与短裂纹扩展的阶段[1]。短裂纹的扩展行为随裂纹长度的增大而发生变化[2]，除受材料微观组织[3]和环境[4]等因素的影响外，还涉及裂纹闭合和小裂纹效应等问题[5]。循环载荷下短裂纹的扩展行为复杂，就微观组织而言，短裂纹的扩展需要考虑局部晶界[6]及晶向[7,8]等因素的影响。一般认为，短裂纹的闭合水平较低是短裂纹具有较高扩展速率的重要因素[9]。目前，人们已经获得了短裂纹闭合水平的变化趋势，即先随着裂纹扩展逐渐增大直至达到长裂纹的闭合水平[10]或在一些临界裂纹长度趋于稳定[11]。例如，Zhang等[12]指出当裂纹长度达到 1.5mm 时，闭合水平不再继续变化。然而，目前仍缺乏用于描述裂纹闭合水平随裂纹长度变化的理论模型[13]。

为准确获得裂纹闭合水平，研究人员发明了多种测试技术[14]，如 ASTM E647规定的近裂尖测点的柔度法[15]、修正的柔度比法[16]、直流电位法[17]、声发射[18]和超声透射(或衍射)技术[19]。人们很早就认识到裂纹闭合依赖于测量位置[20]，在缺口嘴部、沿裂纹表面和裂尖塑性区中测得的张开力是不同的[21]。因此，传统的柔度方法无法避免地高估或低估裂纹扩展的有效驱动力。实际上，裂纹扩展的驱动力应该考虑裂尖后部所有位置的裂纹闭合水平。然而，目前还不清楚是否存在最佳的测量位置来避免错误的估计。近年来，图像分析法广泛用于测量裂纹的张开或闭合行为[22]，如原位 SEM[23]、X 射线断层分析技术和数字图像相关技术[24]。其中，原位 SEM 观察法能记录局部柔度曲线，具有监测一个完整循环周次内闭合的优势[25]；而数字图像位移测量系统在获得距裂尖一定距离的闭合水平方面发挥了重要作用[26]。

短裂纹的演化是威胁焊接结构可靠性的重要因素，焊接接头中的气孔或未焊透等缺陷[27,28]很容易导致短裂纹的萌生，尤其是微观组织不均匀的热影响区[29]，因此有必要对焊接接头微区(如热影响区)的疲劳性能进行研究。然而，焊接接头热影响区的尺寸较小，热影响区内的微观组织与性能梯度分布[30]，目前对其强度性能的认识还不深入[31]，无法提供热影响区内微观组织影响疲劳破坏机理的科学认识。本章以焊接接头为研究对象，通过将初始裂纹置于热影响区的不同位置，在原位条件下开展循环载荷下短裂纹扩展行为研究，考查微区内的薄弱位置和裂纹闭合的演化，通过提出预测裂纹闭合演化的参量，解决裂尖后端闭合力的分布对裂纹扩展驱动力的影响这一问题，并结合 DIC 应变测量技术和 EBSD 等微观分析手段研究局部微观组织对疲劳裂纹扩展机理的影响。

4.1 接头热影响区内部疲劳短裂纹扩展行为

4.1.1 接头微区组织表征与原位疲劳裂纹扩展试验

1. 接头微区组织的表征

研究材料为经 350℃、3000h 人工时效处理后的 26NiCrMoV145 转子钢焊接接头，为第 3 章描述的 LP 端接头材料，焊接材料成分和性能表征见 3.1 节。图 4-1 总结了时效处理后焊接接头不同部位的微观组织。从图 4-1 可以看出，焊缝区组织主要为贝氏体，热影响区和母材的微观组织主要由回火马氏体和回火贝氏体组成；热影响区包括完全淬火-回火区（FQTZ）、部分淬火-回火区（PQTZ）和回火区（TZ）三部分，从完全淬火-回火区到母材，热影响区内的晶粒尺寸逐渐减小，完全淬火-回火区的晶粒最大，回火马氏体的形态由板条状转化为细粒状；母材显微组织中板条马氏体的宽度较大，原始奥氏体的晶界清晰可见。如图 4-2 所示，完全淬火-回火区的微观结构主要为回火马氏体和贝氏体，在板条状马氏体边界附近有许多细小的析出物，原始奥氏体的晶粒尺寸大约为 60μm。图 4-2(c) 中的透射电镜照片显示在材料中存在一定的位错结构，析出物形状为椭圆状和长条状。

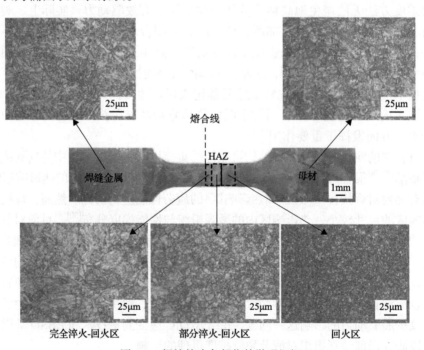

图 4-1 焊接接头各部位的微观组织

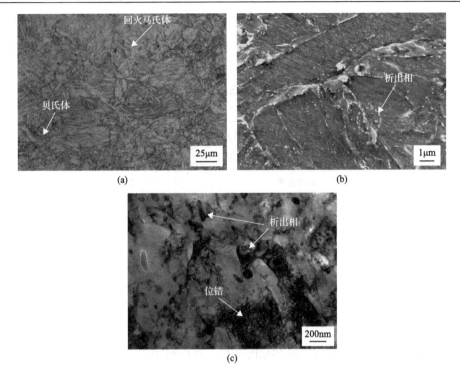

图 4-2　焊接接头热影响区的 FQTZ 在光学显微镜(a)、扫描电镜(b)与透射电镜(c)下的微观组织

2. 含裂纹微试样的制备

为制备原位观察用的小试样，先在较大尺寸的三点弯曲试样上预制裂纹，再加工成如图 4-3 所示的原位观察用试样。初始缺口分别放置在热影响区的完全淬火-回火区、部分淬火-回火区和回火区。为精确获得缺口位置，对试样表面进行预磨、抛光和腐蚀处理，测量三种缺口离熔合线的距离分别为 0.19mm、0.56mm 和 1.47mm。试样尺寸如图 4-3 所示。疲劳裂纹的预制采用多级载荷，每级下降 5%，应力比为 0.1，频率约为 90Hz，预制裂纹长度约 1mm。实验采用两级降应力强度因子 K 的方法获取裂纹，按照国家标准《金属材料　疲劳试验　疲劳裂纹扩展方法：GB/T 6398—2017》给出的公式计算三点弯曲试样的应力强度因子范围 ΔK，如式(4-1)所示：

$$\Delta K = \frac{\Delta P}{BW^{0.5}} g\left(\frac{a}{W}\right) \tag{4-1}$$

其中，$\alpha = a/W$，$g(a/W)$ 的计算公式如下，即

$$g\left(\frac{a}{W}\right) = \frac{6\alpha^{0.5}}{(1-2\alpha)(1-\alpha)^{1.5}}\left[1.99 - \alpha(1-\alpha)(2.15 - 3.93\alpha + 2.7\alpha^2)\right] \tag{4-2}$$

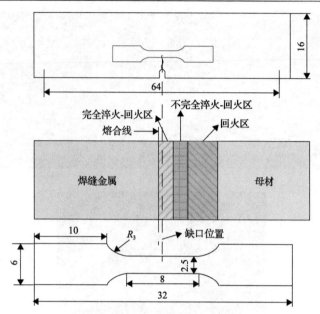

图 4-3　原位疲劳试验的微试样尺寸、缺口位置与取样方式(单位：mm)

根据经验，第一级的ΔK 取 12MPa·m$^{1/2}$，然后利用式(4-1)计算ΔP。裂纹扩展 0.5mm 后，ΔK 上升为 12.4MPa·m$^{1/2}$，然后将载荷下降 5%，使裂纹继续扩展约 0.5mm。实验结束后的ΔK 为 18.85MPa·m$^{1/2}$，初始裂纹长度为 1mm。为了考虑预制裂纹过程中裂尖产生的循环塑性区对微试样实验的影响，根据 Irwin 模型[32]，采用式(4-3)计算塑性区大小：

$$r_c = \frac{1}{12\pi}\left(\frac{\Delta K}{\sigma_y}\right)^2 \tag{4-3}$$

由计算结果可知，预制裂纹后裂尖塑性区的半径约为 20μm，并且在微试样加工过程中会存在残余应力的松弛，所以裂纹预制过程对后续疲劳试验的影响可以忽略不计。原位微试样的厚度远小于 $2.5(K_{max}/\sigma_y)^2$，说明整个实验过程中试样处于平面应力状态。

原位微试样的 $g(a/W)$ 计算公式如下，即

$$g\left(\frac{a}{W}\right) = (1-\alpha)^{-1.5}(1.9878\alpha^{0.5} - 2.9726\alpha^{1.5} + 6.9503\alpha^{2.5} - 14.4476\alpha^{3.5} \\ + 10.0548\alpha^{4.5} + 3.4047\alpha^{5.5} - 8.7143\alpha^{6.5} + 3.7417\alpha^{7.5}) \tag{4-4}$$

可通过开展短裂纹原位疲劳试验来分析裂纹扩展的模式和路径，研究微观组织对短裂纹偏折和分支的影响。短裂纹扩展的实验相关数据如表 4-1 表示。

表 4-1　物理短裂纹扩展的试验数据

试样编号	厚度 B/mm	宽度 W/mm	初始裂纹长度 a_{int}/mm	最终裂纹长度 a_f/mm	载荷范围 ΔP/N	循环次数
FQTZ(No.1)	0.44	2.53	0.5	0.5418	405	1069
FQTZ(No.2)	0.49	2.56	0.676	0.7789	360	3230
PQTZ(No.1)	0.44	2.54	0.846	0.9421	270	1222
PQTZ(No.2)	0.65	2.66	0.738	0.8474	468	2736
PQTZ(No.3)	0.45	2.45	0.5	0.5931	390	1276

4.1.2　疲劳短裂纹扩展速率与路径的关系

1. 疲劳裂纹的扩展速率

图 4-4 为 FQTZ 与 PQTZ 的 da/dN 与 ΔK 的关系。从图 4-4 可以看出，PQTZ 的 da/dN 总体上高于 FQTZ。由于微观组织的影响，da/dN 的数据点存在波动性。图 4-5 揭示了三种初始裂纹位置下 da/dN 与裂纹长度 a 的关系。其结果基本呈现出当裂纹长度超过一临界值时，da/dN 随裂纹长度的增加而增大。一般认为需要运用弹塑性断裂力学参量来描述短裂纹的扩展[33]，但 ΔK 在短裂纹向长裂纹的演化发展中仍有意义[34]。这表明热影响区内物理短裂纹扩展的驱动机制，需要综合考查 ΔK 和材料微观组织的影响。

2. 宏观裂纹的扩展路径

图 4-6 为物理短裂纹扩展的宏观路径。图 4-6(a)中，路径少有偏折；图 4-6(b)中，短裂纹遇到大晶粒后偏折扩展，路径较曲折。而在 PQTZ 中，如图 4-6(c)～

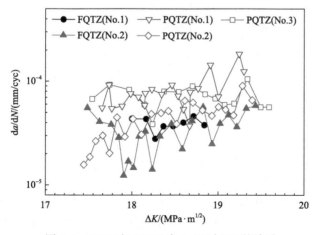

图 4-4　FQTZ 与 PQTZ 中 da/dN 与 ΔK 的关系

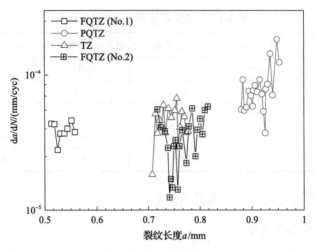

图 4-5　热影响区内疲劳短裂纹的扩展速率与裂纹长度的关系

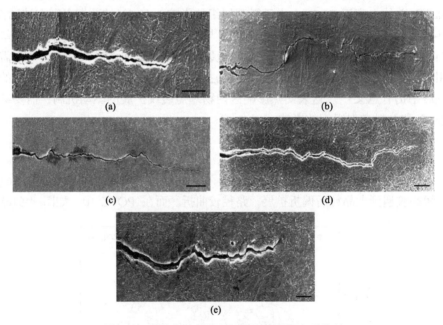

图 4-6　热影响区内物理短裂纹扩展的宏观路径

(a) FQTZ (No.1)；(b) FQTZ (No.2)；(c) PQTZ (No.1)；(d) PQTZ (No.2)；(e) PQTZ (No.3)

(e) 所示，裂纹路径基本呈支字形扩展的形貌，路径上有很多局部偏折和分支。这表明路径越曲折，同微观组织的交互作用就越明显。

图 4-7 为 FQTZ (No.1) 试样在最大荷载 P_{max} 下的短裂纹扩展路径形貌。在整个观察阶段，试样共经历 611 次循环载荷，裂纹扩展长度为 24.2μm。由于疲劳裂纹的扩展必须克服密集分布的马氏体组织，所以这一过程的疲劳裂纹扩展路径非

常曲折。同时，由于焊接接头的热影响区存在梯度强度分布[35]，即热影响区的硬度和强度从熔合线到母材逐渐下降，这导致主裂纹有向下偏折的趋势。这一结果表明，FQTZ 内部的短裂纹扩展行为受局部组织和整体强度梯度的共同影响。

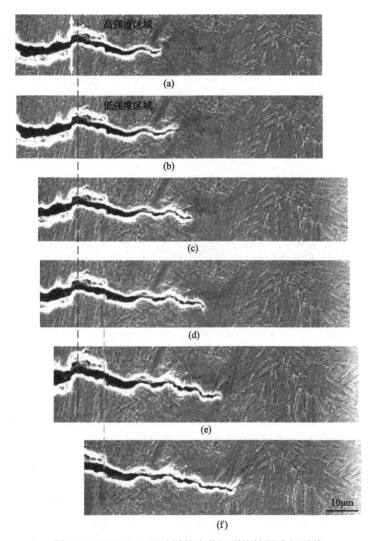

图 4-7　FQTZ（No.1）试样的疲劳短裂纹扩展路径形貌

(a) da/dN=3.74×10^{-5}mm/cyc，ΔK=18.08MPa·m$^{1/2}$；(b) da/dN=5.64×10^{-5}mm/cyc，ΔK=18.20MPa·m$^{1/2}$；
(c) da/dN=4.48×10^{-5}mm/cyc，ΔK=18.31MPa·m$^{1/2}$；(d) da/dN=5.47×10^{-5}mm/cyc，ΔK=18.44MPa·m$^{1/2}$；
(e) da/dN=6.72×10^{-5}mm/cyc，ΔK=18.52MPa·m$^{1/2}$；(f) da/dN=2.94×10^{-5}mm/cyc，ΔK=18.60MPa·m$^{1/2}$

　　图 4-8 为 FQTZ（No.2）试样的裂纹扩展路径，该组图像均在最大载荷下拍摄。从图 4-8 可以看出，裂纹在遇到大晶粒时会发生偏折，然后沿晶界扩展，最终逐渐恢复到主裂纹扩展方向。这意味着局部微观结构对短裂纹扩展行为有重要的影

响。同时，这一阶段裂纹的扩展速率减慢，说明扩展方向易受局部障碍物的影响，也就是说扩展方向易受裂纹尖端前较大尺寸的晶粒影响。实验过程中，裂纹扩展长度是沿加载中心平面计算的。

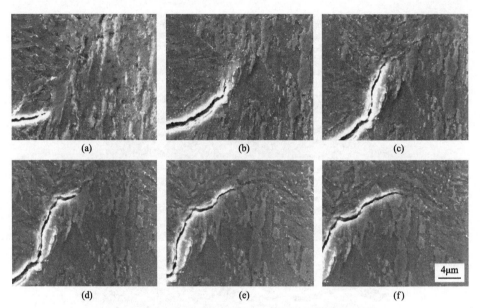

图 4-8　FQTZ（No.2）试样的疲劳短裂纹扩展路径形貌

(a) ΔK=17.80MPa·m$^{1/2}$； (b) ΔK=17.91MPa·m$^{1/2}$； (c) ΔK=17.96MPa·m$^{1/2}$； (d) ΔK=18.03MPa·m$^{1/2}$；
(e) ΔK=18.10MPa·m$^{1/2}$； (f) ΔK=18.18MPa·m$^{1/2}$

4.1.3　微观组织与强度梯度对微区疲劳短裂纹扩展的影响

图 4-9 为初始裂纹在热影响区不同位置处的宏观扩展路径。从图 4-9 可以看出，裂纹在完全淬火-回火区［图 4-9(a)］和部分淬火-回火区［图 4-9(b)］的扩展较为曲折，而在回火区［图 4-9(c)］相对平坦。短裂纹扩展路径的曲折程度反映了局部微观组织的影响，例如，在完全淬火-回火区［图 4-9(a)］裂纹扩展方向发生改变的位置较多，裂纹最终向强度较低的一侧扩展；而在回火区［图 4-9(c)］，先从预制裂纹尖端沿接近 45°方向萌生出两条裂纹，上面一条形成"不扩展裂纹"，下面一条裂纹扩展成为主裂纹，随后主裂纹向低强度的一侧扩展，偏折角度达到 10°；在部分淬火-回火区中［图 4-9(b)］，裂纹扩展后期向下倾斜进入高强度区，这主要是裂纹偏折约 50°并同前方晶界裂纹聚合的结果。裂纹扩展方向的改变与热影响区内微观组织及其性能的梯度分布有关。从熔合线到母材，硬度与强度逐渐下降，裂纹易向低强度区扩展，这表明热影响区内疲劳短裂纹的扩展主要由材料强度所控制，强度越低的材料预示着裂纹扩展消耗的能量越小。

　　裂纹尖端的局部微观组织对裂纹扩展路径的影响至关重要。在完全淬火-回火区[图 4-10(a)]裂纹遇到大尺寸晶粒后,不会直接穿过晶粒,而是穿过晶界周围的马氏体板条后继续沿晶界向上偏折。偏折后裂纹沿晶界扩展[图 4-10(b)],裂纹偏折使裂纹的扩展速率降低。这表明较大的晶粒尺寸会改变裂纹的扩展方向,裂纹

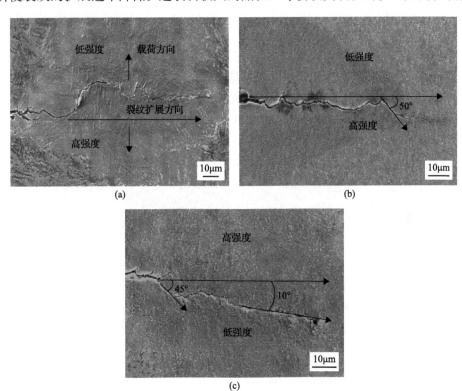

图 4-9　初始裂纹在热影响区的扩展路径

(a)完全淬火–回火区;　(b)部分淬火–回火区;　(c)回火区

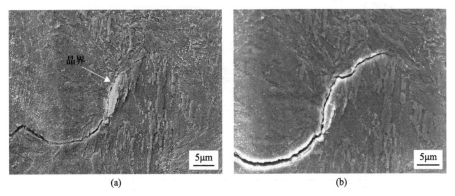

图 4-10　完全淬火-回火区中尺寸较大的晶粒对短裂纹扩展的影响

(a)裂纹偏折(ΔK=17.96MPa·m$^{1/2}$,N=1126 周次),　(b)裂纹沿晶界扩展(ΔK=18.17MPa·m$^{1/2}$,N=1613 周次)

具有沿板条马氏体扩展的倾向，这可能是裂纹避免垂直穿过晶粒内部的板条马氏体而沿晶偏折的另一原因。裂纹偏折形成Ⅰ+Ⅱ混合型扩展模式，减小Ⅰ型裂纹扩展驱动力，提高抗疲劳性能；另一方面，裂纹扩展方向的改变将增加裂纹面粗糙度诱发闭合[36]的潜力，裂纹闭合可进一步降低裂纹的扩展速率。因此，在大尺寸晶粒和板条马氏体的影响下，初始裂纹位于完全淬火-回火区的裂纹扩展速率较低。

在部分淬火-回火区[图 4-11(a)]，裂纹的扩展模式主要是沿晶扩展模式。裂纹主要沿细小的晶界扩展，偶尔出现穿晶形貌。沿晶为主的扩展模式导致分支裂纹较多，裂纹在什么位置分支取决于裂纹尖端晶粒的取向。通常认为，当局部晶界的切线方向与外载荷的角度越接近 90°时，最有可能成为主裂纹的扩展路径。如图 4-11(b)所示，主裂纹以偏折方式同前端晶界萌生的裂纹汇聚，裂纹的连接提高了裂纹的扩展速率。裂纹的沿晶扩展模式主要与碳化物在晶界析出有关。图 4-12

(a)　　　　　　　　　　　　　　　(b)

图 4-11　部分淬火-回火区短裂纹扩展形貌

(a)裂纹沿晶界扩展（ΔK=17.88MPa·m$^{1/2}$，N=337 周次）；(b)主裂纹与晶界裂纹聚合

（ΔK=18.79MPa·m$^{1/2}$，N=1035 周次）

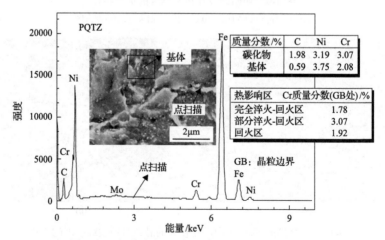

质量分数/%	C	Ni	Cr
碳化物	1.98	3.19	3.07
基体	0.59	3.75	2.08

热影响区	Cr质量分数(GB处)/%
完全淬火-回火区	1.78
部分淬火-回火区	3.07
回火区	1.92

GB：晶粒边界

图 4-12　部分淬火-回火区晶界析出物的成分分析

为部分淬火-回火区晶界析出物的能谱分析结果，可以看出，晶界上的碳化物成分主要由 Ni、Cr 等元素组成，C 含量明显高于基体。进一步比较热影响区内晶界中 Cr 元素的析出情况，部分淬火-回火区最高。碳化物在晶界析出会降低晶界结合力，减弱晶界疲劳的抵抗力。另外，曲折的扩展路径也会提高裂纹的闭合程度，但在以沿晶为主要扩展模式的条件下，粗糙度引起的裂纹闭合对疲劳抵抗力的影响较小。

图 4-13 为疲劳短裂纹在回火区的扩展形貌。在图 4-13(a)中，裂纹主要以穿晶模式扩展，在遇到晶界时裂纹的扩展方向改变从而出现分支。在图 4-13(b)中，扩展的主裂纹同前端萌生的裂纹连接，这表明距裂纹尖端一定区域内仍存在疲劳损伤。按 $r_c = 1/8\pi \times (\Delta K/\sigma_y)^2$ 计算裂纹尖端的循环塑性区，可得 $r_c=36\mu m$，因此裂尖前端出现疲劳裂纹是合理的。与部分淬火-回火区相比，回火区的晶粒更加细小，裂纹的扩展路径虽整体向下偏折(强度较低的一侧)，但扩展路径并未出现较大波动，相对平直。若与完全淬火-回火区比较，则体现为晶粒尺寸对疲劳裂纹扩展的影响。回火区的强度和硬度较小[37]，材料的韧性较好，但是对应的裂纹扩展速率较大，表明材料的循环变形特性与静态性能存在差异。根据 Taylor[38]提出的疲劳门槛值与材料微结构的关系，如式(4-5)所示。从中可以看出，材料强度和晶粒尺寸越大，疲劳门槛值也相应提高。因此，完全淬火-回火区的疲劳抵抗力最好。

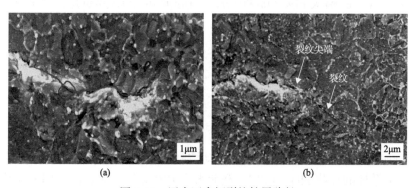

图 4-13　回火区中短裂纹扩展路径

(a)裂纹沿晶界偏折扩展(ΔK=17.78MPa·m$^{1/2}$，N=346 周次)；(b)主裂纹同前端裂纹连接

(ΔK=18.07MPa·m$^{1/2}$，N=663 周次)

$$\Delta K_{th} = \sigma_y \left(\frac{2.82\pi d}{1-v^2} \right)^{1/2} \tag{4-5}$$

式中，d 为晶粒尺寸，m；σ_y 为屈服极限，MPa；v 为材料的泊松比。

基于以上微观组织对疲劳物理短裂纹扩展机理的分析，图 4-14 绘出了热影响区内两种典型的疲劳短裂纹扩展模型。图 4-14(a)中的晶粒尺寸较大，可见裂纹的扩展路径与板条马氏体和晶粒的相互作用关系。图 4-14(b)表示在部分淬火-回火区中，疲劳短裂纹主要以沿晶模式扩展。

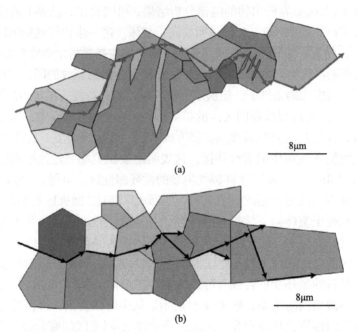

图 4-14　完全淬火-回火区(a)和部分淬火-回火区(b)中的疲劳短裂纹扩展模型

4.2　物理短裂纹的闭合行为及扩展驱动力模型

4.2.1　短裂纹闭合力的测量

1. 闭合力的测量原理

为准确测量裂纹闭合，通常采用手动控制加载装置，以确定裂纹何时完全闭合。在一个循环的加载-卸载过程中，载荷水平 P/P_{max} 每增加 0.1，分别记录其 SEM 照片。如图 4-15 所示，每一级载荷下，进行裂纹张开位移(crack opening displacement, COD)测定时，先在图像上取一些参考点，然后再利用图像分析软件获得参考点的距离。因此，一个循环载荷内任意载荷水平对应的 COD 增量ΔCOD 可以表示为 ΔCOD=COD－COD$_{min}$。其中，COD$_{min}$ 为最小载荷对应的 COD。为获得裂纹尖端后部整个裂纹路径上的裂纹闭合分布，可通过选择较多的参考点来实现。根据柔度测量数据，作出载荷 P/P_{max} 与ΔCOD 的关系曲线，这一关系曲线的上部和下部近似用线性进行拟合，把它们的交点定义为裂纹的张开力[14]。

2. 单个完整循环的 COD 变化

图 4-16 和图 4-17 分别为 FQTZ(No.2)和 PQTZ(No.2)的载荷水平 P/P_{max} 与距

裂尖不同位置处同ΔCOD 的关系。随着裂纹长度的增加，如图 4-16(b) 和图 4-17(b) 所示，选取较多的测量位置。随着距离裂尖的距离 r 的增加，对应的ΔCOD 也增加，表明从缺口嘴部到裂纹尖端裂纹面逐渐张开。近裂纹尖端ΔCOD 值较小，这与裂纹受到较高的拘束有关。图 4-16 中，当 $r<30\mu m$ 时，COD 曲线的斜率较陡，意味着近裂尖 COD 的变化速率较快。载荷 P 卸载到 P_{min} 后存在残余 COD，表明出现了塑性变形。载荷-位移曲线上半部分偏离线性关系的临界点对应的载荷是裂纹闭合的重要参量。很明显，线性偏离点随 r 而发生变化，从而验证了裂纹闭合水平同测量位置的相关性。

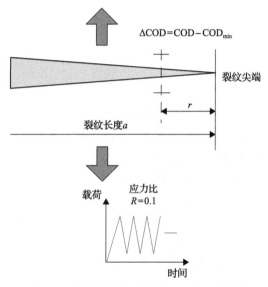

图 4-15　裂纹闭合的测量位置及原理示意图

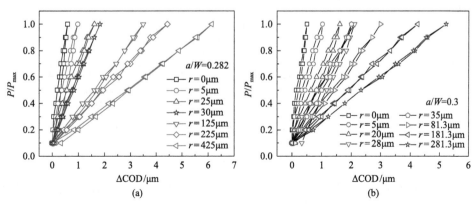

图 4-16　FQTZ (No.2) 中载荷水平与ΔCOD 的关系

(a) $a/W=0.282$；(b) $a/W=0.3$

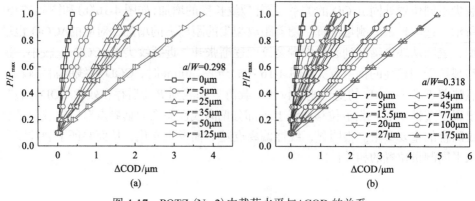

图 4-17　PQTZ（No.2）中载荷水平与 ΔCOD 的关系

(a) a/W=0.298；(b) a/W=0.318

3. 裂纹尺寸对裂纹闭合的影响

图 4-18 为 FQTZ 和 PQTZ 裂尖的柔度曲线。在 FQTZ 中［图 4-18(a)］，ΔCOD 并不随着裂纹尺寸的增加而增加，但这并不意味着 a/W 为 0.3 时对应的闭合水平较低。而在 PQTZ［图 4-18(b)］，裂纹越长，ΔCOD 越大。也就是说，在一个循环周次内 ΔCOD 的变化受到裂纹尺寸的影响较小。而微观组织具有重要作用，因此需要在裂纹闭合的模型中加以考虑。

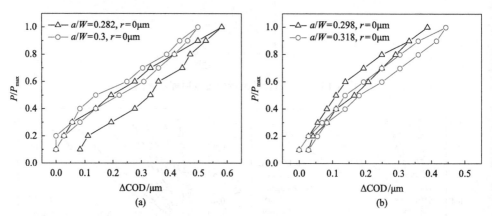

图 4-18　FQTZ(a) 和 PQTZ(b) 中裂尖 ΔCOD 在一个完整载荷循环内的变化

4. 裂纹扩展路径对 COD 的影响

如图 4-19(a) 所示，当裂纹遇到较大的块状板条马氏体时，先沿马氏体扩展(如箭头所示)，然后横向穿过板条马氏体，最后偏向主裂纹的扩展方向。扩展路径的偏折会促进粗糙度诱发裂纹闭合(roughness induced crack closure, RICC)。为考查局部裂纹偏折对裂纹张开力的影响，选取 r 分别为 28μm 和 35μm 两个裂纹偏折的前后位置进行柔度测量[图 4-19(a)]，结果见图 4-19(b)。从图中可以看出，ΔCOD 值随 r 发生变化，r 为 28μm 对应的 ΔCOD 值较大，表明裂纹偏折影响裂纹的张开行为。尽管如此，r 为 35μm 对应的载荷-位移曲线中未发现线性偏离；而对于 r 为 28μm 时，仅在加载过程中出现了线性偏离。

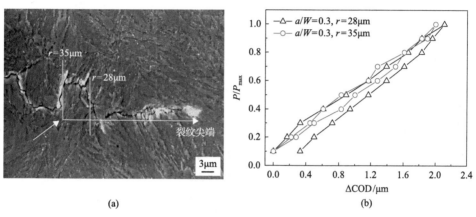

(a)　　　　　　　　　　　　　(b)

图 4-19　扩展路径的曲折程度对ΔCOD 的影响

(a)测量位置；(b)柔度曲线

5. 裂尖后部ΔCOD_{max} 的分布

图 4-20 为裂尖后部ΔCOD_{max} 的分布。ΔCOD_{max} 代表的是 P_{max} 和 P_{min} 对应的 COD 的差值。结果表明，ΔCOD_{max} 随 r/a 的增大而逐渐增加。而 r/a 表示测量位置离裂尖的相对距离。从图 4-20 可以看出，当 $r/a<0.04$ 时，ΔCOD_{max} 较低，且 FQTZ 和 PQTZ 的ΔCOD_{max} 融合在一起。越小的ΔCOD_{max} 更可能引起越高的裂纹闭合水平。而当 $r/a>0.04$ 时，PQTZ 的ΔCOD_{max} 较大。从而，裂纹闭合水平也将有所不同。

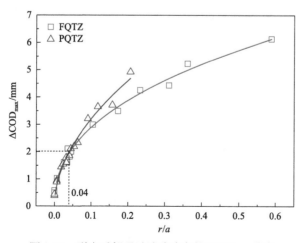

图 4-20　裂尖后部通过试验确定的ΔCOD_{max} 分布

ΔCOD_{max} 可同 r/a 建立关系，FQTZ 和 PQTZ 拟合后的结果见式(4-6)和式(4-7)。

FQTZ：

$$\Delta COD_{max} = 7.721(r/a)^{0.46} \tag{4-6}$$

PQTZ：

$$\Delta COD_{max} = 10.66(r/a)^{0.52} \tag{4-7}$$

根据尖锐裂纹的传统弹性模型，平面应力状态下裂纹面的位移可用式(4-8)表示[39]。其中，K_I 为 I 型应力强度因子，E 为弹性模量，r 为距离裂尖的距离；正号和负号分别表示上表面、下表面。因此，在 P_{min} 和 P_{max} 载荷范围内，上下表面参考点的相对位移可用式(4-9)进行表示。

$$u_i(r) = \pm \frac{4K_I}{E}\sqrt{\frac{r}{2\pi}} \tag{4-8}$$

$$\Delta u_y(r) = \frac{8\Delta K_I}{E}\sqrt{\frac{r}{2\pi}} \tag{4-9}$$

将 FQTZ 和 PQTZ 的 E 分别取为 200GPa 和 180GPa，从而可把理论模型[式(4-9)]计算的 ΔCOD_{max} 值与试验结果进行比较，结果见图 4-21。从图 4-21 可以看出，当测量位置离裂尖较远时，理论值同试验值吻合得较好。当测量位置靠近裂尖时，理论模型结果低于试验结果。这是由于式(4-9)的计算建立在弹性假定的基础上，忽略了塑性变形的贡献。此外，两者比较的结果证明了基于原位测量 COD 的方法研究裂纹张开行为是可靠的。这种可靠性还可以从式(4-6)式(4-7)，以及式(4-8)和式(4-9)中的指数相近得到验证。

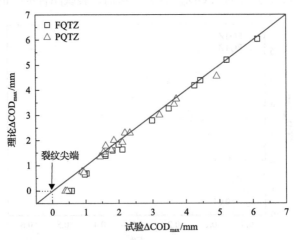

图 4-21　理论计算同试验测量的 ΔCOD_{max} 的比较

6. 沿裂纹面闭合力的分布

图 4-22 为 FQTZ 和 PQTZ 沿裂纹扩展路径闭合力的分布。归一化的裂纹闭合力用 P_{cl}/P_{max} 表示。在 FQTZ 中，最大的 P_{cl}/P_{max} 出现在裂尖，然后随 r/a 的增加而逐渐下降。因此，如果考虑远离裂尖的闭合力，就会低估裂纹闭合的影响。较好的处理方法就是考虑裂纹尾迹存在一个闭合区，而 r/a 代表了闭合区的范围。随着短裂纹的扩展，例如，当 ΔK 增加到 19.45MPa·m$^{1/2}$ 后，闭合区内的 P_{cl}/P_{max} 值也相应增大。这意味着裂纹尺寸会影响裂纹的闭合水平。在 PQTZ 中，闭合区的范围较大且闭合水平较高，这反映了微观组织的影响。同时可见，在裂纹扩展路径偏折处[图 4-19(a)中的 $r=28\mu m$]，裂纹的闭合水平达到局部峰值，图 4-22 中用星号进行了注明。裂纹闭合水平随着裂纹长度增大或发生路径偏折而局部增大的现象与粗糙度诱导裂纹闭合的出现是相符的。因此，除塑性诱导裂纹闭合(plasticity induced crack closure, PICC)外，粗糙度诱导裂纹闭合的出现可以认为是随着短裂纹的扩展产生较高裂纹闭合水平的主要原因。

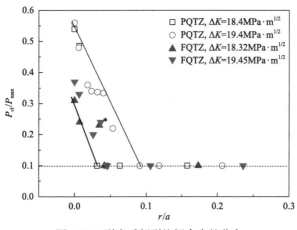

图 4-22　裂尖后部裂纹闭合力的分布

如图 4-22 所示，裂尖后部的裂纹闭合水平呈梯度分布，采用线性拟合后可得到式(4-10)。拟合参数见表 4-2。其中，裂纹闭合区的尺寸由 $(r/a)_c$ 决定，表示存在裂纹闭合的 r/a 值。从图 4-22 可得到裂纹闭合力的上限和下限，分别表示为式(4-11)和式(4-12)。由式(4-10)可见，当 r 为 0 时，m 值代表了裂纹尖端的闭合水平。

$$\frac{P_{cl}}{P_{max}} = m - n\frac{r}{a} \tag{4-10}$$

式中，m 和 n 为拟合参数；a 为裂纹长度。

$$P_{cl} / P_{max} = 0.55 - 4.92 \cdot r / a, \quad 0 < r / a < 0.091 \tag{4-11}$$

$$P_{cl} / P_{max} = 0.29 - 6.01 \cdot r / a, \quad 0 < r / a < 0.032 \tag{4-12}$$

根据式(4-11)和式(4-12)，可估算出物理短裂纹最有可能出现裂纹闭合的范围。例如，若裂纹长度为 0.5mm，则存在裂纹闭合的区域距离裂尖的距离 r 为 45.5μm。当裂纹长度增加到 1mm 后，若式(4-11)仍可适用，r 的估计值为 91μm。也就是说，当测量位置超过 91μm 时，将不存在裂纹闭合。

表 4-2　式(4-10)中 P_{cl}/P_{max} 与 r/a 中的拟合参数

试样编号	$\Delta K/(\mathrm{MPa \cdot m^{1/2}})$	m	n	$(r/a)_c$
FQTZ (No.2)	18.32	0.295	3.61	0.054
FQTZ (No.2)	19.45	0.37	5.16	0.052
PQTZ (No.2)	18.4	0.53	11.12	0.039
PQTZ (No.2)	19.4	0.5	4.66	0.086

4.2.2　短裂纹闭合的预测模型

Pang 和 Song[40]指出，Nakai 和 Ohji[41]及 McEvily 等[5]提出的模型会低估短裂纹的闭合水平。为提出新的模型，有必要讨论裂纹闭合的影响因素。如前所述，裂纹闭合的演化取决于裂纹长度。裂纹闭合从无到有，最后在长裂纹时稳定。在这个过程中，裂纹闭合机理发生变化，塑性诱导裂纹闭合起主要作用，之后粗糙度诱导裂纹闭合逐渐发展起来。因此，首先要考虑裂纹尺寸的影响。此外，微观组织和试样尺寸的影响也不能忽略[42]。

为此，作者提出了一个新的参量 M 以预测裂尖的闭合水平，见式(4-13)。式中，ΔK 为应力强度因子范围；B 为试样厚度；W 为试样宽度；a 为裂纹长度；σ_y 为材料屈服强度；d 为原始奥氏体经历尺寸，M 的量纲为 $\mathrm{mm^3}$。式(4-13)中，$\Delta K/\sigma_y \sqrt{d}$ 为载荷参量，表示了施加在局部组织的载荷水平；a 是将裂纹限制在物理短裂纹范围内，物理短裂纹越长，裂纹闭合水平越大；B 与 W 的乘积表示了试样几何引起的拘束效应，即裂纹面的面积越大，裂纹闭合越严重。

$$M = \frac{\Delta K}{\sigma_y \sqrt{d}} aBW \tag{4-13}$$

根据试验条件计算 M，随后同裂纹尖端的 P_{cl}/P_{max} 进行关联，结果如图 4-23 所示。根据式(4-10)，图 4-23 实际上反映了 m 与 M 的关系。图 4-23 中，随着 M 的增大，$(P_{cl}/P_{max})_{tip}$ 逐渐增加到 0.55，此处 $(P_{cl}/P_{max})_{tip}$ 为裂尖的闭合水平，并具有最后稳定的趋势。裂纹闭合水平的变化同短裂纹向长裂纹扩展过程中的闭合行为演化规律是一致的[9]。$(P_{cl}/P_{max})_{tip}$同 M 的关系符合指数函数的形式，见式(4-14)。其中，p、k 和 C 为拟合常数，见表 4-3。裂纹闭合趋于稳定对应的临界长度标记为 a_c，它可先通过式(4-14)得到稳定的闭合水平对应的 M 值，再由式(4-13)计算得到，该值可用于确定长裂纹的起始点。根据式(4-14)，可以将 $(P_{cl}/P_{max})_{tip}$ 同 M 的关系进一步拓展，如图 4-23 中的虚线所示。可以看出，在没有裂纹闭合条件下，即$(P_{cl}/P_{max})_{tip}$=0.1 时，对应的 M 值为 2.17mm³。同时，当 a_c >1mm 时，对应的裂纹闭合水平$(P_{cl}/P_{max})_c$ 为 0.58，此时假定 M 为 12mm^{7/2}。需指出，$(P_{cl}/P_{max})_c$ 表示的是稳定裂纹闭合水平或长裂纹阶段的闭合水平。根据$(P_{cl}/P_{max})_c$可进一步计算得到裂纹闭合系数 U,计算的结果同相似材料在近门槛值区的闭合系数十分接近[43]。

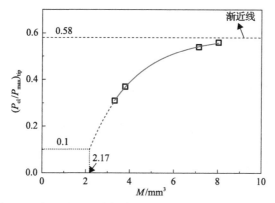

图 4-23　归一化的裂尖闭合力$(P_{cl}/P_{max})_{tip}$ 同参量 M 的关系

$$\left(\frac{P_{cl}}{P_{max}}\right)_{tip} = \frac{p}{1+\exp\left[-k\left(M-c\right)\right]} \quad (4\text{-}14)$$

表 4-3　式(4-13)和式(4-14)的拟合参数及相关物理量

试样编号	$\Delta K/(MPa\cdot m^{1/2})$	σ_y/MPa	a/mm	M/mm^3	p	k	c	$(P_{cl}/P_{max})_c$（当 M=12mm³ 时）
FQTZ (No.2)	18.32	646	0.7227	3.319				
FQTZ (No.2)	19.45	646	0.779	3.798	−1.4	2.03	0.58	0.58
PQTZ (No.2)	18.4	636	0.794	7.133				
PQTZ (No.2)	19.4	636	0.8474	8.027				

4.2.3　疲劳短裂纹扩展驱动力模型

1. 裂纹闭合梯度分布的评价

图 4-22 表明裂纹尾迹并不完全闭合，裂纹闭合是呈梯度分布的。然而，裂纹

面的接触也是逐渐出现的。也就是说，靠近裂纹尖端，裂纹面接触早，先发生闭合。裂纹闭合区的形成验证了 Paris 等[44]提出的部分闭合的概念。这种梯度闭合行为对有效应力强度因子幅ΔK_{eff}的影响仍需要研究。

根据裂纹部分闭合模型[44]，裂纹尾迹的接触，可假定为距裂尖一定距离的较薄的楔形固体。这种条件下，当 K 低于裂纹张开应力强度因子 K_{op} 时，疲劳损伤仍会发生，此时ΔK_{eff}被修正为

$$\Delta K_{eff} = K_{max} - \frac{2}{\pi} K_{op}, \quad \frac{2}{\pi} K_{op} \geqslant K_{min} \tag{4-15}$$

式(4-15)经调整后可得到

$$\Delta K_{eff} = K_{max}\left(1 - \frac{2}{\pi}\frac{K_{op}}{K_{max}}\right) \tag{4-16}$$

考虑到 K_{op}/K_{max} 与 P_{op}/P_{max} 的等效性，当 $r/a \leqslant (r/a)_c$ 时，可使用式(4-10)，所以裂纹闭合区内总的 K_{op} 具有如下形式，即

$$\int_0^r K_{op}dx = \int_0^r K_{max}\left(m - n\frac{x}{a}\right)dx \tag{4-17}$$

对式(4-17)积分后得到式(4-18)，即

$$\overline{K_{op}} = K_{max}\left[m - \frac{n}{2}\left(\frac{r}{a}\right)_c\right] \tag{4-18}$$

式中，$\overline{K_{op}}$ 为考虑裂尖梯度闭合区之后裂纹张开应力强度因子的平均值。联立式(4-18)与式(4-16)，可以得到平均有效应力强度因子幅$\overline{\Delta K_{eff}}$，如式(4-19)所示。

$$\overline{\Delta K_{eff}} = K_{max}\left\{1 - \frac{2}{\pi}\left[m - \frac{n}{2}\left(\frac{r}{a}\right)_c\right]\right\} \tag{4-19}$$

比较式(4-18)与式(4-10)，可得

$$\overline{K_{op}} - K_{op} = K_{max}n\left[\frac{r}{a} - \frac{1}{2}\left(\frac{r}{a}\right)_c\right] \tag{4-20}$$

对于式(4-20)，可进一步分两种情况，即

$$\frac{r}{a} > \frac{1}{2}\left(\frac{r}{a}\right)_c \Rightarrow \overline{K_{op}} > K_{op} \Rightarrow \overline{\Delta K_{eff}} < \Delta K_{eff} \tag{4-21}$$

$$\frac{r}{a} < \frac{1}{2}\left(\frac{r}{a}\right)_c \Rightarrow \overline{K_{op}} < K_{op} \Rightarrow \overline{\Delta K_{eff}} > \Delta K_{eff} \tag{4-22}$$

当 $r/a > (r/a)_c/2$ 时，见式(4-21)，考虑梯度闭合区后，裂纹张开水平估计过高，导致 $\overline{\Delta K_{eff}}$ 降低。相反，当 $r/a < (r/a)_c/2$ 时，见式(4-22)，裂纹张开水平较低。这表明如果裂纹闭合的测量位置不超过裂纹闭合区范围的一半，那么会低估张开力水平。也就是仅部分考虑梯度闭合区的影响还不足够，完整考虑梯度闭合区是必要的。

在实际中，上述评定裂纹闭合区的贡献有助于选取裂纹闭合的测量位置，即测量位置应满足 $r/a > (r/a)_c/2$。靠近裂尖测量裂纹闭合，必然引起张开力过大，其主要原因在于没有考虑远离裂尖闭合的影响。

2. $\overline{\Delta K_{eff}}$ 的确定

根据式(4-10)，当 $r/a = (r/a)_c$ 时，归一化的张开力 K_{op}/K_{max} 会简化为应力比 R，即

$$m - n\left(\frac{r}{a}\right)_c = R \tag{4-23}$$

因此，式(4-19)变为

$$\overline{\Delta K_{eff}} = K_{max}\left[1 - \frac{1}{\pi}(m + R)\right] \tag{4-24}$$

式(4-24)可进一步写为

$$\overline{\Delta K_{eff}} = \Delta K\left[1 - \frac{1}{\pi}(m + R)\right]\Big/(1 - R) \tag{4-25}$$

此时，m 为裂尖的 P_{cl}/P_{max}。式(4-25)为考虑梯度裂纹闭合后获得的一般形式的 $\overline{\Delta K_{eff}}$。相应地，可得到修正的裂纹闭合系数 U'，如式(4-26)所示。

$$U' = \left[1 - \frac{1}{\pi}(m + R)\right]\Big/(1 - R) \tag{4-26}$$

值得注意的是，由于 m 在式(4-10)中的定义，$\overline{\Delta K_{eff}}$ 可最终同 M 建立联系。因此，通过联立式(4-25)和式(4-14)，$\overline{\Delta K_{eff}}$ 具有如下的形式，即

$$\overline{\Delta K_{eff}} = \Delta K\left(1 - \frac{1}{\pi}\left\{\frac{p}{1 + \exp[-k(M - c)]} + R\right\}\right)\Big/(1 - R) \tag{4-27}$$

3. 基于 $\overline{\Delta K_{\text{eff}}}$ 关联 $\mathrm{d}a/\mathrm{d}N$

图 4-24 为用 ΔK_{eff} 和 $\overline{\Delta K_{\text{eff}}}$ 关联 $\mathrm{d}a/\mathrm{d}N$ 的情况。由于 FQTZ(No.1) 和 PQTZ(No.3) 的 M 值不在如图 4-24 所示的范围内,因此没有计算对应的 ΔK_{eff} 和 $\overline{\Delta K_{\text{eff}}}$,并同 $\mathrm{d}a/\mathrm{d}N$ 进行关联。ΔK_{eff} 的计算可根据 $U \times \Delta K$ 实现,而 $U=(1-m)/(1-R)$。如图 4-24(a) 所示,在 $\mathrm{d}a/\mathrm{d}N$ 与 ΔK_{eff} 的关系中,随着 ΔK_{eff} 的增加,$\mathrm{d}a/\mathrm{d}N$ 降低,且 PQTZ 的两个试样存在较大差异。

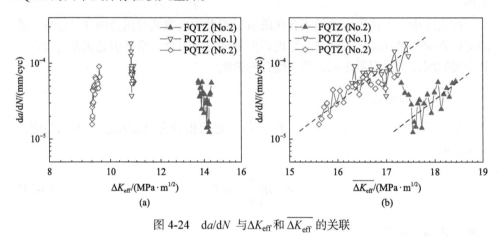

图 4-24　$\mathrm{d}a/\mathrm{d}N$ 与 ΔK_{eff} 和 $\overline{\Delta K_{\text{eff}}}$ 的关联

在图 4-24(b) 中,$\mathrm{d}a/\mathrm{d}N$ 几乎随 $\overline{\Delta K_{\text{eff}}}$ 线性增加。与图 4-24(a) 相比,数据点的波动性得到大为改善,而且 PQTZ 的两个试样的结果几乎完全融合。这表明驱动物理短裂纹扩展的是 $\overline{\Delta K_{\text{eff}}}$ 而不是 ΔK_{eff},意味着裂纹闭合分布对短裂纹扩展的影响得到充分验证。同时可见,PQTZ 的 $\mathrm{d}a/\mathrm{d}N$ 较大,这同 FQTZ 具有较高的短裂纹扩展抗力是一致的。图 4-24 中,$\overline{\Delta K_{\text{eff}}}$ 参量仍无法用一条线代表 PQTZ 和 FQTZ 两个区域的 $\mathrm{d}a/\mathrm{d}N$,这表明还需要考虑其他的因素,裂纹闭合沿厚度方向的分布或许有重要影响。平面应力状态下的表面裂纹张开行为并不能完整地反映疲劳裂纹闭合的三维特征。后续研究可重点关注裂纹前缘在试样内部的闭合水平。

4.3　疲劳短裂纹扩展过程裂尖应变场表征

4.3.1　裂纹扩展过程全场应变测量

通常采用数字图像相关技术 DIC 来测量裂纹尖端附近的全场应变分布。为得到准确的测量效果必须选择恰当的测量参数,如子集和步长。为保证足够的计算精度需要通过误差进行分析[45]。

　　图 4-25 为短裂纹扩展期间裂纹尖端应变的演变及塑性区大小与形状的变化。以图 4-25(a)中的最小载荷状态为参考图像,计算裂尖在最大加载水平下的垂直应变分布。在裂纹尖端附近可以观察到一个豆状的高应变区,即裂尖塑性应变区。随着短裂纹的扩展,塑性区大小的变化并不大,但形状变化非常明显。裂纹尖端方向的变化对应变区形状的影响非常大,这意味着局部微观结构会影响短裂纹的扩展过程。同时,受热影响区内部的局部强度梯度的影响,当裂纹向下扩展时,塑性区下半部分的延伸范围会变大,如图 4-25(a)中的箭头所示,这说明材料的整体梯度强度分布作为短裂纹扩展行为的附加驱动力,会导致裂纹尖端附近的非对称变形,从而影响裂纹的扩展方向。根据 Elber 的塑性诱导裂纹闭合模型[46,47],裂纹尖端尾迹处塑性变形导致的压缩应变会驱动裂纹断裂面发生接触,从而出现裂纹闭合现象。

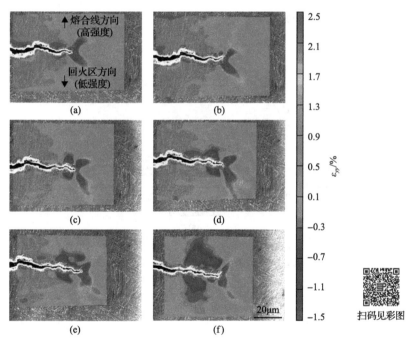

图 4-25　短裂纹扩展过程中裂尖附近的应变演变

(a)ΔK=18.08MPa·m$^{1/2}$;　(b)ΔK=18.20MPa·m$^{1/2}$;　(c)ΔK=18.31MPa·m$^{1/2}$;　(d)ΔK=18.44MPa·m$^{1/2}$;
(e)ΔK=18.52MPa·m$^{1/2}$;　(f)ΔK=18.60MPa·m$^{1/2}$

　　值得注意的是,随着裂纹的扩展,在裂尖尾迹处的压缩应变区逐渐扩大,而裂纹尖端的塑性区相应地减小。并且,这一压缩应变区主要位于裂纹路径发生严重偏折的区域,这表明粗糙度的变化会引起裂纹闭合现象的出现。粗糙度引起的裂纹闭合主要是由于微观结构不均匀区域的变形失配,从而导致局部裂纹扩展模式转变为 Ⅱ 型(即裂纹扩展方向与加载方向垂直)或 Ⅲ 型裂纹。Pippan 等[48,49]的研究表明，裂纹扩展路径上几何位错的不对称分布导致了不对称位移，并使两个裂纹面之间的晶体取向发生不对称变化。此外，局部压缩应变导致了微观尺度上的变形不匹配，说明局部区域的微观组织可能发生了严重的损伤，这将在后续章节进行讨论。

为了更直观地看出裂尖塑性区与尾迹压缩应变区尺寸的变化，本书将应变值进行了定量描述，如图 4-26 所示。对一个狗骨形的微试样进行单向拉伸实验，在不同阶段拍摄 SEM 图像进行应变测量。从图 4-26（a）的拉伸曲线可以看出，试样在 F 点发生屈服，在屈服点拍摄的图像与零负荷图像进行关联，利用 DIC 技术测量出 F 处的平均应变为 1.79%，这便是在热影响区内发生塑性应变的初始值。为了保证测量结果不受分辨率的影响，图像的放大倍数和观察区与图 4-25 保持一致。

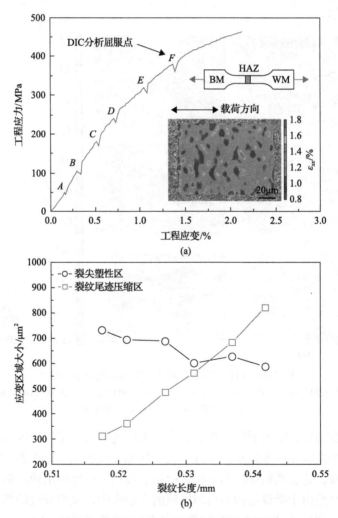

图 4-26 裂纹尖端与尾迹应变的定量描述

将该塑性变形的初始值输入图 4-25 的应变分布中，即可得到裂纹尖端塑性区相对于裂缝尾迹压缩应变区的演化，如图 4-26(b)所示。从图中可以看出，在这一扩展阶段，反向压缩应变区的面积从 $300\mu m^2$ 逐渐增加到 $850\mu m^2$，而裂尖塑性区的面积逐渐从 $750\mu m^2$ 减少到 $600\mu m^2$，变化范围相对较小。这一数据为裂纹扩展过程中由粗糙度引起的裂纹闭合对裂纹尖端应变的影响提供了直接依据。

4.3.2　裂纹偏折过程裂尖应变测量

图 4-27 为短裂纹扩展遇到大晶粒产生偏折时正应变和剪切应变的分布图，这一过程中裂纹的扩展模式发生了变化。在图 4-27(a)与图 4-27(d)中，裂纹扩展遇到障碍开始向上扩展，此时仍为正应变驱动裂纹尖端的张开，剪切应变为压缩应变。图 4-27(b)和图 4-27(e)中裂纹转变为纯 II 型裂纹，即裂纹扩展方向与加载方向垂直，裂纹尖端塑性区相对于加载方向呈不对称分布，在这一阶段裂尖的压缩剪切应变成为裂纹向上扩展的驱动力。图 4-27(c)和图 4-27(f)中的裂纹表现为 I - II 型混合模式，裂尖塑性区逐渐恢复，剪切应变仍然非常明显。随着疲劳裂纹扩展路径的偏折，裂尖应变场的分布发生变化，裂纹扩展的主导应变(主应变或剪切应变)也随之发生变化，主应变提供了裂纹扩展过程中 I 型裂纹拉伸变形的驱动力，而剪切应变则反映了裂纹表面之间的剪切变形。这一结果表明，裂纹扩展路径的偏折与失配变形造成了裂纹尾迹塑性区的非对称分布，从而促进了粗糙度诱导的裂纹闭合的发展。

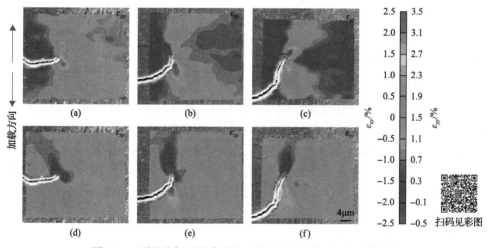

图 4-27　裂纹偏折过程中裂尖正应变 ε_{yy} 与剪切应变 ε_{xy} 的演变

图 4-28 为裂纹偏折后沿晶界扩展的裂尖应变演变过程。从图中可以看出，由于裂纹两侧的非对称变形，裂纹尖端的主应变随着裂纹在晶界间的扩展而显著变化，且不再呈豆状分布。裂纹尖端应变的演变也与晶粒内外因组织不均匀导致的

变形失配有关。图 4-28(a)中裂尖的应变局部化趋势与图 4-28(b)中沿晶界的裂纹扩展路径相吻合，这表明沿晶开裂与裂纹扩展路径上的应变局部化密切相关。因此，沿晶开裂也有助于裂纹面粗糙度增加，从而诱导裂纹闭合的发展，而裂纹扩展路径的偏转和沿晶裂纹的产生会使疲劳短裂纹扩展过程中的裂纹闭合效应更加明显。图 4-28(d)~(f)的剪切应变分布中，裂纹面以下的应变为塑性区，而裂纹面以上的应变为压缩应变，说明沿晶开裂过程中存在很严重的变形失配。可以推断，剪切应变的塑性累积可能与裂纹扩展路径的方向有关，最终的裂纹路径趋向于恢复到纯 I 型裂纹的中间平面。

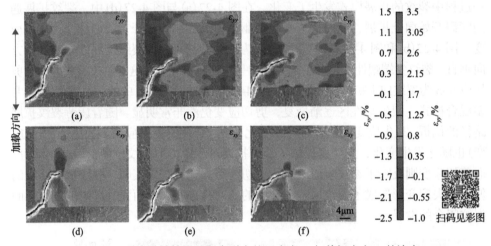

图 4-28　裂纹沿晶扩展过程中裂尖的正应变ε_{yy}与剪切应变ε_{xy}的演变

4.3.3　裂纹闭合过程裂尖应变测量

在一个完整的加载周期中，使 P/P_{max} 的比值以 0.1 的增量(或减量)递增(或递减)，图 4-29 为在试样加载和卸载过程中拍摄的高分辨率 SEM 图像。该试样为 FQTZ(No.2)试样，此时ΔK 为 19.45MPa·m$^{1/2}$。从图中可以看出，在 $P/P_{max}=0.4$ 的加载阶段，至少有 9μm 的裂纹长度没有张开，这与图 4-29(e)中卸载部分观察到的裂纹闭合长度恰好吻合。同样，当 $P/P_{max}=0.2$ 时的加载和卸载阶段，裂纹闭合(即裂纹断裂面直接接触)长度约为 14μm。裂纹尾迹接触势必对裂纹尖端应变演化产生影响。

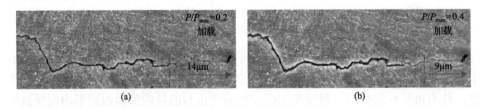

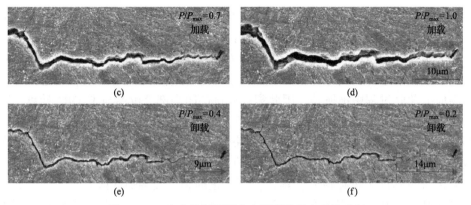

图 4-29　一个完整循环周次内的裂纹闭合现象观察

图 4-30 为图 4-29 中完整循环周期内加载—卸载过程中全场应变的演变，DIC 计算基于循环周期内的最小负荷 P_{min}，裂纹尾迹的闭合部分并没有参与计算，以显示实际裂纹尖端的应变演变行为。从中可以看到，当 P/P_{max} 为 0.2 时，此时闭合裂纹较长，裂尖并没有明显的塑性区。当 P/P_{max} 达到 0.4 时，裂纹尾迹仍有一部分呈闭合状态，裂尖塑性区开始形成。随着 P/P_{max} 增加到 0.7，塑性区逐渐发展，并在最大载荷下扩大到最终形态。在卸载过程中，当载荷降低到 $0.4P_{max}$ 时，裂纹尖端应变集中区几乎消失，这可能是由残余应力松弛导致的应变分布更加分散。这

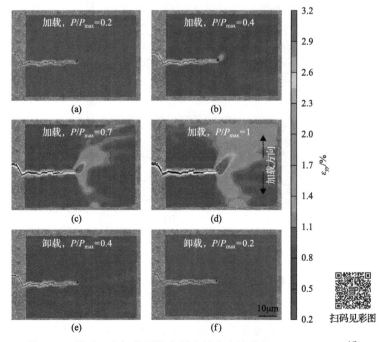

图 4-30　最后一个加载周期内裂尖的应变演化（$\Delta K=19.45\mathrm{MPa\cdot m^{1/2}}$）

表明在 $P/P_{max}<0.4$ 的范围内，外载荷主要用于打开部分闭合裂纹，而对裂纹尖端应变的贡献很小。因此，裂纹尾迹的闭合对裂纹尖端的应变场演变有很大的影响。

为了研究裂纹闭合区域的应变演化及裂尖应变的传递过程，需要重新关联瞬时裂纹尖端进行应变计算，如图 4-31 所示。在这种情况下，裂纹尾迹张开部分在应变关联过程中被掩盖，因此裂纹尾迹的闭合部分也参与了 DIC 计算。即 DIC 的应变计算是忽略张开的裂纹路径，而考虑闭合的部分。从中可以看出，当 P/P_{max} 为 0.2 时仍然没有明显的应变积累，但是无论是加载还是卸载过程，在载荷达到 $0.4P_{max}$ 后裂纹路径闭合部分的一个高应变区已经非常明显，说明裂纹闭合部分及其周围也存在应变累积，而真正的裂纹尖端塑性区并未完全发展。这种应变局部化行为表明在裂纹闭合的情况下，真实裂纹尖端对塑性变形累积具有屏蔽作用，并且裂纹表面之间存在接触。这也表明裂纹尾迹的闭合影响了裂纹尖端的应变累积。

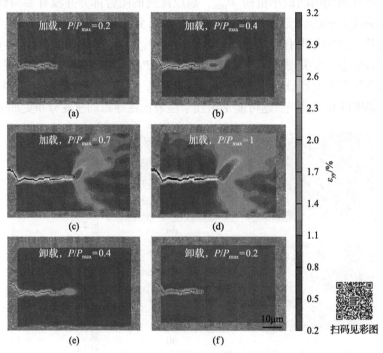

图 4-31　最后一个加载周期内裂尖的应变演化（ΔK=19.45MPa·m$^{1/2}$）

4.3.4　裂尖应变与尾迹 COD 值的定量表征

图 4-32 为图 4-29 的完整循环周期内裂纹尖端应变场及尾迹裂纹张开位移的定量表征。应变测量选择距离裂尖 2μm、5μm 和 10μm 三个特征点，COD 值测量点位于裂尖后端 5μm、10μm 和 20μm，如图 4-32（a）所示。从图 4-32（b）可以

看出，在 10μm 处的加载与卸载过程中的应变累积基本重合，呈现了非常好的线性关系，说明此处的应变完全是由组织的机械运动所致，裂尖塑性区的影响很小。在靠近裂尖的区域（如 $a=2\mu m$ 和 $a=5\mu m$），由于裂尖塑性区的影响，可以观察到明显的应变滞回环，在 P/P_{max} 约 0.4 处存在一个明显的转折点。同时，在卸载过程中，应变值的变化出现迟滞现象，转折点处在 $P/P_{max}=0.3$ 左右，表明卸载阶段存在残余应变。同样，这一转折点在图 4-32(c) 中也很明显，COD 值在 $0.3P_{max}$ 左右不再呈原来的线性关系，裂纹闭合载荷水平估计在 $0.3P_{max}\sim0.4P_{max}$。Mokhtaris hirazabad 等[50]、De Matos 和 Nowell[51]在裂纹闭合的工作中也证实了这一结论。因此，基于裂纹尾迹 COD 变化与近裂尖区应变演化得到的裂纹闭合规律与图 4-29 中表面形貌观察到的结果一致。在裂纹尖端附近，COD 和应变在一个完整周期内的相似演变模式意味着裂纹的物理张开/闭合和应变演变几乎是一致的力学响应。由此可推断，裂纹面接触有利于裂纹尾迹与裂纹尖端之间的载荷传递。

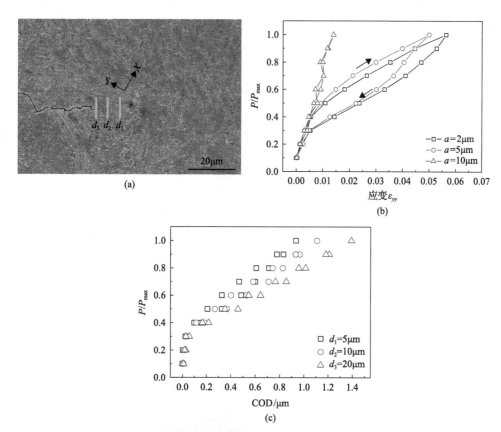

图 4-32　一个完整加载周期内裂尖应变与尾迹 COD 的演变

4.4　疲劳裂纹扩展过程微观组织损伤表征

4.4.1　电子通道衬度成像分析

　　电子通道衬度成像（ECCI）技术是在扫描电镜下的表征技术，而常规位错表征常使用透射电镜。在金属塑性变形和断裂的研究领域，与常规透射电镜相比，ECCI显然具有一定的优势。ECCI不需要将样品减薄至电子透明，其制样过程为非破坏的方式，即利用 ECCI 表征位错后，样品还可以根据需求继续试验；由于其不需要电子透明，ECCI 技术可表征区域的面积显著高于 TEM 表征区域，所以可以预见的，ECCI 技术将在以下实验中具有较大的施展空间：①原位试验，包括单轴变形、多轴变形、循环变形等试验，ECCI 提供了原位表征能力，即可以关注同一区域在不同变形阶段的位错表现；②位错统计，ECCI 提供了较大的表征面积，可以支持研究者对一定范围内的位错进行定量或半定量的统计；③特定位置位错分析，由于其具有不需要减薄的特点，所以可以很方便地实现对裂尖、特定取向晶粒、应力集中等特殊位置的位错进行表征，从而避免 FIB 提片的昂贵费用；④环境试验，ECCI 技术可以对腐蚀环境下的变形和失效样品提供较好的位错表征。

　　对疲劳试验后的试样采用硅溶胶机械抛光，然后利用 EBSD 和 ECCI 技术对裂纹尖端及裂纹扩展路径组织进行观察。图 4-33 为利用 ECCI 技术观测的 FQTZ（No.1）试样沿裂纹扩展路径的微观形貌。图 4-33（b）与图 4-33（c）为对应区域的逐步放大图像。图 4-33（c）的观察区域为试样的最终断裂区附近。从图中可以看出，马氏体板条内部有明显的变形亚结构，且短裂纹一直沿着板条马氏体的边界扩展。裂纹路径附近的组织变形主要表现为倾向于形成低角度晶界和亚晶结构的位错胞，说明该区域内的塑性变形较为严重。与图 4-2（c）中 TEM 观察的初始组织相比，图 4-33（c）中的变形组织具有更高的位错密度，因此会形成密集的位错胞结构。在塑性加载过程中，初始的高密度位错会根据结晶学和加载条件形成更有序的结构，而在卸载过程中位错会相互湮灭，这一过程可造成位错的不协调变形，经过一定的循环后，逐渐累积形成亚晶结构，在进一步的加载过程中成为损伤的起始点。

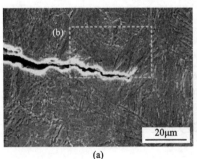
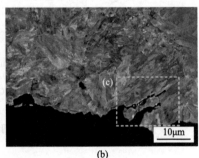

(a)　　　　　　　　　　　　　　　　(b)

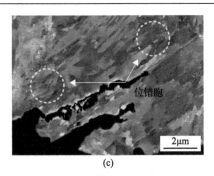

(c)

图 4-33　FQTZ(No.1)试样裂纹扩展路径的电子通道衬度成像

4.4.2　电子背散射衍射分析

图 4-34 为利用 EBSD 分析试样裂纹路径特定扩展阶段得到的晶体取向。图 4-34(a)的分析区域为 FQTZ(No.1)试样的最终断裂区, 图 4-34(b)的分析区域为 FQTZ(No.2)试样发生如图 4-9 所示偏折过程的区域,箭头代表实际的裂纹扩展方向, 白色实线代表裂纹的扩展路径, 不同的色差代表组织的晶体取向不同, 观察区域对应的 SEM 图像可以看出,疲劳短裂纹扩展路径沿板条马氏体晶界交替穿

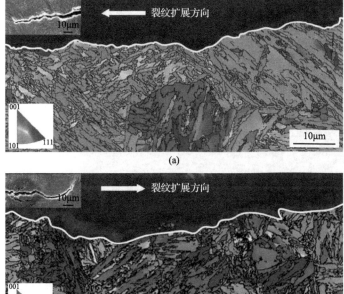

扫码见彩图

图 4-34　短裂纹扩展路径的 EBSD 分析

(a) FQTZ (No.1)；(b) FQTZ (No.2)

梭。图 4-34(a)中，随着裂纹扩展，晶体取向会发生相应的变化，而靠近裂纹尖端的晶体取向变化较小，这主要是由于 FQTZ(No.1)试样裂纹扩展相对稳定，路径偏转较为轻微。值得注意的是，图 4-34(b)中存在一块较大的板条状马氏体组织，与其附近的微观组织在取向上有很大差异，所以可以推断，在裂纹扩展过程中局部组织可能经历了不同的变形模式，即部分组织有可能发生了晶格转动。同时图 4-34(b)中的色差和晶体取向表现出很强的非均质性，这意味着在裂纹路径偏转过程中存在显著的塑性变形。因此，在混合模式裂纹扩展的情况下，剪切变形的驱动会导致与纯 I 型裂纹不同的微观结构损伤。

图 4-35 采用平均取向差(KAM)图来分析微观组织的塑性变形程度图，图例中的 0～5 表示微观尺度上非均匀变形的严重程度。从图中可以看出，塑性变形主要集中在马氏体板条边界处。结合图 4-33 中的 ECCI 图像分析，可以推断板条马氏体边界的应变局部化可能会促进亚晶界的形成，并导致加载过程中的变形不协调。这种不协调可能在疲劳损伤积累和裂纹扩展的薄弱区域，从而造成裂纹扩展路径的偏折。这应该是微观结构影响疲劳短裂纹扩展行为的根本原因。

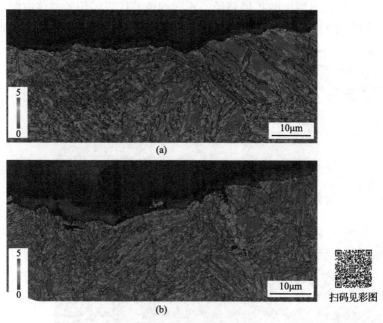

扫码见彩图

图 4-35　EBSD 分析的 KAM 图像

(a) FQTZ (No.1)；(b) FQTZ (No.2)

参 考 文 献

[1] Krupp U. Fatigue Crack Propagation in Metals and Alloys: Microstructural Aspects and Modelling Concepts[M]. Hoboken: John Wiley & Sons, 2007.

[2] Lados D A, Apelian D. Relationships between microstructure and fatigue crack propagation paths in Al-Si-Mg cast alloys[J]. Engineering Fracture Mechanics, 2008, 75(3-4): 821-832.

[3] Jin O, Mall S. Effects of microstructure on short crack growth behavior of Ti-6Al-2Sn-4Zr-2Mo-0.1Si alloy[J]. Materials Science and Engineering: A, 2003, 359(1-2): 356-367.

[4] Zhu X, Jones J W, Allison J E. Effect of frequency, environment, and temperature on fatigue behavior of E319 cast-aluminum alloy: Small-crack propagation[J]. Metallurgical and Materials Transactions A, 2008, 39(11): 2666-2680.

[5] McEvily A J, Eifler D, Macherauch E. An analysis of the growth of short fatigue cracks[J]. Engineering Fracture Mechanics, 1991, 40(3): 571-584.

[6] Ludwig W, Buffière J Y, Savelli S, et al. Study of the interaction of a short fatigue crack with grain boundaries in a cast Al alloy using X-ray microtomography[J]. Acta Materialia, 2003, 51(3): 585-598.

[7] Blochwitz C, Jacob S, Tirschler W. Grain orientation effects on the growth of short fatigue cracks in austenitic stainless steel[J]. Materials Science and Engineering: A, 2008, 496(1-2): 59-66.

[8] Ferrie E, Sauzay M. Influence of local crystallographic orientation on short crack propagation in high cycle fatigue of 316LN steel[J]. Journal of Nuclear Materials, 2009, 386: 666-669.

[9] 韩一红, 郭万林. 短裂纹闭合的尺寸效应分析[J]. 应用力学学报, 1993, 10(4): 82-85.

[10] Morris W L, Buck O. Crack closure load measurements for microcracks developed during the fatigue of Al 2219-T851[J]. Metallurgical Transactions A, 1977, 8(4): 597-601.

[11] 周剑秋, 沈士明. 确定含环向缺陷压力管道临界裂纹长度的分析研究[J]. 压力容器, 1997, (1): 61-65, 90.

[12] Zhang X P, Wang C H, Ye L, et al. A study of the crack wake closure/opening behaviour of short fatigue cracks and its influence on crack growth[J]. Materials Science and Engineering: A, 2005, 406(1-2): 195-204.

[13] Ritchie R O, Yu W, Holm D K, et al. Development of fatigue crack closure with the extension of long and short cracks in aluminum alloy 2124: A comparison of experimental and numerical results[C]//Mechanics of fatigue crack closure. Philadelphia: ASTM International, 1988: 300-316.

[14] Stoychev and S, Kujawski D. Methods for crack opening load and crack tip shielding determination: A review[J]. Fatigue & Fracture of Engineering Materials & Structures, 2003, 26(11): 1053-1067.

[15] Standard test method for measurement of fatigue crack growth rates: ASTM E647-08[S].

[16] Donald J K. Introducing the compliance ratio concept for determining effective stress intensity[J]. International Journal of Fatigue, 1997, 19(93): 191-195.

[17] Clarke C K, Cassatt G C. A study of fatigue crack closure using electric potential and compliance techniques[J]. Engineering Fracture Mechanics, 1977, 9(3): 675-688.

[18] Lee C S, Rhyim Y M, Kwon D, et al. Acoustic emission measurement of fatigue crack closure[J]. Scripta Metallurgica et Materialia, 1995, 32(5): 701-706.

[19] Buck O, Rehbein D K, Thompson R B. Crack tip shielding by asperity contact as determined by acoustic measurements[J]. Engineering Fracture Mechanics, 1987, 28(4): 413-424.

[20] 王章忠. 应变片位置对测定裂纹闭合灵敏度的影响[J]. 理化检验(物理分册), 1999, (8): 342-344.

[21] Macha D E, Corbly D M, Jones J W. On the variation of fatigue-crack-opening load with measurement location[J]. Experimental Mechanics, 1979, 19(6): 207-213.

[22] 李晓星, 王文鹏, 李小峰. 基于数字图像相关技术的裂纹扩展测量[J]. 理化检验: 物理分册, 2018, (8): 552-556.

[23] 黄生航. 基于 SEM-DIC 的金属疲劳裂纹扩展行为研究[D]. 长沙: 湖南大学, 2019.

[24] 倪文磊. 全息测量下 X 射线相位衬度断层成像重建算法[D]. 北京: 北京大学, 2007.

[25] Khor K H, Buffiere J Y, Ludwig W, et al. High resolution X-ray tomography of micromechanisms of fatigue crack closure[J]. Scripta Materialia, 2006, 55 (1): 47-50.

[26] Zhang W, Liu Y. In situ SEM testing for crack closure investigation and virtual crack annealing model development[J]. International Journal of Fatigue, 2012, 43: 188-196.

[27] Riddell W T, Piascik R S, Sutton M A, et al. Determining fatigue crack opening loads from near-crack-tip displacement measurements[C]//Advances in Fatigue Crack Closure Measurement and Analysis: Second Volume. West Conshohocken: ASTM International, 1999: 157-174.

[28] Murugan R, Venugobal P R, Ramaswami T P, et al. Studies on the effect of weld defect on the fatigue behavior of welded structures[J]. China Welding, 2018, 27 (1): 53-59.

[29] Shen W, Qiu Y, Xu L Z, et al. Stress concentration effect of thin plate joints considering welding defects[J]. Ocean Engineering, 2019, 184: 273-288.

[30] Zhu M L, Xuan F Z. Correlation between microstructure, hardness and strength in HAZ of dissimilar welds of rotor steels[J]. Materials Science and Engineering: A, 2010, 527 (16-17): 4035-4042.

[31] Lee H K, Kim K S, Kim C M. Fracture resistance of a steel weld joint under fatigue loading[J]. Engineering Fracture Mechanics, 2000, 66 (4): 403-419.

[32] Ritchie R O, Lankford J. Small fatigue cracks: A statement of the problem and potential solutions[J]. Materials Science and Engineering, 1986, 84: 11-16.

[33] McDowell D L. An engineering model for propagation of small cracks in fatigue[J]. Engineering Fracture Mechanics, 1997, 56 (3): 357-377.

[34] Kaynak C, Baker T J. A comparison of short and long fatigue crack growth in steel[J]. International Journal of Fatigue, 1996, 18 (1): 17-23.

[35] Zhu M L, Xuan F Z. Effect of microstructure on strain hardening and strength distributions along a Cr-Ni-Mo-V steel welded joint[J]. Materials & Design (1980-2015), 2015, 65: 707-715.

[36] Ritchie R O. Near-threshold fatigue-crack propagation in steels[J]. International Metals Reviews, 1979, 24 (1): 205-230.

[37] Zhu M L, Xuan F Z. Effects of temperature on tensile and impact behavior of dissimilar welds of rotor steels[J]. Materials & Design, 2010, 31 (7): 3346-3352.

[38] Taylor D. Fatigue Thresholds[M]. London: Butterworths, 1989.

[39] Kanninen M F, Popelar C L. Advanced Fracture Mechanics[M]. Oxford: Clarendon Press, 1988.

[40] Pang C M, Song J H. Crack growth and closure behaviour of short fatigue cracks[J]. Engineering Fracture Mechanics, 1994, 47 (3): 327-343.

[41] Nakai Y, Ohji K. Prediction of growth rate of short fatigue cracks[J]. Transation JSME (A), 1987, 53: 387-392.

[42] Hutař P, Seitl S, Knésl Z. Effect of constraint on fatigue crack propagation near threshold in medium carbon steel[J]. Computational Materials Science, 2006, 37 (1-2): 51-57.

[43] Zhu M L, Wang D Q, Xuan F Z, et al. In-situ observation of mixed mode fatigue crack growth behavior in heat affected zone of a welded joint[C]// Proceedings of the 13th International Conference on Fracture, Beijing, 2013.

[44] Paris P C, Tada H, Donald J K. Service load fatigue damage——a historical perspective[J]. International Journal of Fatigue, 1999, 21 (S1): S35-S46.

[45] Wang D Q, Zhu M L, Xuan F Z. Correlation of local strain with microstructures around fusion zone of a Cr-Ni-Mo-V steel welded joint[J]. Materials Science and Engineering: A, 2017, 685: 205-212.

[46] Elber W. The significance of fatigue crack closure[C]//Damage Tolerance in Aircraft Structures. West Conshohocken: ASTM International, 1971.

[47] Wolf E. Fatigue crack closure under cyclic tension[J]. Engineering Fracture Mechanics, 1970, 2 (1) : 37-45.

[48] Pippan R, Hohenwarter A. Fatigue crack closure: A review of the physical phenomena[J]. Fatigue & Fracture of Engineering Materials & Structures, 2017, 40 (4) : 471-495.

[49] Pippan R, Strobl G, Kreuzer H, et al. Asymmetric crack wake plasticity——a reason for roughness induced crack closure[J]. Acta Materialia, 2004, 52 (15) : 4493-4502.

[50] Mokhtarishirazabad M, Lopez C P, Moreno B, et al. Optical and analytical investigation of overloads in biaxial fatigue cracks[J]. International Journal of Fatigue, 2017, 100: 583-590.

[51] De Matos P, Nowell D. Experimental and numerical investigation of thickness effects in plasticity-induced fatigue crack closure[J]. International Journal of Fatigue, 2009, 31 (11-12) : 1795-1804.

本章主要符号说明

a	裂纹长度	r/a	测量位置离裂尖相对距离
a_c	裂纹闭合趋于稳定对应的裂纹长度	r_c	裂纹尖端循环塑性区尺寸
a_f	最终裂纹长度	S	跨距
a_{int}	初始裂纹长度	U	裂纹闭合系数
B	试样厚度	U'	修正的裂纹闭合系数
COD	裂纹张开位移	$u_i(r)$	平面应力状态下裂纹面的位移
COD_{min}	最小载荷对应的 COD	W	试样宽度
d	晶粒尺寸	σ_y	屈服强度
da/dN	疲劳裂纹扩展速率	$\overline{\Delta K_{eff}}$	平均有效应力强度因子幅
E	弹性模量	ν	泊松比
$g(a/W)$	应力强度因子几何函数	ΔCOD	裂纹张开位移增量
K_I	Ⅰ型应力强度因子	ΔK_{eff}	有效应力强度因子幅
K_{max}	最大应力强度因子	$(P_{cl}/P_{max})_c$	临界稳定的裂纹闭合水平
K_{op}	裂纹张开应力强度因子	$\Delta u_y(r)$	上下表面的参考点相对位移
M	预测裂尖闭合水平的参量	ε_{xy}	剪切应变
N	循环次数	ε_{yy}	正应变
P/P_{max}	载荷水平	ΔK	应力强度因子范围
P_{cl}/P_{max}	归一化的裂纹闭合力	ΔK_{th}	疲劳门槛值
r	距离裂尖的距离	ΔP	载荷范围
R	应力比		

第5章 焊接接头的疲劳裂纹扩展门槛值

焊接接头的疲劳失效经历了损伤与断裂的完整过程，损伤不均匀性或局部化是疲劳裂纹萌生的先决条件，而裂纹萌生后的扩展过程更加复杂，常经历着短裂纹和长裂纹扩展。如图 5-1 所示，疲劳裂纹扩展过程的描述通常被分为近门槛值区、Paris 区和失稳区三个阶段。近门槛值区的疲劳裂纹扩展是一个特殊的区域，它包括短裂纹和长裂纹扩展两个区域，短裂纹扩展行为已在第 4 章进行了阐述。近门槛值区的疲劳裂纹扩展行为的独特作用在于，它是裂纹逐步由短裂纹区向长裂纹 Paris 区和失稳断裂区过渡的区域。

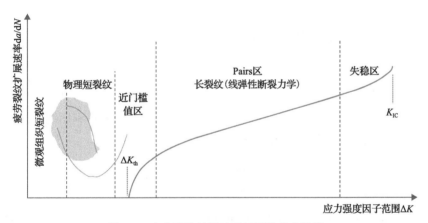

图 5-1 疲劳裂纹扩展过程经历的几个阶段

疲劳裂纹扩展门槛值(以下简称疲劳门槛值)是结构损伤容限设计的重要参量，代表着疲劳裂纹是否发生扩展的临界条件。已有研究表明，疲劳门槛值受到应力比、微观组织、温度和环境介质等诸多因素的影响。本章以 25Cr2Ni2MoV 钢焊接接头为例，着重介绍初始缺口在焊接接头的不同位置、应力比及试样几何形状等对疲劳门槛值的影响。

5.1 疲劳门槛值的确定方法

疲劳裂纹扩展门槛值是裂纹是否扩展的量度，工程中一般规定 $\mathrm{d}a/\mathrm{d}N=1\times10^{-7}$ mm/cyc 时对应的 ΔK 为疲劳门槛值 ΔK_{th}，门槛值代表着材料抵抗载荷扩展的能力。在结构的损伤容限设计中，门槛值是必需的材料性能参数，对结构的寿命预测和优化设计具有重要意义。疲劳门槛值的确定方法通常包括试验方法直接测定和其他间接方法确定。

5.1.1　基于试验方法直接测定疲劳门槛值

1. 通过确定 P_{max} 计算门槛值

早期的试验和研究中采用载荷降到使试件承受 5×10^5 周次交变循环载荷，而裂纹扩展不超过 0.05mm 的水平，读取交变载荷最大值 P_{max}。对于三点弯曲试样（定载荷比），通过 $\Delta P_{th} = P_{max}(1-R)$ 计算出 ΔP_{th}，然后利用式(5-1)和式(5-2)计算门槛值[1]。

$$\Delta K_{th} = \frac{\Delta P_{th}}{B} \sqrt{W \eta} \tag{5-1}$$

$$\eta = \left[7.51 + 3.00 \left(\frac{a}{W} - 0.50 \right)^2 \right] \sec \left(\frac{\pi a}{2W} \right) \sqrt{\tan \left(\frac{\pi a}{2W} \right)} \tag{5-2}$$

式中，B 为试样厚度；a 为裂纹长度。

2. 试验数据点拟合确定

《金属材料疲劳裂纹扩展速率试验方法：GB/T 6398—2000》规定，取 $10^{-7} \sim 10^{-6}$ mm/cyc 的 $(da/dN)_i$ 与 ΔK_i 的数据（至少 5 个），按照式(5-3)利用线性回归的方法拟合 $\lg(da/dN)$-$\lg(\Delta K)$ 数据点的关系。

$$\frac{da}{dN} = C \Delta K^m \tag{5-3}$$

式中，C 和 m 为最佳拟合直线的截距和斜率。根据拟合结果，取 $da/dN = 10^{-7}$ mm/cyc 计算对应的 ΔK 值，将其定义为疲劳裂纹扩展门槛值 ΔK_{th}。但是，测定裂纹扩展数据费时、不经济，且难以保证准确性，因而在具体操作中具有一定的困难。

3. 简易测量方法计算门槛值

GB/T 6398—2000 同时给出了简易的测量方法。利用降 K 程序，每级力下降不超过 10%，保持载荷比不变，直至循环次数 N 为 10^6 时裂纹不发生 0.1mm 的裂纹扩展量。记录后两级起始时的裂纹长度 a_k、a_{k-1} 和对应的载荷范围 ΔP_k、ΔP_{k-1}，然后计算 ΔK_k、ΔK_{k-1}。通过式(5-4)计算门槛值：

$$\Delta K_{th} = \frac{\Delta K_k + \Delta K_{k-1}}{2} \tag{5-4}$$

利用式(5-4)计算时，裂纹扩展速率并没有达到 10^{-7} mm/cyc，且取最后两级应力强度因子幅的均值也是不准确的，但对判断实验数据的准确性很有价值。

5.1.2 确定疲劳门槛值的其他方法

1. 数据外推计算门槛值

早期为缩短测量时间，直接将 Paris 公式推广到近门槛值区。计算中直接令 $\mathrm{d}a/\mathrm{d}N$ 等于一个接近于 0 的值（如 $10^{-7}\mathrm{mm/cyc}$），将求解得出的 ΔK 定为 ΔK_{th}[2]。这种方法所得的门槛值偏小，结果偏于保守。

若近门槛值区的数据点很少，则可根据数据拟合表达式并借助表达式根据定义获得门槛值。由于这类方法本质上是根据材料的疲劳裂纹扩展试验数据外推来确定其理论门槛值的，故如果所采用外推表达式能够正确反映近门槛值区域的疲劳裂纹扩展规律且试验数据中又包含足够多的近门槛值区域的数据点，那么就有望获得正确的结果。常见的间接外推方法常有 ASTM 提出的韦布尔法[3]。另外，徐人平和段小建[4]、王永廉和吴永端[5]也做了一些试验外推出门槛值的尝试。

2. 近似公式计算

人们对裂纹尖端状态和裂纹扩展机理的研究，先后提出了一些计算门槛值 ΔK_{th} 的解析算式。

Purushothaman 等从裂纹扩展能量平衡的角度获得[6]，即

$$\Delta K_{\mathrm{th}} = \left(\frac{2\gamma\pi E}{1 - \nu^2 - 0.47I} \right)^{1/2} \tag{5-5}$$

式中，ν 为泊松比；E 为弹性模量；γ 为产生新裂纹表面的表面能；I 为常数。

Taylor[6]在此基础上，考虑微结构参数，得到了一个更为简单的解析算式，即

$$\Delta K_{\mathrm{th}} = \sigma_{\mathrm{y}} \left(\frac{2.82\pi d}{1 - \nu^2} \right)^{1/2} \tag{5-6}$$

式中，d 为晶粒尺寸；σ_{y} 为屈服强度。由于裂纹扩展机理的复杂性，这些解析算式不可能全面反映门槛值的特性，其有效性还有待探究。

3. 人工神经网络建模

在人工神经网络研究领域中，已经证明具有任意个隐层节点的前馈神经网络可以任意精度逼近一个连续函数，因而在模式识别和函数逼近上得到了普遍应用。基于该原理，侯福均和吴祈宗[7]采用人工神经网络的方向传播算法研究了 50CrMoA 钢疲劳门槛值 ΔK_{th} 的预测，使神经网络在 ΔK_{th} 值预测中的应用得以实现。郑新侠和李小燕[8]建立了用屈服强度、抗拉强度、断裂延性和应力比预测门槛值

的人工神经网络模型，预测了部分结构钢的疲劳门槛值，与实测值符合良好。

5.2　疲劳门槛值试验技术新进展

ASTM E647 标准中提出了恒 R 降载法、恒最大应力强度因子 K_{max} 降载法等方法测定门槛值。然而由于这些方法本身存在的局限性，所以经实验确定门槛值的准确性还值得商榷。因为在恒 R 降载法中，过低的 R 常引起裂纹的闭合。低载荷下裂纹面的接触使裂尖提前卸载[9]，同时载荷的变化导致塑性应变的变化，进而影响裂纹扩展的驱动力[10]。减小降载速率可以减小载荷变化的影响，采用恒幅载荷，可以利用循环压力预制疲劳小裂纹。恒 K_{max} 降载法所得的门槛值不会受到塑性区引起的裂纹闭合所造成的影响，但是它不能得到某一确定载荷比下的门槛值，这种方法也免不了载荷变化带来的影响[11]，而且选择的 K_{max} 会对门槛值产生很大影响，甚至在某些情况下会产生蠕变效应[12]。准确获得疲劳门槛值需要在测试方法上取得突破，因此既要规避裂纹闭合的影响，也要减小载荷历史变化的影响，尤其是高温条件下的疲劳门槛值测试，目前仍受制于裂纹长度的精确测量方法。

5.3　焊接接头疲劳门槛值的分布

对于焊接接头，不同的初始缺口位置代表了局部微观组织对疲劳裂纹扩展行为及门槛值的影响。图 5-2 为不同应力比和缺口位置下 da/dN 与 ΔK 的关系。从图 5-2 可以看出，在相同的缺口位置处，裂纹扩展速率随应力比的增大而增大。不同应力比与不同缺口位置处，疲劳裂纹的扩展曲线都存在转折行为。缺口位于母材处的曲线转折行为发生在裂纹扩展速率为 2×10^{-6}mm/cyc 左右，缺口在焊缝中心处的曲线转折行为发生在 6×10^{-6}mm/cyc 左右，但是热影响区的转折行为不明显，这可能与初始缺口位置处的微观组织较细有关，即初始缺口处于热影响区中的细晶区。

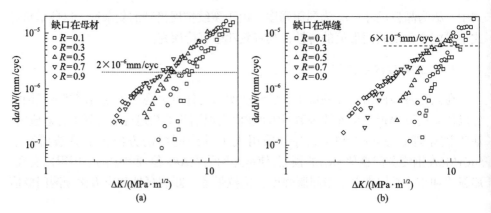

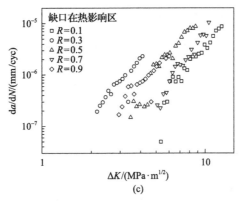

图 5-2　焊接接头不同缺口位置的 da/dN-ΔK 的关系

(a) 母材；(b) 焊缝；(c) 热影响区

焊接接头不同缺口位置的疲劳门槛值ΔK_{th}与应力比 R 的关系曲线如图 5-3 所示。疲劳门槛值ΔK_{th} 随着应力比的增大而逐渐减小，最后逐渐趋于稳定。当应力比 R 较低时，缺口位置对疲劳门槛值ΔK_{th} 的影响较大。当缺口位于焊缝中心时，疲劳门槛值最大，位于母材的疲劳门槛值次之，位于热影响区的疲劳门槛值最小；门槛值的高低代表了材料抗疲劳裂纹扩展能力的大小，从数据显示结果看，该焊接接头的焊缝具有较强的抗疲劳裂纹扩展能力。从图 5-3 可以看出，当应力比 R 高于 0.5 时，三个部位的疲劳门槛值近似相等，表明此时微观组织的影响较小，因此微观组织的影响程度还与应力比的大小有关。

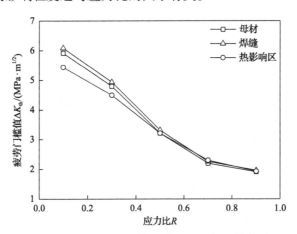

图 5-3　焊接接头不同缺口位置ΔK_{th} 与 R 的关系

25Cr2Ni2MoV 焊接接头不同部位的疲劳门槛值与应力比的拟合关系如式 (5-7) 所示，拟合的参数见表 5-1。

$$\Delta K_{th} = \Delta K_{th0}(1+R)^{\psi} \qquad (5\text{-}7)$$

式中，ΔK_{th0} 为应力比为 0 时的疲劳门槛值；ψ 为材料参数。

表 5-1　不同缺口位置的拟合参数

位置	ΔK_{th0}	ψ	相关系数
母材	7.47884	−2.08502	0.96094
焊缝	7.69665	−2.08582	0.96052
热影响区	6.72721	−1.86746	0.96455

5.4　转折点与疲劳门槛值的关系

当缺口位于母材处且应力比 R 为 0.1 时，da/dN 与 ΔK 的关系曲线如图 5-4 所示。由图 5-4 可知，疲劳裂纹扩展曲线可以用两条直线表示，将直线的交点定义为转折点。转折点的存在条件是值得考虑的一个问题，它可能代表断裂机理的转折或变化。图中，转折点以下的区域被认为是真实的近门槛值区，称为 A_1 区；转折点以上的区域被认为是 Paris 区的延续，称为 A_2 区。常见的转折点位置的确定方法有经验法[13]、图示法[14]及曲线拟合方法[15]等。

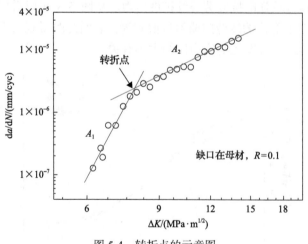

图 5-4　转折点的示意图

转折点处应力强度因子范围 ΔK_t 和应力比 R 的关系如图 5-5 所示。随着应力比 R 的增大，ΔK_t 逐渐降低。与缺口位于母材和位于焊缝中心位置相比，不管在何种应力比下缺口位于热影响区的应力强度因子 ΔK_t 最低。转折点处疲劳裂纹扩展速率 da/dN_t 随应力比的变化如图 5-6 所示。从图 5-6 能够明显看出，疲劳裂纹扩展速率 da/dN_t 分布在 $3.5 \times 10^{-7} \sim 2.0 \times 10^{-6}$ mm/cyc。在较低应力比 R 下具有较高的 da/dN_t，da/dN_t 随应力比 R 的增大有降低的趋势。转折点作为近门槛值区疲劳裂纹扩展曲线上的关键位置，也受到了应力比和微观组织的影响。对转折点的分析有助于阐明近门槛值区的裂纹扩展机理，进而有利于建立转折点预测的理论模型。

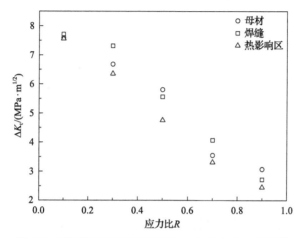

图 5-5　不同缺口位置处转折点 ΔK_t 与应力比 R 的关系

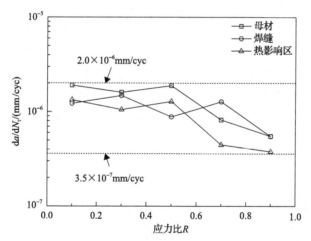

图 5-6　不同缺口位置处转折点 da/dN_t 与应力比 R 的关系

焊接接头位于不同部位的疲劳门槛值 ΔK_{th} 与转折点应力强度因子范围 ΔK_t 的比值同应力比 R 的关系曲线如图 5-7 所示。从图 5-7 可以看出，焊接接头位于不同部位的 $\Delta K_{th}/\Delta K_t$ 保持在 0.5~0.8。$\Delta K_{th}/\Delta K_t$ 的值越大表明真实的近门槛值区范围越小，疲劳裂纹穿过转折点后，很快能达到疲劳门槛值。此外，热影响区中的 $\Delta K_{th}/\Delta K_t$ 随 R 的变化较小，约稳定在 0.7，这表明当缺口在热影响区时 $\Delta K_{th}/\Delta K_t$ 受应力比的影响较小，可能由于缺口处的微观组织为热影响区的细晶区，这种条件下微观组织对疲劳裂纹扩展的影响程度较小。

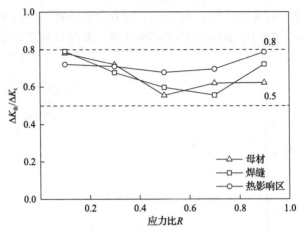

图 5-7　不同缺口位置$\Delta K_{th}/\Delta K_t$与应力比 R 的关系

5.5　应力比与疲劳门槛值的关系

图 5-8 为不同应力比与不同热处理条件下的疲劳裂纹扩展速率 da/dN 与应力强度因子范围ΔK 的关系及疲劳门槛值ΔK_{th} 与应力比 R 的关系图。图 5-8(a)中的水平虚线将 da/dN-ΔK 关系分成了上下两部分，虚线以上代表 Paris 区，虚线以下代表门槛值区[16]。从图 5-8(a)可以看出，Paris 区的疲劳裂纹扩展速率数据几乎重合，对应力比 R 和热处理条件均不敏感；而在门槛值区，两种热处理条件的疲劳裂纹扩展速率 da/dN 随应力比 R 的增大均增大，门槛值随应力比 R 的增大而降低，这主要与应力比 R 较高时的裂纹闭合效应较小有关[17]。由图 5-8(b)可知，当应力比 R 分别为 0.1 和 0.7 时，不同热处理对疲劳门槛值的影响较小；而当应力比 R 分

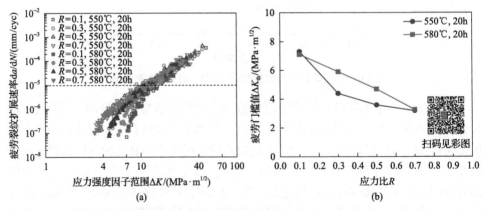

图 5-8　两种热处理条件下不同应力比时的疲劳裂纹扩展数据和门槛值

(a)疲劳裂纹扩展数据；(b)门槛值

别为 0.3 和 0.5 时，580℃、20h 的热处理条件具有较高的疲劳门槛值，表明其抗疲劳裂纹扩展的能力较好。相对应力比 R 和热处理这两种变化条件，高应力比 R 下微观组织的影响较小，此时外部力学因素的影响程度高于材料自身的抵抗力；而低应力比 R 下微观组织的影响占主导作用，由热处理引起的微观组织差别不大，疲劳门槛值的变化也不大。热处理温度，改变微观组织发生相应变化，从而影响 FCG 特性，在不同应力比 R 下经热处理后对疲劳门槛值 ΔK_{th} 的影响不同。当应力比 R 处于中间水平时，材料自身的微观组织与外部应力水平两个因素存在竞争机制，最终表现为 580℃、20h 条件下具有较强的抗疲劳裂纹扩展能力。

5.6　试样形状对疲劳门槛值的影响

5.6.1　疲劳门槛值的拘束贡献

不同的疲劳试样的形状或尺寸，其裂纹尖端的拘束度存在差异，这势必对疲劳裂纹扩展产生影响。参照 ISO 12108:2002 选用不同几何形状的标准试样，应力强度因子范围 ΔK 的计算公式，如式(5-8)所示，即

$$\Delta K = \frac{F}{BW^{1/2}} g\left(\frac{a}{W}\right) \tag{5-8}$$

式中，$g(a/W)$ 为应力强度因子几何函数。

不同几何形状试样 $g(a/W)$ 的计算方法如下：

紧凑拉伸 CT 试样：

$$g\left(\frac{a}{W}\right) = \frac{(2+\alpha) \times (0.886 + 4.64\alpha - 13.32\alpha^2 + 14.72\alpha^3 - 5.6\alpha^4)}{(1-\alpha)^{3/2}} \tag{5-9}$$

式中，$\alpha = a/W$，当 $0.2 \leqslant \alpha \leqslant 1.0$ 时，该式成立。

单边缺口三点弯 SENB3 试样：

$$g\left(\frac{a}{W}\right) = \frac{6\alpha^{1/2}}{(1+2\alpha)(1-\alpha)^{3/2}} \left[1.99 - \alpha(1-\alpha)(2.15 - 3.99\alpha + 2.7\alpha^2)\right] \tag{5-10}$$

式中，$\alpha = a/W$，当 $0 \leqslant \alpha \leqslant 1.0$ 时，该式成立。

单边缺口拉伸 SENT 试样：

$$g\left(\frac{a}{W}\right) = \sqrt{2\tan\theta} \left[\frac{0.752 + 2.02\alpha + 0.37(1-\sin\theta)^3}{\cos\theta}\right] \tag{5-11}$$

式中，$\theta = \pi a/(2W)$，当 $0 \leqslant \alpha \leqslant 1.0$ 时，该式成立。

　　图 5-9 为不同几何形状试样的疲劳裂纹扩展速率 da/dN 与应力强度因子范围
ΔK 的关系。从图 5-9 可以看出，当 R 为 0.1 时，不同几何形状的两个试样的疲劳
裂纹扩展曲线的结果几乎重合在一起，因此每种试样形状只选取一个试样进行分
析。裂纹的扩展速率随应力强度因子范围ΔK 的降低而逐渐下降。当裂纹扩展曲线
由近门槛值区过渡到 Paris 区时，裂纹的扩展速率明显加快。在 Paris 区，不同标
准试样的疲劳裂纹的扩展曲线几乎重合；而在近门槛值区，则存在一定差别，其
中 SENT 试样的裂纹扩展速率明显低于另外两种试样，SENB3 的结果与 CT 试样
的结果相近，差别并不明显，这表明试样的几何形状对疲劳裂纹扩展的影响主要
在近门槛值区。CT、SENB3 和 SENT 试样的疲劳门槛值分别为 6.668MPa·m$^{1/2}$、
6.821MPa·m$^{1/2}$ 和 7.636MPa·m$^{1/2}$。SENT 试样的疲劳门槛值最高，CT 和 SENB3 试
样的值相近。因此，宏观上裂纹尖端的拘束度差异对近门槛值区的疲劳裂纹扩展
产生了影响。

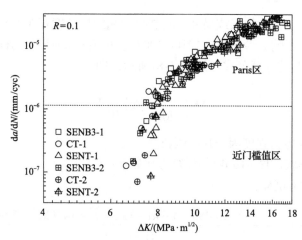

图 5-9　不同几何形状试样的裂纹扩展速率与应力强度因子范围的关系

5.6.2　宏观拘束与微观扩展路径的关系

　　试样几何形状的影响主要在近门槛值区，对在 Paris 区的疲劳裂纹扩展影响很
小。因此，需要关注不同形状试样在近门槛值区的疲劳裂纹扩展行为。图 5-10 为
近门槛值区在裂纹尖端附近的断口形貌。从图 5-10 可以看出，三个试样内部断口
形貌的断裂特征相似，都存在面型断裂的特征，粗糙度相近。采用三维表面形貌
仪测量三种试样裂纹尖端附近平行于扩展方向的线粗糙度，结果显示 CT、SENB3
和 SENT 试样表面的线粗糙度结果分别为 7.72μm、8.86μm 和 6.96μm。三种试样
表面的粗糙度结果与断口形貌的观察结果一致，粗糙度的测量结果相近，SENB3
的线粗糙度略高于 CT 试样，SENT 的粗糙度最低。

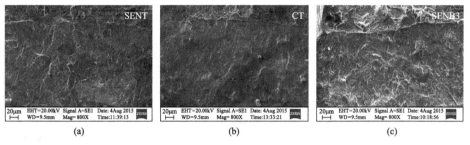

图 5-10　三种试样中心位置的断口形貌

　　图 5-11 为不同几何形状试样在近门槛值区的疲劳裂纹扩展路径。从图 5-11 可以看出,三种几何形状试样在近门槛值区的裂纹扩展路径都比较曲折,这导致了粗糙度的上升。在 CT 和 SENB3 试样的裂纹扩展路径上还存在一些裂纹分支,而在 SENT 试样的裂纹扩展路径上并没有发现裂纹分支。出现裂纹分支会导致裂纹扩展的驱动力下降,增大粗糙度诱发裂纹闭合的影响。疲劳裂纹的扩展路径与断口表面形貌的观察结果一致。因此,三种试样在近门槛值区的裂纹扩展受粗糙度诱发裂纹闭合的影响较大,并且 SENT 试样受粗糙度诱发裂纹闭合的影响要略低于 CT 和 SENB3 试样。

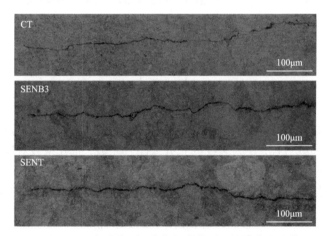

图 5-11　三种试样近门槛值区疲劳裂纹扩展路径形貌

5.6.3　试样拘束与裂纹闭合效应的关系

　　裂纹闭合的测量方法有很多[18-21],作者采用应变片的方法测量裂纹闭合水平。CT 和 SENT 试样的测点位置分别选取了裂纹近端及远端两个位置,分别测量局部闭合和全局闭合。SENB3 试样选取了裂纹近端位置来测量局部闭合情况。近端应变片置于裂纹尖端前 3mm 左右,而远端应变片位于试样的背面,图 5-12 为应变片位置示意图。

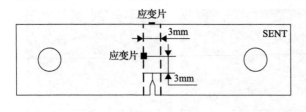
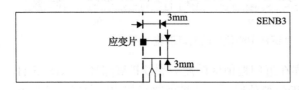
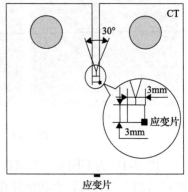

图 5-12　应变片位置示意图

　　裂纹闭合的测量采用高频疲劳试验机 GPS-50 和动态应变仪来完成。动态应变仪采集加载和降载过程中的应变，其相应的应力值可通过疲劳试验机获得。测量位置选用该级扩展结束时的位置，把加载和降载过程从最大到最小等间隔地分成几个部分，分步测量每一步的应变和应力。通过应力-应变关系曲线确定裂纹张开(加载)和闭合(卸载)时的应力水平 u，根据式(5-12)和式(5-13)计算裂纹的闭合系数。

$$u = \frac{\sigma}{\sigma_{max}} \tag{5-12}$$

$$U = \frac{\Delta K_{eff}}{\Delta K} = \frac{1-u}{1-R} \tag{5-13}$$

式中，u 为裂纹张开或闭合应力水平，张开应力水平对应于加载过程，而闭合应力水平对应于卸载过程；U 为裂纹的张开或闭合系数，张开系数对应于加载过程，用 U_{op} 表示，而闭合系数对应于卸载过程，用 U_{cl} 表示。表 5-2 为不同试样的裂纹闭合情况测量结果，可以看出靠近与远离裂尖条件下，U_{op} 与 U_{cl} 差别不大。

表 5-2　不同试样的裂纹闭合情况

试样形式	da/dN/(mm/cyc)	靠近裂尖		远离裂尖	
		U_{op}	U_{cl}	U_{op}	U_{cl}
CT	1.2×10^{-6}	0.7396	0.7389	0.7497	0.7041
	1.27×10^{-7}	0.6863	0.6863	0.7116	0.7116
SENT	1.358×10^{-6}	0.6759	0.6003	0.5926	0.5926
	3.611×10^{-7}	0.4467	0.4377	0.4204	0.4002
SENB3	1.14743×10^{-6}	0.7347	0.7347		
	1.49948×10^{-7}	0.7044	0.6256		

不同几何试样在不同位置的裂纹闭合测量结果如表 5-2 所示。靠近裂尖的张开系数大于闭合系数，这个结果同 Regazzi 等[19]的结果一致。远离裂尖的张开和闭合系数基本相同。取靠近和远离裂尖的闭合系数和张开系数的平均值作为裂纹闭合效应的参数值，结果如表 5-3 所示。CT 试样和 SENB3 试样在 Paris 区和近门槛值区的闭合系数相近，远端 CT 试样的闭合系数略高于 SENB3 试样，这说明 CT 试样的闭合程度略低于 SENB3 试样，但差别不大。而 SENT 试样的闭合系数始终低于 CT 和 SENB3 试样，特别是在近门槛值区出现明显的下降，这说明近门槛值区 SENT 试样受裂纹闭合的影响更大。

表 5-3　不同几何形状试样的试验结果

试样形式	ΔK	a/W	$\mathrm{d}a/\mathrm{d}N$/(mm/cyc)	U	疲劳门槛值 /(MPa·m$^{1/2}$)	有效疲劳门槛值 /(MPa·m$^{1/2}$)
CT	7.21	0.36	1.2×10^{-6}	0.7351	6.668	4.632
	6.58	0.3654	1.27×10^{-7}	0.6947		
SENB3	7.74	0.4568	1.14743×10^{-6}	0.7347	6.821	4.536
	6.89	0.4692	1.49948×10^{-7}	0.6650		
SENT	8.17	0.6044	1.358×10^{-6}	0.6229	7.636	3.296
	7.74	0.7076	3.611×10^{-7}	0.4316		

试样几何形状对近门槛值区疲劳裂纹扩展的影响宏观上表现为裂纹尖端的初始拘束度存在差异，人们也常用裂纹闭合理论来解释该现象[22]。有趣的是，宏观拘束与裂纹闭合的关系仍不清楚。近门槛值区的裂纹闭合存在多种形式，常见的有塑性诱发的裂纹闭合、粗糙度诱发的裂纹闭合和氧化诱发的裂纹闭合等[23]。室温条件下，氧化诱发的裂纹闭合影响较小，当以平面应变为主时，一般认为塑性诱发裂纹闭合的可能性很小。因此，近门槛值区主要以粗糙度诱发裂纹闭合为主。Zhu 等[24]在相近的环境下采用 SENB3 试样研究同类材料的疲劳裂纹扩展行为时也得到了相同的结论。当应力比 R 为 0.1 时，近门槛值区的疲劳裂纹扩展受裂纹闭合的影响很大。

根据 Ritchie 和 Suresh[25]的研究结果可知，近门槛值区裂纹面的粗糙度越大，疲劳裂纹扩展受粗糙度诱发裂纹闭合的影响越大。Paris 区受试样几何形状的影响很小，不同几何形状试样的裂纹闭合的测量结果差别不大。而在近门槛值区，不同几何形状试样的裂纹闭合的测量结果出现了明显的差别。不同几何形状试样断口表面粗糙度的测量结果及裂纹扩展路径表明，近门槛值区 SENB3 与 CT 试样受粗糙度诱发裂纹闭合的影响高于 SENT 试样。而从表 5-3 中可知，SENT 试样近门槛值区的裂纹闭合测量结果高于 CT 和 SENB3 试样。可见，在近门槛值区，CT 试样和 SENB3 试样均以粗糙度诱发裂纹闭合为主，而 SENT 在近门槛值区除受粗糙度诱发裂纹闭合的影响外，还受其他闭合机制的影响。

图 5-13 为三种几何形状试样裂纹扩展试验的初始位置和最后裂纹尖端位置的前缘形貌。从图 5-13 可以看出，初始位置裂纹前缘的形状差别不大，而最后裂纹尖端的形状存在明显差别。通过测量发现，CT、SENB3、SENT 试样表面夹角 α 不同，分别为 11.31°、12.94° 和 22.57°，夹角 α 与塑性诱发裂纹闭合的程度有关，角度越大，塑性诱发裂纹闭合的程度越大[26]。需要注意的是，夹角也反映了裂尖拘束的影响。CT 试样与 SENB3 试样的夹角相差不大，而 SENT 试样的夹角与另外两种试样相比，扩大了将近两倍。这说明 SENT 试样在近门槛值区受塑性诱发裂纹闭合的影响很大。此外，还可以看出，SENT 试样的中心裂纹长度（靠近对称轴）短于裂纹表面，裂纹尖端的形状与 CT 和 SENB3 的"指甲形"明显不同，近似呈"波浪形"裂纹。另一个 SENT 试样裂纹尖端的形状如图 5-14 所示，也为"波浪形"裂纹。SENT 试样与其他两种试样裂纹前缘形状的差异与裂纹尖端的应力状态有关，即拘束度的差异。

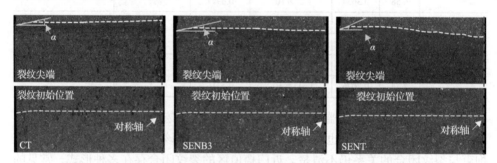

图 5-13　三种试样裂纹在试验初始位置和终止位置的形状

图 5-14　SENT 试样的裂纹尖端

图 5-15 为 SENT 试样不同厚度位置处裂纹尖端的表面形貌，从图 5-15 可以明显看出，SENT 试样表面的断口与试样中心位置的断口形貌存在明显差异，靠近试样表面的形貌相较于内部更平坦。这说明内部受粗糙度诱发裂纹闭合的影响更大。

确定裂纹前缘的曲率范围时可看到，只有 SENT 试样内部的平均裂纹尺寸使 ΔK 的偏差超过 5%，才需要进行曲率修正。曲率修正后，三种试样的疲劳裂纹扩展曲线如图 5-16 所示。经过曲率修正后，SENT 试样的疲劳门槛值略高，但三种试样的曲线相差不大，均分布在一个较窄的区间内。可见，SENT 试样的近门槛值区扩展的差异性主要与"波浪形"裂纹前缘有关，即裂尖拘束存在较大影响。

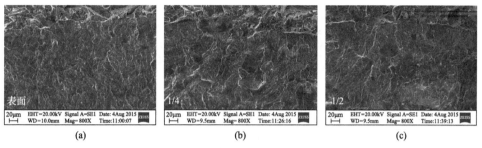

图 5-15　SENT 试样断口表面裂纹尖端的扩展形貌

1/4 和 1/2 分别表示 1/4 厚度和 1/2 厚度

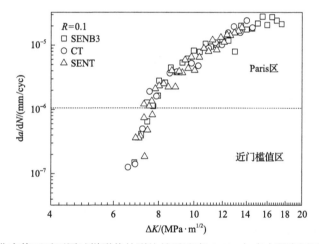

图 5-16　曲率修正后不同试样形状的裂纹扩展速率 da/dN 与应力强度因子 ΔK 的关系

　　不同几何形状试样的裂纹闭合测量结果的差异性与拘束效应有关[27-31]，拘束可以用 T 应力进行表征。CT 试样与 SENB3 试样的拘束大小相近[32]，并且两者的疲劳裂纹扩展曲线差别很小。因此，只需要分析 CT 试样与 SENT 试样的差别。图 5-17 为 SENT 试样和 CT 试样的 T 应力随裂纹长度变化的关系曲线[33]。由图 5-17 可知，SENT 试样的 T 应力始终为负值，并且基本保持不变；而 CT 试样的 T 应力随裂纹尺寸的增大而增大，且始终为正值。在小范围屈服的条件下，T 应力会影响裂纹尖端的张开力和塑性区尺寸，正的 T 应力会降低裂纹尖端的塑性区，负的 T 应力会增大裂纹尖端的塑性区[34]。在近门槛值区，相同应力水平下，T 应力越大，塑性区的尺寸越小，越容易受微观组织的影响，裂纹面越粗糙，剪切裂纹的扩展加剧，裂纹的张开应力水平越高，粗糙度诱发裂纹闭合水平越高[35]；反之，T 应力为负，塑性区的尺寸相对较大，相比更不容易受微观组织的影响，疲劳裂纹更容易延续 Paris 区的趋势进行扩展，裂纹面相对更平整[22]。因此，SENT 试样表面的粗糙度略低于 CT 和 SENB3 试样。

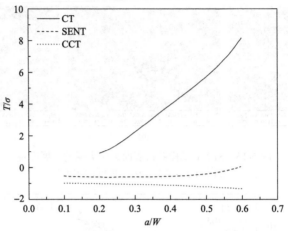

图 5-17　T 应力与裂纹尺寸的关系[33]
CCT 表示中心裂纹拉伸试样

一般认为，裂纹尖端的应力状态处于以平面应变为主时满足式(5-14)的条件。

$$B \geqslant 2.5 \times \left(\frac{K_{\max}}{\sigma_y} \right) \tag{5-14}$$

式中，B 为试样厚度；$K_{\max}$ 为裂纹尖端的最大应力强度因子；σ_y 为屈服强度。

一般认为，在平面应变主导的情况下，即使塑性诱发裂纹闭合存在，其对疲劳裂纹扩展的影响也可忽略[36,37]。而在近门槛值区，SENT 试样近门槛值区的裂纹扩展明显受到塑性诱发裂纹闭合的影响，这与裂纹尖端的塑性区有关。

裂纹尖端的应力场受拘束效应的影响，SENT 试样裂纹尖端的塑性区尺寸大于CT 试样。因此，平面应变主导的条件可能不再满足，平面应力主要作用于试样表面，引起表面塑性诱发裂纹闭合。有研究者[22]通过模拟计算发现，低 T 应力时塑性诱发裂纹闭合要明显大于高 T 应力的测量结果。因此，T 应力通过影响裂纹尖端的塑性区尺寸和形状从而影响 SENT 试样在近门槛值区的塑性诱发裂纹闭合。

假定 Paris 区与近门槛值区裂纹的闭合情况不随裂纹扩展速率和裂纹长度而改变。图 5-18 为分别采用表 5-3 中 Paris 区与近门槛值区的闭合系数修正应力强度因子范围和裂纹扩展速率的关系。由图 5-18 可知，消除裂纹闭合的影响后，CT 和 SENB3 的结果比较相近，基本重合在一起，而 SENT 试样的疲劳裂纹扩展速率加快，特别是在近门槛值区。裂纹闭合完全可以解释 CT 和 SENB3 试样几何形状的影响，然而却不能解释 SENT 试样的结果。消除裂纹闭合效应后，SENT 试样的扩展速率最快。这是由于存在拘束效应，试样几何形状的改变引起 SENT 试样裂纹尖端的应力状态发生转变，不满足以平面应变为主的条件。在相同应力水平下，以平面应力为主时裂纹尖端的塑性区尺寸要大于以平面应变为主时的结果，较大的塑性区会引起疲劳损伤的增加[38]，消除裂纹闭合的影响后，近门槛值区SENT 试样的扩展速率要高于 CT 和 SENB3 试样。另外，SENT 试样表面受强烈的塑性诱发裂纹闭合的影响，试样内部受粗糙度诱发裂纹闭合的影响，这引起了疲劳裂纹扩展的不连续性，从而形成了波浪形裂纹。

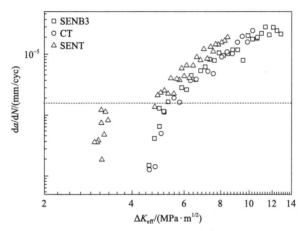

图 5-18 有效应力强度因子范围ΔK_{eff}与裂纹扩展速率 da/dN 关系

除此之外，试样几何形状的影响还与裂纹尖端的应力分布及材料受裂尖影响的变形行为有关。若裂纹尖端的应力状态存在转变，则拘束的作用并不完全等同于裂纹闭合。因此，可以认为，试样宏观形状差异表现为裂尖拘束的不同，在疲劳裂纹扩展过程中使裂尖塑性变形存在差异和不均匀，而裂纹闭合是微观组织、裂尖塑性变形等多种因素的反映。宏观拘束在某种程度上能够与裂纹闭合对应，但并不能完全等同。CT 和 SENB3 试样都具有稳定的裂纹扩展前缘，当具有相同厚度时，CT 试样具有更大的宽度。采用 CT 试样可以保证试样在平面应变的条件下获得更保守的疲劳裂纹扩展曲线，并且在近门槛值区的裂纹闭合机制相对简单，更适合近门槛值区疲劳裂纹扩展行为的研究。

参 考 文 献

[1] 刘庆潭. 50CrMoA 钢界限应力强度因子幅度 ΔK_{th} 的测定分析[J]. 铁道学报, 1999, 21 (4): 80-82.

[2] 邢丽贤, 张颖智, 林志忠. 车轮钢疲劳及断裂试验研究[C]//中国铁道学会铁路用钢可靠性及寿命学术研讨会, 包头, 1998.

[3] Miller M S, Gallagher J P. An analysis of several fatigue crack growth rate (FCGR) descriptions[C]//Fatigue Crack Growth Measurement and Data Analysis. Philadelphia: ASTM Special Technical Publication 738, 1981.

[4] 徐人平, 段小建. 理论门槛值的研究[J]. 强度与环境, 1995, (4): 12-16.

[5] 王永廉, 吴永端. 一个适用性广泛的疲劳裂纹扩展速率表达式[J]. 航空学报, 1987, 8 (4): 191-197.

[6] Taylor D. Fatigue Thresholds[M]. London: Butterworths, 1989.

[7] 侯福均, 吴祈宗. 基于人工神经网络的 50CrMoA 钢应力强度因子幅度门槛值 ΔK_{th} 的预报[J]. 中国铁道科学, 2003, 24(3): 130-132.

[8] 郑新侠, 李小燕. 结构钢疲劳裂纹扩展门槛值预测的新方法[J]. 西安石油大学学报(自然科学版), 2003, 18(3): 50-54.

[9] Chen D L, Weiss B, Stickler R. Effect of stress ratio and loading condition on the fatigue threshold[J]. International Journal of Fatigue, 1992, 14(5): 325-329.

[10] Forth S C, Newman Jr J C, Forman R G. On generating fatigue crack growth thresholds[J]. International Journal of Fatigue, 2003, 25(1): 9-15.

[11] Bush R W, Donald J K, Bucci R J. Pitfalls to Avoid in Threshold Testing and Its Interpretation[M]. Fatigue Crack Growth Thresholds, Endurance Limits, and Design. West Conshohocken:ASTM Specid Technical Publication 1372, 2000.

[12] Newman J A, Riddell W T, Piascik R S. Effects of Kmax on Fatigue Crack Growth Threshold in Aluminum Alloys[M]. Fatigue Crack Growth Thresholds, Endurance Limits, and Design. West Conshohocken: ASTM Specid Technical Publication 1372, 2000.

[13] Liu H W, Liu D. Near threshold fatigue crack growth behavior[J]. Scripta Metallurgica, 1982, 16(5): 595-600.

[14] James M R, Morris W L, Zurek A K. On the transition from near-threshold to intermediate growth rates in fatigue[J]. Fatigue & Fracture of Engineering Materials & Structures, 1983, 6(3): 293-305.

[15] Zheng J, Powell B E. A method to determine the transition point of fatigue crack growth rate from near-ΔK_{th} to Paris regions[J]. Journal of Testing and Evaluation, 1999, 27(4): 304, 305.

[16] Du Y N, Zhu M L, Xuan F Z. Transitional behavior of fatigue crack growth in welded joint of 25Cr2Ni2MoV steel[J]. Engineering Fracture Mechanics, 2015, 144: 1-15.

[17] Kwofie S, Zhu M L. Modeling *R*-dependence of near-threshold fatigue crack growth by combining crack closure and exponential mean stress model[J]. International Journal of Fatigue, 2019, 122: 93-105.

[18] Lawson L, Chen E Y, Meshii M. Near-threshold fatigue: A review[J]. International Journal of Fatigue, 1999, 21: S15-S34.

[19] Regazzi D, Varfolomeev I, Moroz S, et al. Experimental and numerical investigations of fatigue crack closure in standard specimens[C]//Tagung des DVM-Arbeitskreises Bruchvorgänge, Berlin, 2013.

[20] Riddell W T, Piascik R S, Sutton M A, et al. Determining fatigue crack opening loads from near-crack-tip displacement measurements[C]//Advances in Fatigue Crack Closure Measurement and Analysis: Second Volume. West Conshohocken: ASTM International, 1999: 157-174.

[21] Yamada Y, Newman Jr J C. Crack-closure behavior of 2324-T39 aluminum alloy near-threshold conditions for high load ratio and constant Kmax tests[J]. International Journal of Fatigue, 2009, 31(11-12): 1780-1787.

[22] Hutař P, Seitl S, Kruml T. Effect of specimen geometry on fatigue crack propagation in threshold region[C]// Proceedings of the 12th International Conference on Fracture (ICF 2009), Ottawa, 2009.

[23] Suresh S. Fatigue of Materials[M]. Cambridge: Cambridge University Press, 1998.

[24] Zhu M L, Xuan F Z, Wang G Z. Effect of microstructure on fatigue crack propagation behavior in a steam turbine rotor steel[J]. Materials Science and Engineering: A, 2009, 515(1-2): 85-92.

[25] Ritchie R O, Suresh S. Some considerations on fatigue crack closure at near-threshold stress intensities due to fracture surface morphology[J]. Metallurgical Transactions A, 1982, 13(5): 937-940.

[26] Ishihara S, Sugai Y, Mcevily A J. On the distinction between plasticity-and roughness-induced fatigue crack closure[J]. Metallurgical and Materials Transactions A, 2012, 43 (9): 3086-3096.

[27] Kujawski D. Environmental crack growth behavior affected by thickness/geometry constraint[J]. Metallurgical and Materials Transactions A, 2013, 44 (3): 1340-1352.

[28] Varfolomeev I, Luke M, Burdack M. Effect of specimen geometry on fatigue crack growth rates for the railway axle material EA4T[J]. Engineering Fracture Mechanics, 2011, 78 (5): 742-753.

[29] Seitl S, Hutař P. Fatigue-crack propagation near a threshold region in the framework of two-parameter fracture mechanics[J]. Materiali in Tehnologije, 2007, 41 (3): 135-138.

[30] Hutař P, Seitl S, Knésl Z. Effect of constraint on fatigue crack propagation near threshold in medium carbon steel[J]. Computational Materials Science, 2006, 37 (1-2): 51-57.

[31] Hutař P, Seitl S, Knésl Z. Quantification of the effect of specimen geometry on the fatigue crack growth response by two-parameter fracture mechanics[J]. Materials Science and Engineering: A, 2004, 387: 491-494.

[32] Yang J, Wang G, Xuan F, et al. Unified correlation of in-plane and out-of-plane constraints with fracture toughness[J]. Fatigue & Fracture of Engineering Materials & Structures, 2014, 37 (2): 132-145.

[33] Tong J. T-stress and its implications for crack growth[J]. Engineering Fracture Mechanics, 2002, 69 (12): 1325-1337.

[34] Rice J R. Limitations to the small scale yielding approximation for crack tip plasticity[J]. Journal of the Mechanics and Physics of Solids, 1974, 22 (1): 17-26.

[35] Liknes H O, Stephens R R. Effect of Geometry and Load History on Fatigue Crack Growth in Ti-62222[M]//Fatigue Crack Growth Thresholds, Endurance Limits, and Design. West Conshohocken:ASTM Specid Technical Publication 1372,2000.

[36] Wei L W, James M N. A study of fatigue crack closure in polycarbonate CT specimens[J]. Engineering Fracture Mechanics, 2000, 66 (3): 223-242.

[37] Antunes F V, Chegini A G, Branco R, et al. A numerical study of plasticity induced crack closure under plane strain conditions[J]. International Journal of Fatigue, 2015, 71: 75-86.

[38] Vecchio R, Crompton J, Hertzberg R. The influence of specimen geometry on near threshold fatigue crack growth[J]. Fatigue & Fracture of Engineering Materials & Structures, 1987, 10 (4): 333-342.

本章主要符号说明

$\mathrm{d}a/\mathrm{d}N$	疲劳裂纹扩展速率	U	裂纹张开或闭合系数
$\mathrm{d}a/\mathrm{d}N_t$	转折点处的疲劳裂纹扩展速率	α	试样表面夹角
E	弹性模量	σ_y	屈服强度
$g(a/W)$	形状函数	ψ	材料参数
$K_{\max}$	最大应力强度因子	ΔK	应力强度因子范围
R	应力比	ΔK_t	转折点处应力强度因子范围
B	试样厚度	ΔK_{th}	疲劳裂纹扩展门槛值（简称"疲劳门槛值"）
u	裂纹张开和闭合时的应力水平	ΔK_{th0}	应力比为 0 时的疲劳门槛值

第6章 近门槛值区疲劳裂纹扩展的微观机制

人们对近门槛值区疲劳裂纹的扩展行为已经做了大量的研究，Ritchie[1]和 Lawson 等[2]对近门槛值区的裂纹扩展特性做了系统的总结。研究发现疲劳裂纹的扩展受到多种因素的影响，如微观组织、应力比和环境等[3]，且多种裂纹闭合机制[4-6]和裂纹扩展的双参数模型[7,8]被提出用于研究疲劳裂纹扩展的机理。一般认为，微组织对疲劳裂纹扩展的影响主要在近门槛值区，而对 Paris 区的影响较小。Taylor[6]认为微观组织是影响疲劳门槛值的主要因素。

近年来，人们研究了铝合金[9-13]、镍基合金[14]、钛合金[8,15]和 Cr-Mo 钢[16-18]中微观组织对近门槛值区疲劳裂纹扩展的影响。不同的材料可能会有所差别，但找到影响疲劳裂纹扩展的关键因素对材料设计、加工及疲劳损伤容限评估十分重要。此外，从宏观曲线上，近门槛值区的疲劳裂纹扩展通常存在转折点，而微观层面上断口形貌可能存在转变，断裂模式会随着扩展速率的变化而变化。若进一步考虑材料长周期服役的影响，有必要分析长时时效对微观组织及疲劳门槛值的影响机制，进而为结构服役强度评价及寿命管理提供重要支撑。尤其是对焊接接头，除微观组织的变化外，接头的匹配性可能会发生改变[19]，长时服役可能带来更加有趣的问题。本章将从微观组织、断口形貌、转折点和超长周期服役等方面阐述近门槛值区疲劳裂纹扩展的微观机制。

6.1 微观组织的影响机制

6.1.1 不同微观组织的疲劳抗力

为研究微观组织的影响，通过改变材料的热处理方式，分析特定组织形式的疲劳抗力差异。研究材料为 25Cr2NiMo1V 钢，其化学成分见表 6-1。一种热处理方式为：经过在 955℃下淬火，鼓风冷却，随后在 665℃下进行回火的热处理工艺，形成贝氏体类混合型微组织，其组织用 HP 表示；另一种热处理方式为：在 900℃下淬火，水冷，625℃回火，其组织用 LP 表示。图 6-1 为 25Cr2NiMo1V 钢的金相组织照片。可见，HP 组织以回火贝氏体为主，同时出现了块状铁素体[图 6-1(a)]；而 LP 组织为回火贝氏体+回火马氏体[图 6-1(b)]。HP 的晶粒直径约为 36μm，而 LP 的晶粒直径约为 21μm。从图中可以看出，通过不同的热处理工艺，得到了具有明显差异的两种微观组织，这为研究微观组织对疲劳裂纹扩展的影响提供了较好的条件。为此，基于 25Cr2NiMo1V 钢的疲劳试验，着重探讨微观组织对近门槛值区疲劳裂纹扩展特性的影响。

表 6-1　　25Cr2NiMo1V 转子钢的化学成分（质量分数）　　　（单位：%）

分析方式	C	Mn	P	S	Si	Ni	Cr	Mo	V	Al	Cu	Sb	Sn	As
HA	0.21~0.3	0.35~1.00	0.01	0.003	0.10	0.50~0.95	2.00~2.50	0.90~1.25	0.21~0.29	0.010	0.15	0.0015	0.015	0.020
PA	0.19~0.32	0.31~1.04	0.015	0.005	0.12	0.47~0.98	1.95~2.55	0.88~1.27	0.20~0.30	0.012	0.17	0.0017	0.017	0.025

注：HA-热分析；PA-产品分析。

图 6-1　两种热处理条件下 25Cr2NiMo1V 钢的金相组织
(a) HP；(b) LP

图 6-2 为近门槛值区和 Paris 区 $\mathrm{d}a/\mathrm{d}N$ 与 ΔK 的关系图。细点划线的上部为 Paris 区数据，下部为近门槛值区数据，向下箭头指向疲劳门槛值 ΔK_{th}。为了表征低应

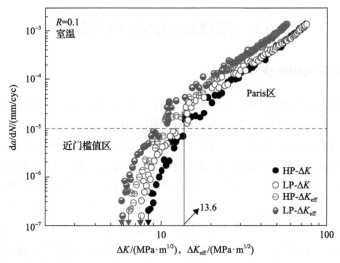

图 6-2　近门槛值区与 Paris 区 $\mathrm{d}a/\mathrm{d}N$-ΔK 或 ΔK_{eff} 曲线图（箭头指向疲劳门槛值）

力比的影响，采用 Forth 等[20]计算有效应力强度因子幅ΔK_{eff}的方法，并与 da/dN 进行关联。由图 6-2 可知，HP 的ΔK_{th}约为 8.4MPa·m$^{1/2}$，LP 的ΔK_{th}约为 7.56MPa·m$^{1/2}$。用ΔK_{eff}表示时，即用有效应力强度因子幅计算的疲劳门槛值$\Delta K_{eff,th}$，HP 的$\Delta K_{eff,th}$约为 6.38MPa·m$^{1/2}$，而 LP 的$\Delta K_{eff,th}$约为 5.82MPa·m$^{1/2}$。可见，HP 的门槛值稍高于 LP 的门槛值。

在图 6-2 中，竖实线区分了近门槛值区与 Paris 区ΔK的范围。对比 da/dN，在门槛值区，HP 的裂纹扩展速率小于 LP；而进入 Paris 区后，HP 与 LP 裂纹的扩展速率相差不大。结合门槛值的结果可知，HP 与 LP 试样的热处理工艺不同，相应的疲劳特性也不同。HP 试样的疲劳门槛值高于 LP 试样，而其裂纹的扩展速率却低于 LP 试样，因而 HP 试样抵抗疲劳裂纹扩展速率的能力高于 LP 试样。在 Paris 区，HP 与 LP 试样的扩展速率相差不大。

在门槛值试验中，HP 与 LP 试样的最后一级载荷 P_{max} 的值分别为 5.71kN 和 5.13kN，利用式(5-1)可得 P_{max} 法确定门槛值的结果；同时，利用最后两级载荷下的ΔK 并按照式(5-4)可得简易测量方法计算门槛值的结果。在直接外推法的计算中，在 Paris 公式中令 da/dN=10^{-7}mm/cyc，将相应的ΔK 记为ΔK_{th}。根据 HP 和 LP 的屈服强度和晶粒直径按近似公式(5-6)计算门槛值。不同方法所计算门槛值的结果见表 6-2。

表 6-2　各种方法计算门槛值结果　　　（单位：MPa·m$^{1/2}$）

材料	P_{max} 计算的门槛值	简易方法计算的门槛值	Paris 公式直接外推	近似公式计算
HP	10.899	8.716	2.358	10.595
LP	9.16	7.401	1.522	9.385

由表 6-2 可知，P_{max} 法、简易测量方法和近似公式计算得到的门槛值比试验数据得到的门槛值要大，而用 Paris 公式直接外推得到的门槛值过小。因此，直接外推的门槛值过于保守，而用简易测量方法所得门槛值的偏差不大。同时，无论采用哪种方法获得门槛值，HP 试样的门槛值总比 LP 试样大，进一步表明 HP 试样抵抗裂纹扩展能力比 LP 强，体现了微观组织的影响。

另外，P_{max} 法、简易方法和近似公式计算值偏大与方法本身的局限性有关，而 Paris 区与近门槛值区疲劳裂纹扩展的机理不同、影响因素存在差异，用 Paris 区扩展规律预测近门槛值区并不科学。建立门槛值与晶粒尺寸的关系表明，从材料的微观结构出发研究裂纹扩展规律是行之有效的。计算结果表明，晶粒尺寸越大，门槛值也越大。

6.1.2　断口形貌与裂纹扩展路径

近门槛值区的疲劳裂纹扩展受微观组织、应力比、温度和环境等因素的影响。

图 6-2 中，HP 与 LP 试样的 da/dN 与 ΔK_{eff} 的关系仍然存在差异，即仅考虑应力比的影响不能完全解释两种热处理试样疲劳特性的差异。因此，在相同试验环境下，影响 HP 与 LP 试样门槛值差异的主要因素是微观组织，有必要针对微观组织对 HP 与 LP 试样门槛值的影响做深入研究。同时，HP 与 LP 试样的微观组织存在差异且为混合组织，在 HP 比 LP 试样的裂纹扩展抗力大的情况下，混合组织中的单一组织抵抗裂纹扩展的能力值得研究。以下将从断口表面形貌和裂纹扩展路径的观察两方面研究疲劳裂纹扩展的机理。

图 6-3　ΔK 接近门槛值 ΔK_{th} 时两种试样的疲劳断口表面形貌

(a) HP；(b) LP

图 6-3 为 ΔK 接近门槛值 ΔK_{th} 时疲劳断口的表面形貌图。从图中可以看出，都存在撕裂棱，HP 试样的撕裂棱分布紧密且棱间距小，LP 试样的撕裂棱分散且棱间距大，同时 LP 试样的裂纹取向变化较 HP 试样大。图 6-4 为近门槛值区高 ΔK 下的断口形貌。可见，HP 与 LP 试样的疲劳门槛值断口都出现了沿晶断裂，HP 试样的晶粒较大。因此，近门槛值区的断口形貌与 ΔK 的大小有关。图 6-5 为两种试样 Paris 区的疲劳断口，箭头表示裂纹扩展方向，断口出现疲劳辉纹，同时可见

图 6-4　两种试样在近门槛值区高 ΔK 时的疲劳断口表面形貌

(a) HP；(b) LP

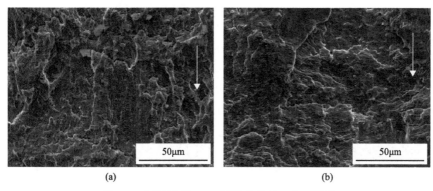

图 6-5　两种试样 Paris 区的疲劳断口表面形貌

(a) HP；(b) LP

撕裂棱。图 6-5(a) 中的撕裂棱方向与裂纹扩展方向基本相同，而图 6-5(b) 中的撕裂棱方向与裂纹扩展方向呈一定角度。Paris 区的撕裂棱比近门槛值区大。

图 6-6 和图 6-7 分别为 HP 和 LP 试样近门槛值区的疲劳裂纹扩展路径。可见，裂纹发生偏折与分叉，图 6-6(a) 中的 A 和 E 处出现分叉，在 B、C 和 D 处的裂纹沿晶界偏折扩展，而图 6-6(b) 中裂纹在遇到块状铁素体 B 后发生偏折(如 A 所示)。这表明 HP 试样中的裂纹具有偏离块状铁素体扩展的趋势。图 6-7 为 LP 试样中裂纹与回火马氏体板条的相互作用情况。图 6-7(a) 中，裂纹先偏折一定角度(如 A 所示)，然后沿回火马氏体板条扩展(B 处)，然后再回到原来的扩展方向，并在 C 和 D 处出现"分割"。裂纹的"分割"并不能表明裂纹停止扩展，这是由于裂纹会因裂纹面其他部位的裂纹连续而继续扩展。图 6-7(b) 中，主裂纹穿过回火马氏体板条扩展，一条分支裂纹(如 A 所示)沿回火马氏体板条扩展直到停止。这表明，LP 试样中的裂纹有沿回火马氏体板条扩展的趋势，出现穿过板条马氏体可能是由主裂纹的扩展方向与板条位向不一致引起的。

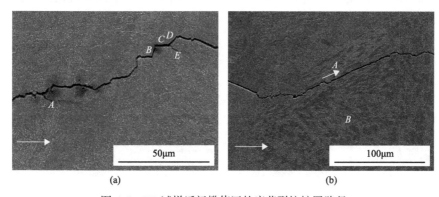

图 6-6　HP 试样近门槛值区的疲劳裂纹扩展路径

(a) 曲折路径；(b) 块状铁素体的影响

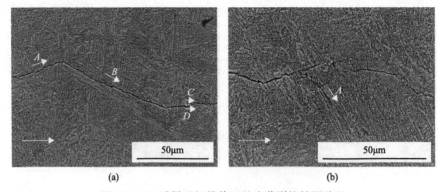

(a)　　　　　　　　　　　　　　(b)

图 6-7　LP 试样近门槛值区的疲劳裂纹扩展路径

(a)沿着板条马氏体；(b)横穿板条马氏体

对比 Paris 区与近门槛值区的扩展路径可以看出，Paris 区路径(图 6-8)的裂纹宽度明显比近门槛值区的粗大，而且由于试样处于平面应变状态，裂纹的扩展呈树枝形。Liaw 等[14,17]发现近门槛值区沿晶断裂数量随ΔK的变化而变化，并且在特定的ΔK下，沿晶断裂数量达到最大。在近门槛值区，HP 与 LP 试样都出现了沿晶断裂，但是否在某一ΔK时沿晶断裂达到最大还需进一步研究。图 6-9 为近门槛值区沿晶断裂的形貌和二次裂纹形貌。图 6-9(a)中的凹进部分与沿晶型裂纹的扩展路径对应，而图 6-9(b)中的二次裂纹则是由裂纹的分支造成的。裂纹的表面形貌与裂纹的扩展路径是紧密联系的，应结合起来进行分析。

6.1.3　基于裂纹闭合的微观机制

材料的疲劳门槛值ΔK_{th}受微观组织、应力比和温度等因素的影响[1,3,6,21,22]，这些影响可用裂纹闭合来解释。裂纹闭合通常有塑性引起的闭合、粗糙度引起的闭合及氧化物引起的闭合[2,4,5]。本章中的应力比虽较低，但试样的平面应变占主导作用，而塑性引起的闭合通常发生在平面应力条件下[5,22,23]，因此过低的应力比并

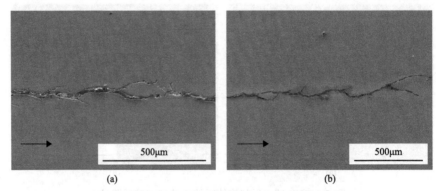

(a)　　　　　　　　　　　　　　(b)

图 6-8　两种热处理试样 Paris 区的疲劳裂纹扩展路径

(a)HP；(b)LP

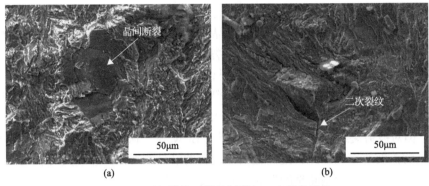

图 6-9　近门槛值区沿晶断裂与二次裂纹形貌
(a)沿晶断裂模式；(b)二次裂纹

不是引起门槛值差异的主导因素。同时，室温下难以出现氧化物引起的裂纹闭合。因此，影响门槛值的主要因素为微观组织。

　　微观组织方面，HP 试样的原始奥氏体晶粒比 LP 试样大，这与图 6-6 所示的沿晶断裂形貌和晶粒尺寸测定的实验结果是一致的。HP 试样的强度低于 LP 试样，这可能是由于存在铁素体；LP 试样在快速冷却(水淬)下产生大量马氏体，可随后回火温度较低(与 HP 试样相比)，因此 LP 试样中存在未完全转变的板条马氏体。采用高温回火是为了得到良好的高温性能。

　　图 6-4(a)中，HP 试样的裂纹面撕裂棱间距小，分布紧密，这是由 HP 试样中回火贝氏体的分布密度决定的，分布密度越大，裂纹扩展越困难。HP 试样中块状铁素体使裂纹发生偏折[图 6-7(b)]，LP 试样中裂纹虽具有沿马氏体板条扩展的倾向，但裂纹大部分横穿板条。同时可见，铁素体宽度大于马氏体宽度[图 6-7(b)和图 6-8(b)]，因而可推断在低ΔK下，板条马氏体的抗裂纹扩展能力相对铁素体较弱。HP 试样原始奥氏体晶粒较大，晶粒越大，越容易引起裂纹偏折[图 6-7(a)]。表面形貌和裂纹偏折与表面粗糙度有关，裂纹偏折的程度越大，裂纹路径越曲折，裂纹闭合越明显。因此，微观组织的差异决定了 HP 与 LP 试样疲劳特性的差别，同时可断定 HP 试样中表面粗糙度诱发裂纹闭合的程度大于 LP 试样。

　　在 Paris 区，ΔK 大于门槛值区，裂纹表面的撕裂棱和裂纹宽度较大，较低的应力比并不会促使裂纹发生闭合，HP 与 LP 试样的疲劳裂纹扩展速率相差不大，表明微观组织和应力比对裂纹扩展速率的影响不明显。

6.2　近门槛值区断裂模式的转变机理

　　20 世纪 70～80 年代，人们就着手对近门槛值区疲劳断裂的模式分布进行研究。Liaw 等[14,17,24]和 Ravichandran 等[25-27]在研究淬火-回火钢的疲劳性能过程中，报道了在近门槛值区存在沿晶断裂分布出现最大值的现象，且此时循环塑性区尺寸与钢的原始奥氏体晶粒尺寸相等。然而，Clark[28]认为马氏体时效钢中近门槛值区疲劳沿晶断裂模式的出现与塑性区、晶粒尺寸无关。Bulloch[29]指出，在纯铁素体和双铁素体组织材料中发现了沿晶断裂模式同塑性区和晶粒尺寸的相关性。沿晶断裂最大值的出现是否依赖于特定的材料或微观组织，是需要澄清的问题。

　　Liaw 等[14,17,24]和 Ravichandran 等[25,26]认为，沿晶断裂的出现同氢原子和回火过程中杂质元素的析出有关。Irving 和 Kurzfeld[30]认为，水蒸气环境可引起沿晶断裂，但对疲劳裂纹的扩展速率影响不大。Liaw 等[24]认为，沿晶断裂可以加速疲劳裂纹的扩展速率。因此，近门槛值区疲劳的沿晶断裂如何影响疲劳裂纹扩展速率，以及断口表面沿晶断裂的形成机制需要进一步阐明。

6.2.1　断口表面沿晶断裂的分布

　　图 6-10 和图 6-11 分别为 HP 和 LP 试样在近门槛值区的裂纹扩展模式，即断裂模式。面型断裂定义为既包括被组织包围的沿晶小平面的断裂形貌，又包括光滑穿晶小平面的断裂形貌。图 6-10(a)中，可以看到平滑的小平面，而图 6-10(b)表示靠近门槛值的平面穿晶裂纹扩展形貌。随着 ΔK 的增加，沿晶断裂的数量逐渐增加，当循

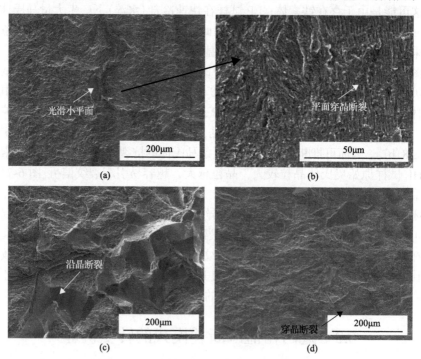

图 6-10　近门槛值区 HP 试样的断裂模式转变

(a)裂尖区域的光滑小平面ΔK= 8.76MPa·m$^{1/2}$；(b)靠近疲劳门槛值的平面穿晶断裂模式ΔK=8.58MPa·m$^{1/2}$；
(c)循环塑性区尺寸接近原始奥氏体晶粒时，出现大量的沿晶断裂模式ΔK=11.43MPa·m$^{1/2}$；(d)穿晶面型断裂
模式ΔK=14.2MPa·m$^{1/2}$

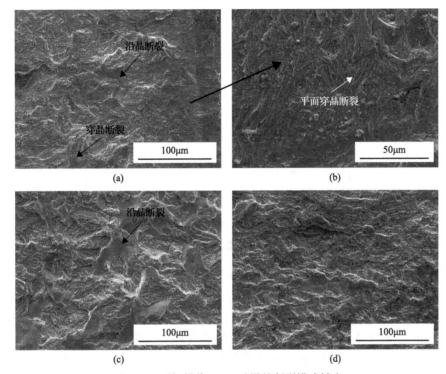

图 6-11　近门槛值区 LP 试样的断裂模式转变

(a)沿晶与穿晶混合断裂模式ΔK=7.88MPa·m$^{1/2}$；(b)靠近疲劳门槛值的平面穿晶断裂模式ΔK=7.59MPa·m$^{1/2}$；(c)循环塑性区尺寸接近原始奥氏体晶粒时，出现大量的沿晶断裂模式ΔK=10.94MPa·m$^{1/2}$；(d)穿晶面型断裂模式ΔK=14.61MPa·m$^{1/2}$

环塑性区尺寸接近原始奥氏体晶粒尺寸时，沿晶断裂模式达到最大值[图 6-10(c)]。当ΔK继续增大，裂纹扩展的模式又重新回到穿晶型主导的状态[图 6-10(d)]。由图 6-11 可见，当靠近疲劳门槛值时，断口形貌为沿晶和穿晶混合型扩展模式。随着ΔK的增加，断裂模式的转变表现出同图 6-10 相似的情况，即沿晶断裂在循环塑性区尺寸接近原始奥氏体晶粒时达到最大，随后转变为穿晶断裂模式。

　　图 6-12 给出了 HP 和 LP 试样的面型断裂分数在近门槛值区的分布。从图中可以看出，两种试样的面型断裂分数都随ΔK发生变化，且存在一个最大值。随着ΔK的增加，HP 和 LP 试样先分别增大到最大值(30%和 15%)，然后再减小到零。当面型断裂分数最大时，对应 HP 和 LP 试样的ΔK分别为 12.24MPa·m$^{1/2}$和 10.78MPa·m$^{1/2}$。二者的不同之处表现为：HP 试样的最大面型断裂分数和对应的ΔK都比 LP 试样的大。在ΔK下降的过程中，HP 试样的面型断裂分数表现出几乎线性增大和线性减小的现象，而 LP 试样增大和减小的过程比较缓慢。这种差异表明面型断裂与微观组织有关。同已有研究相比，HP 试样面型断裂分数的变化趋势同 Liaw 等[24]的工作相似，而 LP 试样的变化趋势同 Ravichandran 等[27]的结果一致。面型断裂分数的变化反映了近门槛值区疲劳裂纹扩展模式的转变。

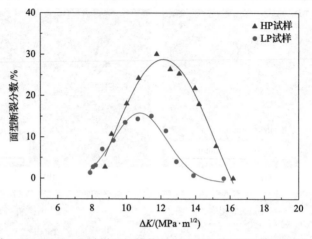

图 6-12　HP 和 LP 试样近门槛值区疲劳裂纹扩展的面型断裂分布

图 6-13 为近门槛值区疲劳面型断裂分数和循环塑性区尺寸与 ΔK 的关系。循环塑性区按式(6-1)计算获得。值得注意的是，当面型断裂分数达到最大值时，HP 试样的循环塑性区尺寸为 35.5μm，这非常接近 HP 试样的原始奥氏体晶粒尺寸(36μm)。对于 LP 试样，面型断裂分数最大时对应的 ΔK 为 10.78MPa·m$^{1/2}$，由式(6-1)可得到 r_{cyc}=21.1μm，它几乎与 LP 试样的原始奥氏体晶粒尺寸(21μm)相等。从图 6-13 还可以看出，随着循环塑性区尺寸的减小，两种试样的面型断裂分数都呈现出先增大到最大值，再减小为零的趋势。因此可以推断，在面型断裂分数最大值附近，疲劳裂纹扩展具有不同的机理。

$$r_{cyc} = (\pi / 32)(\Delta K / \sigma_y)^2 \tag{6-1}$$

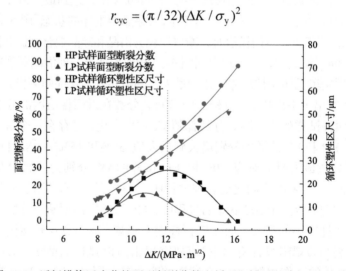

图 6-13　近门槛值区疲劳的面型断裂分数和循环塑性区尺寸与 ΔK 的关系
（虚点线表示 HP 试样的最大沿晶断裂分数位置及相应的 ΔK）

事实上，Ravichandran 等[27]很早就指出，当循环塑性区尺寸达到晶粒尺寸时，裂纹扩展过程中材料局部的晶体学形貌起主导作用。图 6-14 为近门槛值区疲劳裂纹扩展速率和面型断裂分数随 ΔK 的变化关系。从图 6-14 可以看出，对于 HP 试样，位于最大面型断裂分数处的虚线（竖直方向）与裂纹扩展速率数据交点向右的裂纹扩展速率高于 10^{-6}mm/cyc；而 LP 试样中两条实线表示区域向右的数据点的裂纹扩展速率也高于 10^{-6}mm/cyc。这些结果进一步证实了在这个阶段疲劳裂纹的扩展受微观组织的影响很小，可以认为是 Paris 区的开始阶段。在 ΔK 降低的过程中，Ravichandran 等[31]观察到淬火-回火钢中此区域的疲劳裂纹扩展断面上出现了疲劳辉纹。因此，可以认为在面型断面分数最大值处，以虚线（HP 试样）和实线（LP 试样）作为分割线区分着两种裂纹扩展的模式，即分割线右边为辉纹型扩展模式，而在较低的 ΔK 处的分割线左边，疲劳裂纹以晶体学型模式扩展。

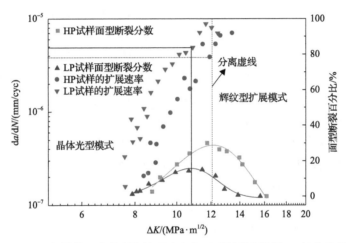

图 6-14 近门槛值区疲劳裂纹扩展速率和面型断裂分数随 ΔK 的变化关系

6.2.2 面型断裂的形成机制

断口表面出现的沿晶断裂形貌，其分布与 ΔK 的大小有关。思考出现沿晶断裂的原因非常重要，因为它的存在会进一步引起裂纹的闭合[27]。考虑到实验环境具有一定的湿度，因而需要考虑氢元素的影响。Heldt 和 Kaesche[32]指出，疲劳裂纹扩展速率的提高与氢促进疲劳的损伤有关，如氢元素提高了裂纹尖端的位错运动能力。同时氢的影响还与材料强度有关，强度越高，氢的影响越明显。对于一体化转子钢，LP 的强度较大，可以认为 LP 试样中的氢导致的沿晶断裂程度较 HP 试样高。然而这同试验获得的 LP 试样中较少的沿晶断裂是矛盾的(图 6-12)。因此可以推断，氢不是产生沿晶断裂形貌的主导因素。

另外一个需要考虑的因素是钢在回火过程中杂质元素析出的影响[30,33,34]。在冶金工业中，J 因子是一个评估钢回火脆性的参数。如式(6-2)所示，J 的大小依赖于 Si、Mn、P 和 Sn 等元素的含量。LP 试样具有较高的 J 因子，且组织中含有回火马氏体，表明其具有回火脆性的可能性。

$$J = (C_{Si} + C_{Mn})(C_P + C_{Sn}) \times 10^4 \tag{6-2}$$

Tanaka 等[35]认为，对于 3.5NiCrMoV 钢，当 J<10 时，则不会出现回火脆性。而本章材料的 J 高于 100(用表 6-1 中的化学成分的最小值进行计算)。由于 HP 与 LP 试样具有相同的化学成分，因而控制回火脆性的主要因素是回火温度。就以上提到的两种影响因素而言，可以断定出现沿晶断裂主要与钢的回火过程有关。

研究疲劳裂纹尖端的变形机制是解释出现沿晶断裂的一个重要方法。Ravichandran 等[25,26]已经提出用穿晶平面滑移的机理来解释沿晶断裂和断裂小平面的出现。然而，这种机理却很难解释不同组织具有不同面型断裂分布这一现象，同时也不能很好地建立疲劳裂纹扩展速率与断裂模式转变的联系。

Prawoto[36]注意到了多相材料的循环塑性区尺寸同单相材料的区别。该研究中，两种试样出现不同的面型断裂分数，可以通过比较循环塑性区尺寸和原始奥氏体晶粒尺寸而得到合理解释。由图 6-14 可见，HP 试样具有较大的循环塑性区尺寸，但它的疲劳裂纹扩展速率较 LP 试样低，这同 Prawoto[36]的结果是一致的。在辉纹型扩展模式下，尽管 r_{cyc} 随ΔK 的下降而降低，但其尺寸仍然是晶粒尺寸的几倍。在这个阶段，晶粒尺寸发挥着重要作用。一方面，当把循环塑性区作为裂纹扩展的驱动力时，较大晶粒尺寸更容易出现面型断裂，如 HP 试样。同时，由于细晶粒之间强的结合力及裂纹路径上遇到大量晶界的阻碍作用，裂纹很难穿过细晶粒。另一方面，当ΔK 增加时，沿晶断裂向穿晶断裂的转变趋势符合疲劳 Paris 区中的形貌特征。

在晶体学型扩展模式下，裂纹通常沿诸多晶向中最可能的路径扩展，这个过程也可运用循环塑性区和晶粒尺寸的关系来解释。HP 试样在辉纹型扩展模式开始前存在较多的面型断裂与其较大的循环塑性区尺寸有关，而 LP 试样中的回火脆性可促进面型断裂的出现。可以认为，LP 试样中的回火马氏体可以提高疲劳裂纹的扩展速率，同时降低疲劳门槛值。

6.2.3　面型断裂引起的新型闭合模式

裂纹闭合会降低实际施加的应力强度因子范围ΔK$_{app}$，从而降低疲劳裂纹扩展速率。粗糙度诱发裂纹闭合(RICC)是由于近门槛值区裂纹尖端裂纹面的接触和剪切变形而产生，这有助于解释微观组织在近门槛值区裂纹扩展中的作用[37]。HP

与 LP 试样疲劳抗力的差异主要归结于 RICC，且 HP 试样的 RICC 程度大于 LP 试样。而 Taylor[6]则提出在裂纹发生闭合的情况下会产生氧化层，而且氧化层诱发裂纹闭合(OICC)受温度和频率的影响很大。Liaw 等[17]的试验表明，在温度从 24℃上升到 427℃的过程中，裂纹面的粗糙度下降，而氧化层的厚度增加。尽管如此，考虑到室温下裂纹面被氧化的可能性[5]，OICC 并不能完全被忽略。

由图 6-14 可见，在辉纹型扩展模式下，两种试样的疲劳裂纹扩展数据几乎融合，即这个区域的疲劳裂纹扩展受表面形貌和微观组织的影响较小。因此，这个区域内的面型断裂诱发裂纹闭合(faceted-fracture-induced crack closure, FFICC)的可能性较小。然而，在晶体学型扩展模式下，裂纹闭合是两种试样疲劳抗力差异的主要原因。除 RICC 和 OICC 之外，FFICC 是另一个影响疲劳裂纹扩展的裂纹闭合机制。FFICC 与 RICC 的主要区别在于 RICC 关注的是晶粒尺寸和曲折的裂纹扩展路径的影响，而 FFICC 仅考虑面型断裂对裂纹闭合的贡献。HP 试样的面型断裂数量多于 LP 试样，会引起 HP 试样中 FFICC 的程度较大。可见，HP 试样疲劳抗力较高的原因可归结为 RICC、OICC 和 FFICC 共同的影响。

6.2.4　固有疲劳门槛值模型

对于另一种材料，考虑两种热处理方式和三种应力比条件，研究应力比对面型断裂分布的影响。图 6-15 为面型断裂百分比与应力强度因子范围 ΔK 的关系。面型断裂的测量可通过观察 SEM 图获得，每个应力强度因子范围 ΔK 下至少统计五个点，取平均值作为该应力强度因子范围 ΔK 处的面型断裂百分比。从图中可以看出，面型断裂呈抛物线分布，在某一 K 时达到最大值；应力比 R 分别为 0.1 和 0.7 时，两种热处理条件的最大面型断裂分数对应的应力强度因子范围 ΔK 接近，而当 R 为 0.3 时，出现面型断裂最大值的 ΔK 存在偏差。可以推断，应力比 R 为

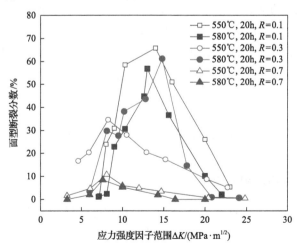

图 6-15　面型断裂分数与 ΔK 的关系

0.3 时的面型断裂分数最大值存在差异的原因与近门槛值区裂纹扩展机制的变化有关。由图 6-17 可知，断口面型断裂分数随应力比 R 的增大而逐渐减小。沿晶断裂形貌随着 R 增大而逐渐消失，粗糙度引起的裂纹闭合效应随 R 的增大也逐渐减小[38]。当应力比 R 为 0.7 时，面型断裂形貌基本消失，这表明热处理造成的微观组织差异在高应力比 R 下对门槛值的影响不大。

Chan[39]将疲劳门槛值分为固有门槛值 $\Delta K_{th,in}$ 和外部门槛值 $\Delta K_{th,ex}$。实验门槛值 $\Delta K_{th,exp}$ 与 $\Delta K_{th,in}$ 和 $\Delta K_{th,ex}$ 的关系可以用式(6-3)表示：

$$\Delta K_{th,exp} = \Delta K_{th,in} + \Delta K_{th,ex} \tag{6-3}$$

式中，$\Delta K_{th,in}$ 为材料的固有属性，由材料的类型决定，表征材料本身对裂纹扩展的抵抗能力，不随外部试验条件的改变而改变；$\Delta K_{th,ex}$ 主要受各种裂纹闭合效应的影响，随应力比 R 增大，裂纹闭合减小，$\Delta K_{th,ex}$ 降低，当应力比 R 超过临界值后 $\Delta K_{th,ex}$ 降为 0。热处理条件(对应于微观组织)不同，也会使 $\Delta K_{th,ex}$ 发生变化，若热处理后晶粒尺寸增大，对裂纹扩展的阻碍作用增大，裂纹扩展路径更加曲折，会引起裂纹闭合作用增大，这将会使 $\Delta K_{th,ex}$ 增大。此外，温度和环境也会对 $\Delta K_{th,ex}$ 产生影响，其变化规律将更加复杂。

当应力比 $R<0.7$ 时，存在裂纹闭合效应，不同热处理和应力比 R 下疲劳门槛值 ΔK_{th} 的差异与微观组织和应力比有关，$\Delta K_{th,ex}>0$；当 $R \geq 0.7$ 时，裂纹闭合效应消失，ΔK_{th} 对应力比和微观组织变化不敏感，$\Delta K_{th,ex}=0$。

固有门槛值 $\Delta K_{th,in}$ 与弹性模量 E 与伯格斯矢量 b 等材料参数有关[39]，目前已经存在多种估算固有门槛值 $\Delta K_{th,in}$ 的模型。Li 和 Rosa[40]提出，疲劳裂纹扩展涉及原子键的断裂，而弹性模量 E 与原子键的强度有直接关系，当仅考虑弹性模量 E 时，固有门槛值 $\Delta K_{th,in}$ 的估算模型如式(6-3)所示。经拉伸试验测得 25Cr2Ni2MoV 钢的弹性模量 E 为 216GPa，代入式(6-4)发现与 R 为 0.7 的疲劳门槛值的实验数据非常吻合，所以该模型可用于初步估算 25Cr2Ni2MoV 钢的固有门槛值。

$$\Delta K_{th,in} = 1.6 \times 10^{-5} E \tag{6-4}$$

6.3　近门槛值区疲劳裂纹扩展曲线转折点

6.3.1　转折点处断口形貌的变化

以不同缺口位置的试样为研究对象，对扩展曲线转折点附近的断口形貌进行分析，结果如图 6-16～图 6-18 所示。箭头方向表示疲劳裂纹的扩展方向。缺口位置在母材的断口表面形貌如图 6-16 所示，在低应力比下(如 $R=0.1$)，在转折点前后可以观察到沿晶及穿晶面型的断口形貌，如图 6-16(a)、(c) 和 (e) 所示。此外，断口表面的面型分数随裂纹穿过转折点，先逐渐增大，进入 Paris 区后逐渐降低。以图 6-16(a)、(c) 和 (e) 为例，三个位置的面型分数根据统计分别为 28%、30.6% 和 28.6%，其与 Zhu 和 Xuan[41]和其他学者[24]的工作具有很好的一致性。这说明断口的面型特征与母材处转折点的变化有关。高应力比的情况 (R=0.9)，与低应力比的结果相反，断口表面很平坦，在整个断口表面没有出现面型的特征，如图 6-16(b)、(d) 和 (f) 所示。

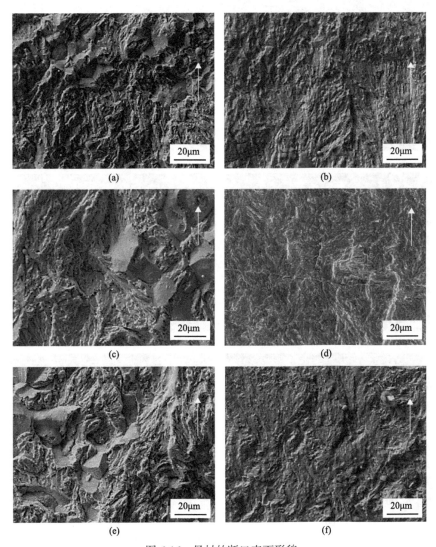

图 6-16　母材的断口表面形貌

转折点以下：(a) R=0.1，ΔK=7.06MPa·m$^{1/2}$；(b) R=0.9，ΔK=2.75MPa·m$^{1/2}$。转折点附近：(c) R=0.1，ΔK=7.59MPa·m$^{1/2}$；(d) R=0.9，ΔK=3.09MPa·m$^{1/2}$。转折点以上：(e) R=0.1，ΔK=10.32MPa·m$^{1/2}$；(f) R=0.9，ΔK=4.09MPa·m$^{1/2}$

缺口位于焊缝中心处的转折点的断口表面形貌如图 6-17 所示。在各个应力比下，焊缝中心的断口表面没有发现面型断裂特征。母材和焊缝断口表面形貌的差异性是由母材和焊缝中心不同微观组织所引起的。母材处断口表面的面型特征认为是由相对较脆的马氏体引起的，而焊缝中心断口表面的褶皱是由韧性相对较好的板条状贝氏体引起的。在低应力比(R=0.1)下，发现了更多的凸起和脊状结构，这些断裂特征与穿晶的扩展模式和较大的反向剪切变形有关[42,43]。另外，褶皱密

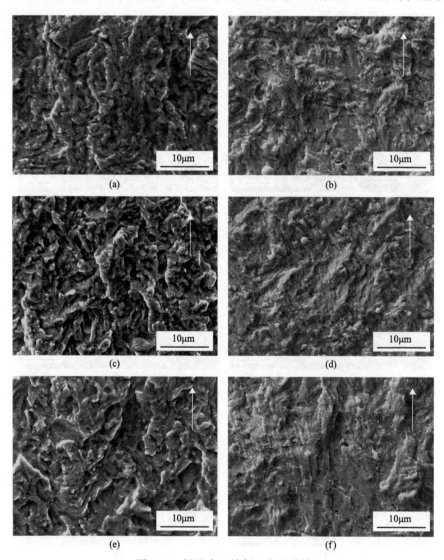

图 6-17　焊缝中心的断口表面形貌

转折点以下：(a)R=0.1, ΔK=7.10MPa·m$^{1/2}$; (b)R=0.9, ΔK=2.54MPa·m$^{1/2}$。转折点附近：(c)R=0.1, ΔK=7.72MPa·m$^{1/2}$;
(d)R=0.9, ΔK=2.72MPa·m$^{1/2}$。转折点以上：(e)R=0.1, ΔK=11.04MPa·m$^{1/2}$; (f)R=0.9, ΔK=3.90MPa·m$^{1/2}$

度逐渐增大，当裂纹扩展到转折点位置附近时达到最大，如图 6-17 (c) 所示。在高应力比下 (R=0.9)，与低应力比下断口形貌明显不同，转折点周围出现更加平坦的断口表面，没有发现低应力比下的褶皱形貌。

热影响区转折点的断口形貌如图 6-18 所示，其表面形貌与焊缝类似，主要以平面穿晶扩展为主，由于均匀粒状贝氏体组织的存在，不同应力比下的断口表面

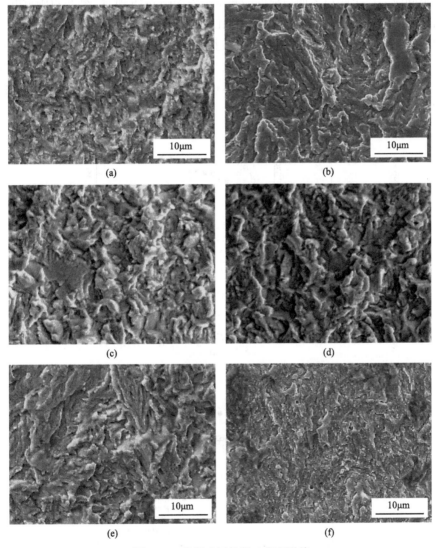

图 6-18　热影响区的断口表面形貌

转折点以下：(a) R=0.1，ΔK=5.85MPa·m$^{1/2}$；(b) R=0.9，ΔK=2.37MPa·m$^{1/2}$。转折点附近：(c) R=0.1，ΔK=7.5MPa·m$^{1/2}$；(d) R=0.9，ΔK=2.46MPa·m$^{1/2}$。转折点以上：(e) R=0.1，ΔK=9.13MPa·m$^{1/2}$；(f) R=0.9，ΔK=4.02MPa·m$^{1/2}$

存在较小的褶皱形貌。低应力比下($R=0.1$)，在裂纹扩展断口表面能够发现变形的褶皱。此外，转折点处的褶皱尺寸与转折点前后的尺寸相比，相对更小。高应力比下($R=0.9$)，能够明显观察到褶皱的边界，如图 6-18(b)、(d)和(f)所示。

6.3.2　转折点处表面粗糙度的变化规律

不同应力比下断口表面粗糙度的测量结果如图 6-19 所示。转折点附近的粗糙度值最低，这种现象与缺口位置和应力比无关，如图 6-19(a)～(c)虚线所示。结果表明，从近门槛值区向转折点的转变过程中，粗糙度逐渐降低，而穿过转折点进入 Paris 区后，粗糙度逐渐增大(其中，焊缝部分的粗糙度在近门槛值区存在波动)。表面粗糙度和转折行为的对应关系也证明了转折点是近门槛值区和 Paris 区不同裂纹扩展机理的分界点[44-46]。

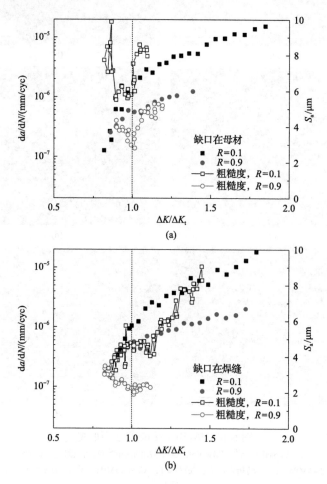

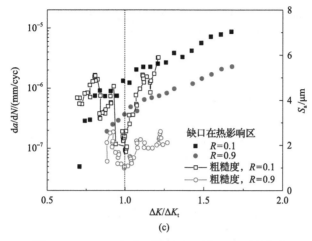

图 6-19　$\Delta K/\Delta K_t$ 与表面粗糙度 S_a 及 da/dN 的关系

此外，在相同缺口位置下及同等 $\Delta K/\Delta K_t$ 下，面粗糙度随着应力比的增大而降低。在相同应力比下，母材和焊缝中心的面粗糙度要略高于热影响区。这些与前面断口形貌的观察结果一致。如图 6-16 所示，缺口位于母材，应力比 $R=0.1$ 的断口表面，面型断口特征引起了其表面较高的粗糙度。与母材相比，缺口位于焊缝中心的表面粗糙度要略低一些，这是由回火马氏体(母材)和贝氏体(焊缝中心)不同的断裂机理所引起的，焊缝的断口表面没有粗糙的面型结构出现。缺口位于母材和热影响区的表面粗糙度 S_a 的分布具有相似的过渡行为，只是表面粗糙程度的大小略有不同，这可能是由晶粒尺寸不同引起的。因此，回火马氏体(主要在母材和热影响区)和贝氏体(主要在焊缝)对近门槛值区的转折行为具有不同的贡献。

表面粗糙度 S_a 是一个从二维表面粗糙度 R_a 扩充而来的三维参数。它实际上表示测试区域的平均绝对高度，这与我们通常所认为的粗糙度的定义，表面的峰谷变化程度有所不同。因此，当面型形貌达到最大时，以母材为例，如图 6-16(c)所示，单位面积上的平均高度降低。缺口位于焊缝中心处的转折点出现小面积的平坦区域，这与此处最低的表面粗糙度结果一致，如图 6-17(b)、(d)和(f)所示。在热影响区，如图 6-18 所示，高密度的褶皱分布在转折点前后，因此转折点处的粗糙度最低。

疲劳裂纹扩展与裂纹尖端强烈的剪切变形有关，裂纹尖端的剪切力促进了新的裂纹面的形成[42]。转折点前后表面形貌的差异是由两个区域裂纹尖端不同的扩展机理引起的[37]。当 ΔK 低于 ΔK_t 时，循环塑性区尺寸相对微观特征组织尺寸较小，裂纹尖端的局部塑性被限制在一个剪切方向，疲劳裂纹的扩展主要由强烈的剪切变形驱动。因此，越靠近疲劳门槛值，塑性区尺寸越小，断口表面的粗糙度越大。当 ΔK 高于 ΔK_t 时，裂纹尖端的塑性区范围变大，一般可能会包含几个晶粒，裂纹尖端会有多个方向的滑移变形[37]。这会引起表面粗糙度的增大，裂纹面上能够发现很多二次裂纹，裂纹扩展路径上能发现很多裂纹分支。因此，转折点处表面粗糙度的值最低是合理的。

需要注意的是，试验获得的表面粗糙度同粗糙度诱发裂纹闭合的概念并不相同。在近门槛值区以剪切变形模式为主，更高的表面粗糙度会增加裂纹面接触的概率，粗糙度诱发裂纹闭合的水平由表面粗糙度所决定。因此，在转折点以下的近门槛值区，缺口位于母材和焊缝的试验会发生裂纹闭合，裂纹闭合水平会随着应力比和裂纹扩展速率的降低而增大。转折点之上的 Paris 区，裂纹面并不会因粗糙度的增大而接触，塑性诱发裂纹闭合起主要作用，其受微观组织的影响较小。

6.3.3 微观组织对疲劳裂纹扩展曲线转折行为的影响

不同缺口位置的微观组织差异性引起了不同缺口位置下的疲劳裂纹扩展曲线上转折点的差异性。与缺口位于母材和焊缝的裂纹扩展曲线相比，缺口位于热影响区的裂纹扩展曲线上的转折行为并不明显，这与裂纹尖端的循环塑性区尺寸有关。Yoder 等[47]发现当循环塑性区尺寸同微观特征组织尺寸接近时，疲劳裂纹扩展曲线上出现转折点。这说明微观组织和应力水平对疲劳裂纹扩展的转折行为起主要作用。基于此原理，可以找出最佳的估算焊接接头不同部位循环塑性区尺寸 r_{cyc} 的公式。采用几种常用的计算循环塑性区尺寸的公式[48-51]，Irwin、Hahn、Rice 及 Yuen 的公式如式(6-5)～式(6-8)所示，分别计算在低应力比下，焊接接头在母材和焊缝转折点处的 r_{cyc}，并将计算结果分别同微观特征组织尺寸 ρ 进行比较。比较结果如图 6-20 所示。从图中可以看出，Irwin 公式[51]估算的结果最接近材料的微观特征组织尺寸，故选用 Irwin 公式计算焊接接头不同部位的循环塑性区尺寸 r_{cyc} 最为合适。

$$r_{cyc} = 0.033 \left(\frac{\Delta K_t}{\sigma_y} \right)^2 \tag{6-5}$$

$$r_{cyc} = 0.0375 \left(\frac{\Delta K_t}{\sigma_y} \right)^2 \tag{6-6}$$

$$r_{cyc} = 0.0265 \left(\frac{\Delta K_t}{\sigma_y} \right)^2 \tag{6-7}$$

$$r_{cyc} = 0.0531 \left(\frac{\Delta K_t}{\sigma_y} \right)^2 \tag{6-8}$$

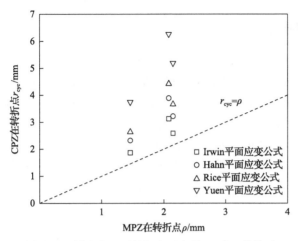

图 6-20　低应力比下转折点对应的 r_{cyc} 与 ρ 的关系

　　图 6-21 为三个缺口位置在应力比 $R=0.1$ 时 r_{cyc}/ρ 和 ΔK 的关系，其中，参数 r_{cyc} 为循环塑性区尺寸，ρ 为微观特征组织尺寸，参数 r_{cyc}/ρ 为循环塑性区尺寸与特征组织尺寸的比值。从图 6-30 可以看出，当循环塑性区尺寸为微观特征组织尺寸的 1～2 倍时，疲劳裂纹扩展曲线出现转折点。缺口位于热影响区的试验，因为微观组织尺寸较小，在整个过程中，循环塑性区都能包含几个细的粒状贝氏体组织。应力比越高，转折行为的可能性越低。此外，细的晶粒尺寸有助于抵抗裂纹的形核[52]，却不利于阻碍疲劳裂纹扩展，引起了疲劳门槛值的降低[53]。因此，在热影响区的 da/dN-ΔK 关系曲线上，近门槛值区和 Paris 区的斜率差别并不明显，近门槛值区受裂纹闭合的影响相对较小。

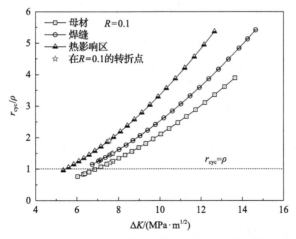

图 6-21　应力比 $R=0.1$ 时不同缺口位置 r_{cyc}/ρ 和 ΔK 的关系

6.3.4 应力比对疲劳裂纹扩展曲线转折行为的影响

为了进一步研究应力比对疲劳裂纹扩展曲线转折行为的影响, 图 6-22 揭示了转折点处的应力强度因子范围 ΔK_t 和最大应力强度因子范围 K_{maxt} 的关系。当应力比低于 0.7 时, 能够看出随着应力比的增大, ΔK_t 快速下降, 而 K_{maxt} 几乎保持不变。当应力比高于 0.7 时, 与之前恰好相反, K_{maxt} 快速增大, 而 ΔK_t 几乎保持不变。这表明低应力比下的转折行为由 ΔK 控制, 而高应力比下由 K_{max} 控制。它也表明随着应力比的增大, 疲劳裂纹扩展的驱动力也在变化。Sadananda 等[54,55]、Kujawski 等[56,57]和 Noroozi 等[58]都发现了类似的现象。

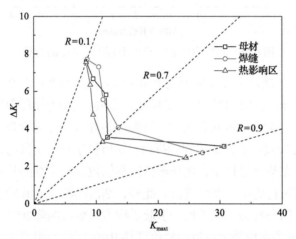

图 6-22   不同应力比下各个缺口位置处 ΔK_t 和 K_{maxt} 的关系

随着应力比的增大, 转折点的疲劳裂纹扩展速率 da/dN_t 降低, 这种现象说明近门槛值区的裂纹扩展区在变窄, 近门槛值区裂纹闭合的影响范围在降低[59]。高的转折点具有更高的裂纹扩展速率, 近门槛值区被延长, 因此具有更长的寿命。而低的转折点意味着疲劳寿命的缩短, 这是由于近门槛值区相对所占的寿命变短, 裂纹扩展更快。根据转折行为受微观组织和应力比的影响, 可以用来辅助设计具有高抵抗剪切应变的材料和选择应力加载模式。转折行为没有在 Fitnit[60]中体现出来, 但在 BS7910[61]中有所体现, 它应用了具有转折点 ΔK_t 的两个阶段的疲劳裂纹扩展公式来描述 Paris 区及近门槛值区的扩展曲线。因此, 转折行为的研究对工程中的结构疲劳寿命评定具有重要意义。

6.3.5 疲劳裂纹扩展曲线转折点的预测模型

关于转折点的预测模型, Yoder 等[47]在研究钛合金材料时, 提出了一个经验公式, 认为转折点同材料的强度及微观组织尺寸有关, 如式(6-9)所示:

$$\Delta K_t = 5.5\sigma_y \sqrt{\rho} \tag{6-9}$$

式中，ρ 为特征组织尺寸；σ_y 为材料的屈服强度。

式(6-9)没有考虑应力比的影响，并且仅对相近的材料有很好的预测效果。随后，Radhakrishnan[62]提出了考虑应力比的经验公式，如式(6-10)所示：

$$\Delta K_t = \Delta K_{t0}(1-R)^\alpha \tag{6-10}$$

式中，ΔK_{t0} 为当应力比为 0 时所对应的转折点 ΔK_t；α 为材料参数。

为了能够同时考虑应力比及微观组织对转折点的影响，作者提出了一个新的预测公式，如式(6-11)所示：

$$\frac{\Delta K_t}{\sigma_y \sqrt{\rho}} = a\left(\frac{1+R}{1-R}\right)^b \tag{6-11}$$

式中，a 和 b 均为独立的材料参数，通过最小二乘法拟合获得。而式(6-11)等号左侧 $\Delta K_t/(\sigma_y \sqrt{\rho})$ 为一个与材料无关的参量，式(6-11)等号右侧 $(1+R)/(1-R)$ 反映了应力比对转折点的贡献。

基于材料性能参数及通过实验方法确定的转折点处的 ΔK_t，不同缺口位置的参量 $\Delta K_t/(\sigma_y \sqrt{\rho})$ 的值可以计算出来。图 6-23 为缺口位于母材、焊缝中心和热影响区的参量 $\Delta K_t/(\sigma_y \sqrt{\rho})$ 和参量 $(1+R)/(1-R)$ 的关系曲线。随着参量 $(1+R)/(1-R)$ 的增大，参量 $\Delta K_t/(\sigma_y \sqrt{\rho})$ 先明显降低后保持相对稳定。图 6-23 的趋势同图 6-22 中 $\Delta K_t\text{-}K_{maxt}$ 的关系曲线是一致的。

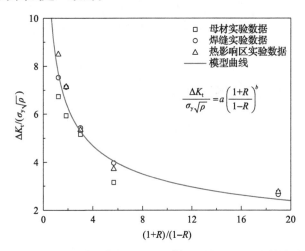

图 6-23　不同缺口位置 $\Delta K_t/(\sigma_y \sqrt{\rho})$ 和 $(1+R)/(1-R)$ 的关系

式(6-11)中的参数 a 和 b 经拟合后确定的数值分别为 8.37 和 –0.42，拟合曲线与数据吻合得很好，具有很高的相关系数 92%。预测出转折点的ΔK_t结果与实验获得转折点的ΔK_t结果相差不大，表明新模型具有很好的预测效果，并且能预测焊接接头三个不同缺口位置转折点的ΔK_t。

6.4　超长周期服役对材料疲劳门槛值的影响

6.4.1　焊接接头微观组织变化

为考查长周期服役条件对材料抗疲劳性能的变化，首先需要研究长时服役引起的微观组织变化，为此采用人工时效的方式对长时服役进行热模拟实验，研究对象为 25CrNiMoV 钢焊接接头。图 6-24 为光学显微镜下时效老化前后母材和焊缝处的微观组织图。时效前，如图 6-24(a)所示，母材主要由板条状回火马氏体和回火贝氏体组成，并且伴有少量粒状回火贝氏体，这种微观组织具有很好的韧性和强度[63]。经过 350℃、3000h 中温长时时效老化处理，微观组织如图 6-24(c)所示。母材处板条状马氏体组织变大，粒状贝氏体组织数量增多。

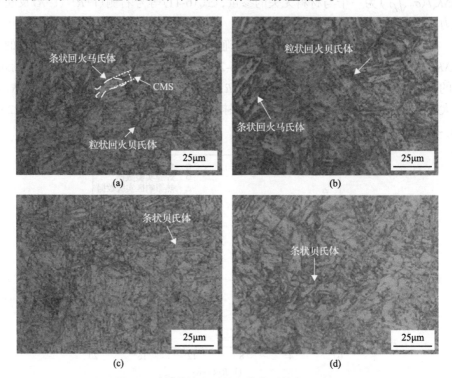

图 6-24　焊接接头时效老化前后的微观组织

(a)和(b)分别为时效前母材和焊缝的微观组织；(c)和(d)分别为时效后母材和焊缝的微观组织

如图 6-24(b)所示，时效前焊缝金属主要是柱状晶组织，组织类型为条状贝氏体，与母材相比，没有明显的碳化物析出。从图 6-24(d)中可以看出，时效老化后，焊缝金属的微观组织主要由条状的回火贝氏体组成，并且微观组织分布更加均匀，这有助于提高材料性能。由此可见，焊缝处具有较强的抗时效性能。

图 6-25 为母材和焊缝时效老化前后特征微观组织的分布。时效老化前后焊缝处的微观组织特征尺寸平均值分别为 1.67μm 和 2.73μm。母材处的微观组织尺寸略大于焊缝处的微观组织尺寸。时效后，材料的微观组织尺寸有一定的增大。

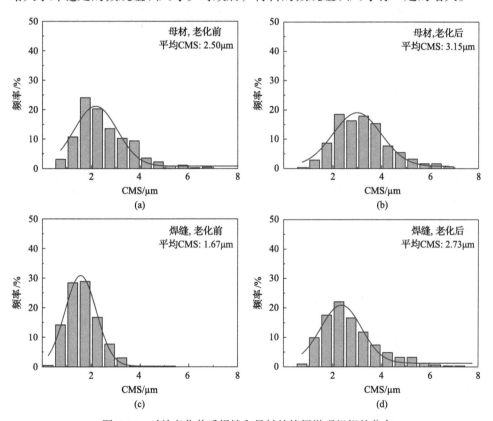

图 6-25　时效老化前后焊缝和母材的特征微观组织的分布

时效老化处理对碳化物的影响很大。如图 6-26(a)所示，时效前母材的碳化物以球形为主，伴有少量的条状碳化物。碳化物主要分布在板条内部，晶界上也有少量的碳化物分布。中温长时时效后，形貌以球形为主，碳化物尺寸明显增大，数量明显增多，如图 6-26(b)所示。焊缝处的碳化物分布不明显，碳化物颗粒的尺寸较小，板条边缘及板条内部有少量分布，如图 6-26(c)所示；时效后，碳化物主要分布在板条边缘，与时效前相比，碳化物数量有所降低，如图 6-26(d)所示。

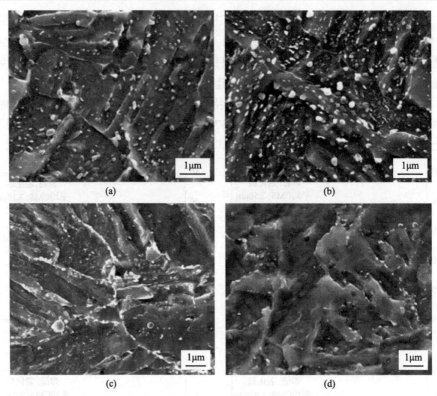

图 6-26　SEM 观察的微观组织和碳化物形貌

时效前母材(a)和焊缝(c)；时效老化后母材(b)和焊缝(d)

时效老化前后碳化物的尺寸分布不均匀，这与合金碳化物的形成能力及稳定性有关[64]。为了更好地定量描述时效老化前后碳化物的变化情况，对不同尺寸碳化物所占面积进行统计。

如图 6-27 所示，时效老化后，母材的碳化物数量明显增加，特别是尺寸为

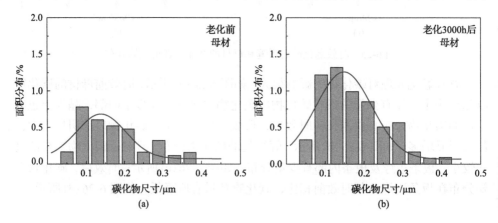

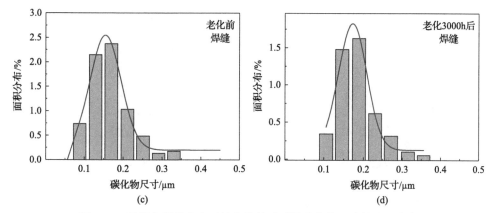

图 6-27　母材和焊缝中心时效老化前后不同碳化物尺寸的面积分布

$0.05\sim0.25\mu m$ 的碳化物。而焊缝部分时效后与母材明显不同，时效老化后，所有尺寸的碳化物所占面积均发生明显降低，说明时效后碳化物出现溶解，这与微观组织观察到的结果一致。

综上可知，时效前后母材和焊缝位置的微观组织及碳化物均出现不同的变化。但与微观组织相比，时效前后碳化物的变化更加明显。

图 6-28 为热影响区的微观组织，从中可以看出热影响区的微观组织比较复杂，为了更好地描述不同区域的微观组织形貌，将热影响区分为靠近焊缝区域（熔合线附近）、热影响区中心（距离熔合线 1mm 左右）和靠近母材区域（距离熔合线 1.5mm 左右）。Zhu 和 Xuan[65]的研究表明，靠近焊缝区域处于热影响区的完全淬火-回火区，靠近母材的位置靠近软化区，而距熔合线 1mm 的区域处在回火区。图 6-28(a)中，热影响区靠近焊缝的微观组织，其微观组织与母材相近，主要由块状的回火马氏体组成，周围伴有回火贝氏体。与图 6-28(c)比较发现，热影响区中心处的回火马氏体组织更多，尺寸更小。热影响区靠近母材的区域经过焊接和焊后热处理后，形成粒状的马氏体组织，如图 6-28(e)所示。时效老化后，靠近焊缝的区域，块状的回火马氏体组织部分分解，微观组织更为均匀[图 6-28(b)]。

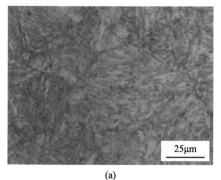

(a)　　　　　　　　　　　　　　　　(b)

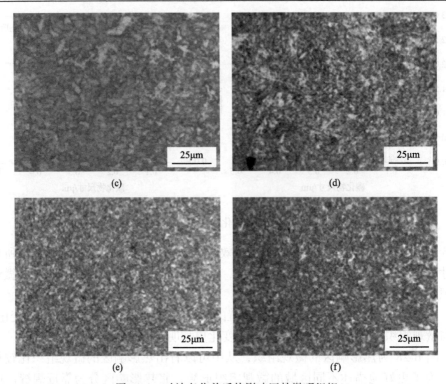

图 6-28　时效老化前后热影响区的微观组织

(a)、(c) 和 (e) 分别为时效前热影响区靠近焊缝、中心及靠近母材处的微观组织；
(b)、(d) 和 (f) 分别为时效后热影响区靠近焊缝、中心及靠近母材处的微观组织

在热影响区中心的区域能够发现更为密集的块状回火马氏体组织 [图 6-28(d)]。靠近母材的区域，其粒状马氏体组织更多 [图 6-28(f)]。

图 6-29 为热影响区时效老化前后特征微观组织的分布。从图中可以看出，焊接接头不同位置时效后的平均特征尺寸都略微增大。如图 6-29(a) 所示，时效前

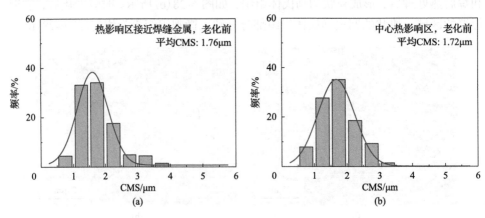

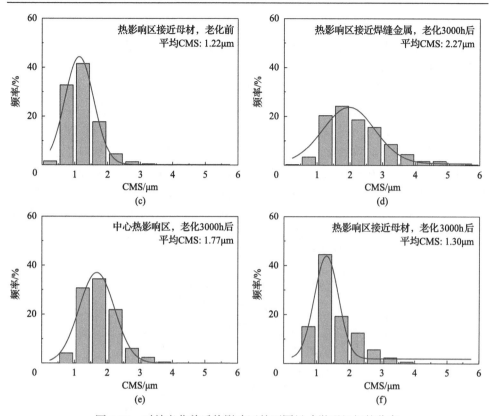

图6-29　时效老化前后热影响区的不同尺寸微观组织的分布

靠近焊缝区域的热影响区，微观组织主要分布在1~2μm。时效后，微观组织尺寸在1~3μm均匀分布，1~2μm区间的比例下降，2~3μm的明显上升，如图6-29(d)所示。热影响区的中心位置在时效前的微观组织主要分布在1~2μm，如图6-29(b)所示，而时效后微观组织分布没有明显变化，只是这一区域的比例升高，如图6-29(e)所示。在图6-29(c)中，能明显看出微观组织尺寸主要集中在1μm附近，而时效后，1μm以下的比例降低，而1μm以上的比例增加，如图6-29(f)所示。

6.4.2　疲劳裂纹扩展行为

图6-30为缺口位于母材和焊缝中心时效老化前后疲劳裂纹的扩展。在接近疲劳门槛值ΔK_{th}之前，随着ΔK的降低，裂纹的扩展速率da/dN也逐渐降低。从图6-30(a)中能明显看出，当裂纹扩展速率高于10^{-6}mm/cyc时，相同应力比下时效老化前后的疲劳裂纹扩展曲线几乎融合在一起。当裂纹扩展速率低于10^{-6}mm/cyc时，疲劳裂纹扩展曲线出现了明显分离。缺口位于焊缝的情况如

图 6-30(b)所示。随ΔK的降低，裂纹扩展速率 da/dN 为 10^{-6}mm/cyc 仍然作为数据点融合和分散的临界点。这说明时效老化对疲劳裂纹扩展的影响主要作用在疲劳裂纹扩展速率低于 10^{-6}mm/cyc 的区域。

可以看到，在近门槛值区，应力比对裂纹扩展速率具有显著影响。从图 6-30(a)中可见，当应力比为 0.3 时，时效老化前后的疲劳裂纹扩展曲线基本上没有差别。当应力比高于 0.3 时，时效后的裂纹扩展曲线具有更高的疲劳裂纹扩展速率。随着应力比的增大，时效老化前后疲劳裂纹扩展速率的差别增大。缺口位于焊缝中心的试验结果如图 6-30(b)所示，当应力比分别为 0.7 和 0.9 时，时效老化后具有更高的抗疲劳裂纹扩展阻力，因此时效老化后具有更高的门槛值及更低的裂纹扩展速率。另外，高应力比下时效老化前后的疲劳裂纹扩展曲线差异较小，随着应

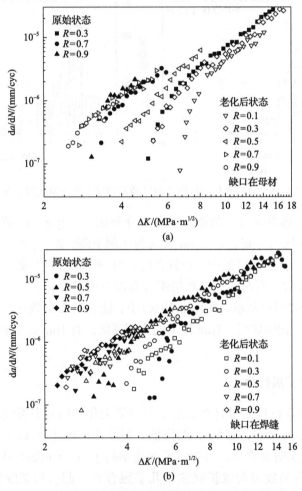

图 6-30　缺口位于母材(a)和焊缝(b)处时效老化前和老化后各个应力比下的
da/dN 和 ΔK 的关系

力比的增大，微观组织对母材近门槛值区疲劳裂纹扩展的影响逐渐变大。而在焊缝中心近门槛值区的疲劳裂纹扩展随应力比的增大，微观组织变化的作用在减弱。这说明微观组织和应力比对疲劳裂纹扩展都起主导作用，但作用机制并不相同。

图 6-31 描述了疲劳门槛值 ΔK_{th} 和应力比 R 的关系，误差带为 5%。随着应力比的增大，疲劳门槛值降低，最后保持稳定。除了缺口位于焊缝中心应力比 R 为 0.7 和 0.9 的试验，时效后的疲劳门槛值均有所降低。从图中可以看出，长时时效过程会使母材处的抗疲劳性能退化。然而，母材的疲劳门槛值要高于焊缝中心。时效前，低应力比下母材和焊缝的门槛值相近，而时效后，高应力比下其疲劳门槛值几乎相等。这表明微观组织的作用和应力比的影响存在竞争机制，未时效老化前在较高的应力比下，具有强的微观组织影响，而时效老化后在低应力比下具有强的微观组织影响。母材和焊缝具有相同的疲劳门槛值，这表明焊接不匹配在缩小，其具有相近的抗疲劳裂纹扩展能力。因此，长时时效过程能够潜在地改善焊接接头的失配，有助于提高焊接接头的安全性和可靠性。Zhu 等[19]在研究时效后的接头强度时，发现不匹配改善后，沿着焊缝具有更加均匀的强度分布。

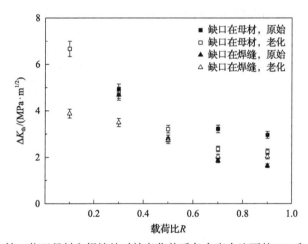

图 6-31　缺口位于母材和焊缝处时效老化前后各个应力比下的 ΔK_{th} 和 R 的关系

6.4.3　有效特征组织尺寸

Taylor[6]提出了一个考虑材料的晶粒尺寸和屈服强度的预测疲劳门槛值的模型，如式(6-12)所示。

$$\Delta K_{th} = \sigma_y \left(\frac{2.28\pi d}{1-v^2} \right)^{1/2} \tag{6-12}$$

式中，d 为材料的晶粒尺寸；v 为泊松比。从式(6-12)可以发现，如果材料具有更高的屈服强度或更大的晶粒尺寸，那么就会有更高的裂纹扩展阻力和更高的疲劳门槛值。

由式(6-12)可知，通过材料的疲劳门槛值及屈服强度就能计算相应的材料微观组织尺寸。假定 Taylor 公式对焊接接头各个缺口位置不同应力比下疲劳门槛值的预测均适用，这样基于实验获得的疲劳门槛值及材料的屈服强度，可以计算出一个包含应力比及时效作用的微观组织尺寸，这里将其定义为有效的微观组织尺寸(EMS)，用 ρ 表示。它可以表征微观组织对近门槛值区疲劳裂纹扩展抗力的大小。为了找出真正代表微观组织作用的参量是微观特征组织尺寸还是晶粒尺寸。图 6-32 为有效微观组织尺寸 ρ 和应力比 R 的关系。从图中可以明显看出，参量 ρ 的值与材料特征组织尺寸相接近。因此，材料微观组织主要通过特征组织尺寸来表征。马氏体(母材)或贝氏体(焊缝)对裂纹扩展路径的偏折及分支起主导作用。这说明近门槛值区的疲劳裂纹扩展受局部微观组织的影响很大。有效微观组织尺寸 ρ 是基于 Taylor 公式计算得到的。若采用式(6-12)进行疲劳门槛值的预测，应该利用有效微观组织尺寸 ρ 代替 CMS 则可以获得更好的预测效果。式(6-12)可以作为一种特殊情况，此时在特殊材料体系中，晶粒尺寸 d 与特征组织尺寸相等。

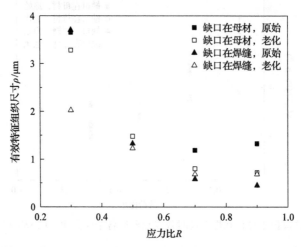

图 6-32   时效老化前后缺口在母材和焊缝的有效特征组织尺寸 ρ 和应力比 R 的关系

图 6-32 中，参数 ρ 随应力比的增大而降低，说明临界的特征组织尺寸 CMS 随应力比而不断变化。在高应力比下，疲劳门槛值对应一个相对较小的有效微观组织尺寸。这表明高应力比下微观组织对近门槛值区的疲劳裂纹扩展的影响很小。时效老化后母材参量 ρ 的值都会有所下降。而对于焊缝，当应力比 R 为 0.3 时，时效老化处理后有明显的降低。随着应力比的增大，差异逐渐缩小。CMS 和 EMS 主要的不同之处在于：CMS 是一个物理参量，对一个具体的材料来说是唯一的；而 EMS 是不确定的，它会受一些外部的因素影响，如应力比。因此，ρ 对由时效

老化处理引起的微观组织变化而言是个有效的参量，有助于评估近门槛值区微观组织对疲劳裂纹扩展阻力的影响程度。

参 考 文 献

[1] Ritchie R. Near-threshold fatigue-crack propagation in steels [J]. International Metals Reviews, 1979, 24(1): 205-230.

[2] Lawson L, Chen E Y, Meshii M. Near-threshold fatigue: A review [J]. International Journal of Fatigue, 1999, 21: S15-S34.

[3] Sadananda K. Factors governing near-threshold fatigue crack growth[C]//Proceedings of the 2nd International Conference on Fatigue and Fatigue Thresholds, Engineering Materials Advisory Services Ltd, Birmingham, 1984.

[4] Elber W. The Significance of Fatigue Crack Closure[M]//Damage Tolerance in Aircraft Structures. West Conshohocken: ASTM International, 1971.

[5] Suresh S. Fatigue of Materials [M]. Cambridge: Cambridge University Press, 1998.

[6] Taylor D. Fatigue Thresholds[M]. London: Butterworths, 1989.

[7] Sadananda K, Vasudevan A K. Fatigue crack growth mechanisms in steels [J]. International Journal of Fatigue, 2003, 25(9-11): 899-914.

[8] Sadananda K, Vasudevan A K. Fatigue crack growth behavior of titanium alloys [J]. International Journal of Fatigue, 2005, 27(10-12): 1255-1266.

[9] Stanzl Tschegg S E, Plasser O, Tschegg E K, et al. Influence of microstructure and load ratio on fatigue threshold behavior in 7075 aluminum alloy [J]. International Journal of Fatigue, 1999, 21: S255-S262.

[10] Lados D A, Apelian D, Donald J K. Fatigue crack growth mechanisms at the microstructure scale in Al–Si–Mg cast alloys: Mechanisms in the near-threshold regime [J]. Acta materialia, 2006, 54(6): 1475-1486.

[11] Fonte M D, Romeiro F, De Freitas M, et al. The effect of microstructure and environment on fatigue crack growth in 7049 aluminium alloy at negative stress ratios[J]. International Journal of Fatigue, 2003, 25(9-11): 1209-1216.

[12] Lados D A, Apelian D. Relationships between microstructure and fatigue crack propagation paths in Al-Si-Mg cast alloys [J]. Engineering Fracture Mechanics, 2008, 75(3-4): 821-832.

[13] Petit J. Near-threshold fatigue crack path in Al-Zn-Mg alloys[J]. Fatigue & Fracture of Engineering Materials & Structures, 2005, 28(1-2): 149-158.

[14] Liaw P K, Lea T R, Logsdon W A. Near-threshold fatigue crack growth behavior in metals [J]. Acta Metallurgica, 1983, 31(10): 1581-1587.

[15] Balsone S J, Larsen J M, Maxwell D C, et al. Effects of microstructure and temperature on fatigue crack growth in the TiAl alloy Ti-46.5 Al-3Nb-2Cr-0.2W [J]. Materials Science and Engineering: A, 1995, 192: 457-464.

[16] Chaswal V, Sasikala G, Ray S, et al. Fatigue crack growth mechanism in aged 9Cr–1Mo steel: Threshold and Paris regimes [J]. Materials Science and Engineering: A, 2005, 395(1-2): 251-264.

[17] Liaw P K, Saxena A, Swaminathan V P, et al. Influence of temperature and load ratio on near-threshold fatigue crack growth behavior of CrMoV steel[J]. Metallurgical Transactions A, 1983, 14(8): 1631-1640.

[18] Poon C, Vitale D, Singh M, et al. Fatigue crack propagation behaviour of rotor and wheel materials used in steam turbines [J]. International Journal of Fatigue, 1983, 5(2): 87-93.

[19] Zhu M L, Wang D Q, Xuan F Z. Effect of long-term aging on microstructure and local behavior in the heat-affected zone of a Ni-Cr-Mo-V steel welded joint [J]. Materials Characterization, 2014, 87: 45-61.

[20] Forth S C, Newman Jr J C, Forman R G. On generating fatigue crack growth thresholds [J]. International Journal of Fatigue, 2003, 25(1): 9-15.

[21] Chen D L, Weiss B, Stickler R. Effect of stress ratio and loading condition on the fatigue threshold [J]. International Journal of Fatigue, 1992, 14(5): 325-329.

[22] McEvily A J, Minakawa K. On the effect of microstructure on crack closure in the near-threshold region[C]//7th International Conference on Strength of Metals and Alloys, Vol. 2, Quebec: Pergamon Press, 1986: 1358-1392.

[23] Lindley T, Richards C. The relevance of crack closure to fatigue crack propagation [J]. Materials Science and Engineering, 1974, 14(3): 281-293.

[24] Liaw P K, Saxena A, Swaminathan V P, et al. Effects of load ratio and temperature on the near-threshold fatigue crack propagation behavior in a CrMoV steel [J]. Metallurgical Transactions A, 1983, 14(8): 1631-1640.

[25] Ravichandran K S, Dwarakadasa E S. Effects of tempered structure on the near threshold fatigue crack growth behavior of a coarse grained high strength steel [J]. Engineering Fracture Mechanics, 1987, 28(4): 435-444.

[26] Ravichandran K S, Dwarakadasa E S. Some considerations on the occurrence of intergranular fracture during fatigue crack growth in steels [J]. Materials Science and Engineering, 1986, 83(1): L11-L16.

[27] Ravichandran K S, Rao H V, Dwarakadasa E S, et al. Microstructural effects and crack closure during near [J]. Metallurgical and Materials Transactions A, 1987, 18(5): 865-876.

[28] Clark G. Fatigue at low growth rates in a maraging steel [J]. Fatigue & Fracture of Engineering Materials & Structures, 1986, 9(2): 131-142.

[29] Bulloch J H. Fatigue threshold in steels——Mean stress and microstructure influences [J]. International Journal of Pressure Vessels and Piping, 1994, 58(1): 103-127.

[30] Irving P E, Kurzfeld A. Measurements of intergranular failure produced during fatigue crack growth in quenched and tempered steels [J]. Metal Science, 1978, 12(11): 495-502.

[31] Ravichandran K S, Venkatarao H C, Dwarakadasa E S, et al. Microstructural effects and crack closure during near threshold fatigue crack propagation in a high strength steel [J]. Metallurgical and Materials Transactions A, 1987, 18(6): 865-876.

[32] Heldt J, Kaesche H. Effect of absorbed hydrogen on the microstructure in the vicinity of near-threshold fatigue cracks in low-alloy steel[C]//The Twenty-Seventh International Symposium on Fatigue and Fracture Mechanics, Williamsburg: ASTM International, 1997.

[33] Horn R M, Ritchie R O. Mechanisms of tempered martensite embrittlement in low alloy steels [J]. Metallurgical Transactions A, 1978, 9(8): 1039-1053.

[34] Ritchie R O. Influence of impurity segregation on temper em brittlement and on slow fatigue crack growth and threshold behavior in 300-M high strength steel [J]. Metallurgical Transactions A, 1977, 8(7): 1131-1140.

[35] Tanaka Y, Azuma T, Miki K. Development of steam turbine rotor forging for high temperature application[C]// Proceedings of the Fourth International Conference on Advances in Materials Technology for Fossil Power Plants, Hilton Head Island, 2005.

[36] Prawoto Y. Designing steel microstructure based on fracture mechanics approach [J]. Materials Science and Engineering: A, 2009, 507(1-2): 74-86.

[37] Ritchie R O, Suresh S. Some considerations on fatigue crack closure at near-threshold stress intensities due to fracture surface morphology [J]. Metallurgical Transactions A, 1982, 13(5): 937-940.

[38] 朱明亮, 轩福贞, 安春香. 疲劳近门槛值区裂纹扩展模式变化的试验研究[J]. 压力容器, 2009, 26(8): 7-10.

[39] Chan K S. Variability of large-crack fatigue-crack-growth thresholds in structural alloys [J]. Metallurgical and Materials Transactions A, 2004, 35 (12): 3721-3735.

[40] Li B, Rosa L G. Prediction models of intrinsic fatigue threshold in metal alloys examined by experimental data [J]. International Journal of Fatigue, 2016, 82: 616-623.

[41] Zhu M L, Xuan F Z. Effect of microstructure on appearance of near-threshold fatigue fracture in Cr-Mo-V steel [J]. International Journal of Fracture, 2009, 159 (2): 111.

[42] Tomkins B. Role of mechanics in corrosion fatigue [J]. Metal Science, 1979, 13 (7): 387-395.

[43] Lal D N. A new mechanistic approach to analysing LEFM fatigue crack growth behaviour of metals and alloys [J]. Engineering Fracture Mechanics, 1994, 47 (3): 379-401.

[44] Liu H W, Liu D. Near threshold fatigue crack growth behavior [J]. Scripta Metallurgica, 1982, 16 (5): 595-600.

[45] Wanhill R J H, Galatolo R, Looije C. Fractographic and microstructural analysis of fatigue crack growth in a Ti-6Al-4V fan disc forging [J]. International Journal of Fatigue, 1989, 11 (6): 407-416.

[46] Yoder G, Cooley L, Crooker T. On microstructural control of near-threshold fatigue crack growth in 7000-series aluminum alloys[R]. Naval Research Lab, Washington DC, 1982.

[47] Yoder G, Cooley L, Crooker T. Quantitative analysis of microstructural effects on fatigue crack growth in widmanstätten Ti-6A1-4V and Ti-8Al-1Mo-1V [J]. Engineering Fracture Mechanics, 1979, 11 (4): 805-816.

[48] Yuen A, Hopkin S, Leverant G, et al. Correlations between fracture surface appearance and fracture mechanics parameters for stage II fatigue crack propagation in Ti-6AI-4V [J]. Metallurgical Transactions, 1974, 5 (8): 1833-1842.

[49] Fenves S J, Perrone N, Robinson A R. Numerical and Computer Methods in Structural Mechanics [M]. New York: Academic Press, 2014.

[50] Hahn G T, Hoagland R G, Rosenfield A R. Local yielding attending fatigue crack growth [J]. Metallurgical Transactions, 1972, 3 (5): 1189-1202.

[51] Irwin G. Linear fracture mechanics, fracture transition, and fracture control [J]. Engineering Fracture Mechanics, 1968, 1 (2): 241-257.

[52] Hall E O. The deformation and ageing of mild steel: II characteristics of the Lüders deformation [J]. Proceedings of the Physical Society Section B, 1951, 64 (9): 742.

[53] Chakrabortty S B. A model relating low cycle fatigue properties and microstructure to fatigue crack propagation rates[J]. Fatigue & Fracture of Engineering Materials & Structures, 1979, 2 (3): 331-344.

[54] Sadananda K, Vasudevan A K, Kang I W. Effect of superimposed monotonic fracture modes on the ΔK and K_{max} parameters of fatigue crack propagation [J]. Acta Materialia, 2003, 51 (12): 3399-3414.

[55] Stoychev S, Kujawski D. Analysis of crack propagation using ΔK and Kmax [J]. International Journal of Fatigue, 2005, 27 (10-12): 1425-1431.

[56] Kujawski D. A fatigue crack driving force parameter with load ratio effects [J]. International Journal of Fatigue, 2001, 23: 239-246.

[57] Dinda S, Kujawski D. Correlation and prediction of fatigue crack growth for different R-ratios using K_{max} and ΔK^+ parameters [J]. Engineering Fracture Mechanics, 2004, 71 (12): 1779-1790.

[58] Noroozi A, Glinka G, Lambert S. A two parameter driving force for fatigue crack growth analysis [J]. International Journal of Fatigue, 2005, 27 (10-12): 1277-1296.

[59] Zhu M L, Xuan F Z, Tu S T. Interpreting load ratio dependence of near-threshold fatigue crack growth by a new crack closure model [J]. International Journal of Pressure Vessels and Piping, 2013, 110: 9-13.

[60] Koçak M, Webster S, Janosch J J, et al. FITNET Fitness-for-Service (FFS) Procedure[M]. Vol.1, Geesthacht,: GKSS Research Centre, 2008.

[61] Guide to methods for assessing the acceptability of flaws in metallic structures: BS7910-2013[S]. London: British Standards Institution, 2000.

[62] Radhakrishnan V M. A kink in the fatigue crack growth curve[J]. International Journal of Fatigue, 1984, 6 (4): 217-220.

[63] Ohmori Y, Ohtani H, Kunitake T. Tempering of the bainite and the bainite/martensite duplex structure in a low-carbon low-alloy steel [J]. Metal Science, 1974, 8 (1): 357-366.

[64] 毛雪平, 杨昆, 刘宗德, 等. 30Cr1Mo1V 转子钢的高温时效研究[J]. 中国电力, 2003, 36 (11): 61-63.

[65] Zhu M L, Xuan F Z. Correlation between microstructure, hardness and strength in HAZ of dissimilar welds of rotor steels [J]. Materials Science and Engineering: A, 2010, 527 (16-17): 4035-4042.

本章主要符号说明

CMS	特征组织尺寸	ν	泊松比
d	晶粒尺寸	ρ	有效微观组织尺寸
$\mathrm{d}a/\mathrm{d}N$	疲劳裂纹扩展速率	σ_b	抗拉强度
$\mathrm{d}a/\mathrm{d}N_t$	转折点处的疲劳裂纹扩展速率	σ_y	屈服强度
E	弹性模量	ΔK	应力强度因子范围
J	评估钢回火脆性的参数	ΔK_{app}	实际施加的应力强度因子范围
K_{maxt}	转折点处的最大应力强度因子	ΔK_{eff}	有效应力强度因子范围
N	循环次数	ΔK_t	转折点处的应力强度因子范围
R	应力比	ΔK_{t0}	转折点处应力比为 0 时的应力强度因子范围
r_{cyc}	裂纹尖端循环塑性区尺寸	ΔK_{th}	疲劳裂纹扩展门槛值
S_a	表面粗糙度		

第7章 疲劳裂纹扩展应力比效应的统一理论模型

人们已经建立了应力比 R 影响疲劳裂纹扩展行为的多个理论预测模型，如 Elber 模型[1]、Walker 模型[2]等，这些模型在 Paris 区或较高疲劳裂纹扩展速率 da/dN 水平下能够解释应力比 R 的影响，但在近门槛值区模型的准确性较低。Kwofie 和 Rahbar[3]通过分析应力幅和平均应力对疲劳损伤的影响，提出了等效驱动力模型，该模型在 da/dN 较高时能够准确地将不同应力比下疲劳裂纹的扩展速率融合为一条主曲线，但在近门槛值区的数据较分散。近年来，Zhu 等[4]通过分析 R 对 CrMoV 钢在近门槛值区的疲劳裂纹扩展行为，发现了裂纹闭合程度随 da/dN 发生变化，R 或 da/dN 越低，裂纹的闭合程度越大，这便是影响现有近门槛值区疲劳裂纹扩展模型精度的主要原因。在此基础上，Zhu 等[5]建立了考虑裂纹闭合与疲劳裂纹扩展驱动力两种机制的统一理论模型，应用于长期服役材料的门槛值预测[6]，而 Kwofie 和 Zhu[7]进一步完善了统一模型的形式。当然，现有统一理论模型的准确性仍需要更多的实验数据进行验证。本章将在介绍基于裂纹闭合与疲劳裂纹扩展驱动力两种机制模型的基础上，阐明统一理论模型的建立思路和特点，并运用多种数据分析比较两种相关模型的准确性和适用性。

7.1 基于裂纹闭合的裂纹扩展模型

人们一般用塑性引起的裂纹闭合机制来解释应力比对疲劳裂纹扩展速率的影响，Forth 等[8]提出了平面应变条件的ΔK_{eff}关系式(7-1)。图 7-1 为 25Cr2Ni2MoV 转子钢在室温下不同应力比的疲劳裂纹扩展速率 da/dN 与ΔK 的关系，图 7-2 为 da/dN 与ΔK_{eff} 的关系。从该结果可以看出，当裂纹扩展速率较高(如 da/dN>2×10^{-6}mm/cyc)时，不同应力比下 da/dN 与ΔK_{eff}的关系融合到了一起，这表明裂纹闭合理论可以解释这一阶段应力比对疲劳裂纹扩展的影响。而当疲劳裂纹扩展速率靠近疲劳门槛值时，数据依然分散，因此式(7-1)并不能解决应力比的影响。这是因为式(7-1)是根据恒幅载荷下的塑性闭合理论推导而得，对于非恒幅载荷下的适用性还值得商榷；同时式(7-1)本质上仅包含了应力比的影响，而忽略了应力水平的贡献。因此，有必要综合考虑应力比和应力水平等因素，建立近门槛值区新的裂纹闭合模型。

$$\Delta K_{eff} = \Delta K(0.7 - 1.1R^2 + 0.4R^3) / (1 - R) \qquad (7\text{-}1)$$

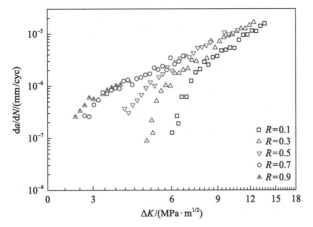

图 7-1　不同应力比 R 下 da/dN 与 ΔK 的关系

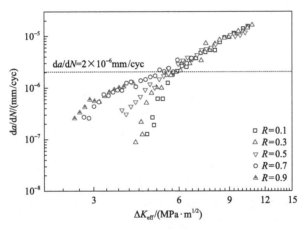

图 7-2　不同应力比 R 下的 da/dN 与 ΔK_{eff} 的关系

7.2　基于等效驱动力的裂纹扩展模型

鉴于上述不足，Kwofie 和 Rahbar[3]提出了等效驱动力模型[式(7-2)]，将不同应力比下疲劳裂纹扩展的驱动力分为应力幅 σ_a 和平均应力 σ_m 两部分，其在解释不同应力比对疲劳裂纹扩展的影响时效果较好。式(7-2)表示 σ_a 和 σ_m 共同作用时 ($R\neq-1$) 引起的疲劳损伤与仅在应力幅 σ_a($R=-1$) 下疲劳损伤的等效关系。进而，当用应力强度表示时，$R\neq-1$ 的疲劳损伤与等效 $R=0$ 的疲劳损伤具有如式(7-3)所示的关系。

$$\sigma_{ar} = \sigma_a \exp\left(\alpha\frac{\sigma_m}{\sigma_a}\right) \tag{7-2}$$

$$\Delta K_0 = \Delta K_R \exp\left(\alpha \frac{2R}{1-R} \right) \tag{7-3}$$

式中，ΔK_R 为某一应力比的应力强度因子范围；α 为材料的平均应力敏感系数。根据 Kwofie 的推导，α 可以通过 $\ln(\Delta K_R)$ 与 $(1+R)/(1-R)$ 关系的斜率进行计算。本章中，选取 $da/dN=2.5\times10^{-6}$mm/cyc 对应的数据来确定该材料的 α 值，拟合结果见图 7-3。可见，当 R 在 $0.1\sim0.5$ 时，α 为 0.1493；当 R 在 $0.7\sim0.9$ 时，α 为 1.1317×10^{-4}。

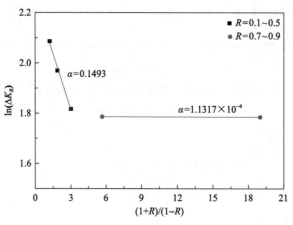

图 7-3　不同应力比时 $\ln(\Delta K_R)$ 与 $(1+R)/(1-R)$ 的关系

　　根据式(7-3)，可将任意 R 下的 ΔK 转换为等效 ΔK_0。因此可将图 7-1 中的所有数据等效变换为 $R=0$ 的数据。如图 7-4 所示，等效后，$R=0.1$、$R=0.3$ 和 $R=0.5$ 的数据逐渐融合，$R=0.7$ 和 $R=0.9$ 的数据也相互逼近，但低应力比和高应力比的数据仍然存在偏差。这表明等效模型在消除不同应力比的数据差异上有一定作用，但仍不能完全解决近门槛值区所有应力比的疲劳裂纹扩展数据的融合问题。

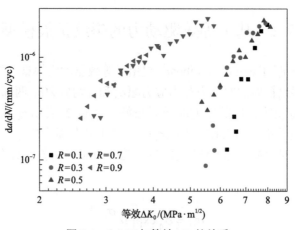

图 7-4　da/dN 与等效 ΔK_0 的关系

7.3 统一理论模型的建立

7.3.1 Zhu-Xuan 模型

Zhu-Xuan 模型以等效驱动力模型［式(7-2)］为基础，任意应力比 R 下的应力强度因子范围 ΔK_R 可根据式(7-3)等效为 $R=0$ 的应力强度因子范围。该等效驱动力模型原本用于表征平均应力对光滑试样疲劳强度的影响。

假定较高应力比 R 下不存在裂纹闭合，则在较高应力比 R 下式(7-3)也可准确描述近门槛值区 ΔK_0 与 ΔK_R 的关系，而较低与较高应力比 R 之间 ΔK_0 的差值就代表了裂纹闭合的贡献。

$$K_{0(R)} - K_{0,\min} = \Delta K_{0(R)} - \Delta K_{0(0.9)} \tag{7-4}$$

式中，$K_{0(R)}$ 为裂纹张开所需的应力强度因子；$K_{0,\min}$ 为 $R=0$ 时该 $\mathrm{d}a/\mathrm{d}N$ 水平下的最小应力强度因子；$\Delta K_{0(R)}$ 和 $\Delta K_{0(0.9)}$ 分别为任意 R 和 $R=0.9$ 时的 ΔK_0。

式(7-5)可定义等效裂纹闭合系数 $U_{0(R)}$，即

$$U_{0(R)} = \left(\frac{\Delta K_{0,\mathrm{eff}}}{\Delta K_0}\right)_R = \frac{(K_{0,\max})_R - K_{0(R)}}{(K_{0,\max} - K_{0,\min})_R} \tag{7-5}$$

联立式(7-4)和式(7-5)可得

$$U_{0(R)} = \frac{\Delta K_{0(0.9)}}{\Delta K_{0(R)}} \tag{7-6}$$

联立式(7-3)和式(7-6)可得

$$U_{0(R)} = \frac{\Delta K_{(0.9)} \exp\left[\alpha_2\left(\dfrac{2\times 0.9}{1-0.9}\right)\right]}{\Delta K_{(R)} \exp\left[\alpha_1\left(\dfrac{2R}{1-R}\right)\right]} = U_{(R)} \exp\left(18\alpha_2 - \alpha\frac{2R}{1-R}\right) \tag{7-7}$$

式中，α_2 为较高应力比处 α 的取值；α_1 为较低应力比处 α 的取值。

若能用 $R=0.9$ 的疲劳裂纹扩展数据预测 $R=0$ 的疲劳裂纹扩展数据，则 $R=0.9$ 的 $\mathrm{d}a/\mathrm{d}N$-ΔK 曲线将与 $R=0$ 的 $\mathrm{d}a/\mathrm{d}N$-ΔK_0 曲线重合，即

$$\frac{\mathrm{d}a}{\mathrm{d}N} = C_{0(0.9)}\left(\Delta K_{0(0.9)}\right)^{m_{0(0.9)}} \tag{7-8}$$

同理

$$\frac{\mathrm{d}a}{\mathrm{d}N} = C_{0(R)}\left(\Delta K_{0(R)}\right)^{m_{0(R)}} \tag{7-9}$$

联立式(7-8)和式(7-9)可得

$$\Delta K_{0(R)} = \left(\frac{C_{0(0.9)}}{C_{0(R)}}\right)^{\frac{1}{m_{0(R)}}}\left(\Delta K_{0(0.9)}\right)^{\frac{m_{0(0.9)}}{m_{0(R)}}} \tag{7-10}$$

联立式(7-6)和式(7-10)得

$$U_{0(R)} = \left(\frac{C_{0(R)}}{C_{0(0.9)}}\right)^{\frac{1}{m_{0(R)}}}\left(\Delta K_{0(0.9)}\right)^{\left(1-\frac{m_{0(0.9)}}{m_{0(R)}}\right)} \tag{7-11}$$

联立式(7-7)和式(7-11)得

$$U_{(R)} = \frac{\left(\dfrac{C_{0(R)}}{C_{0(0.9)}}\right)^{\frac{1}{m_{0(R)}}}\left(\Delta K_{0(0.9)}\right)^{\left(1-\frac{m_{0(0.9)}}{m_{0(R)}}\right)}}{\exp\left(18\alpha_2 - \alpha\dfrac{2R}{1-R}\right)} \tag{7-12}$$

进一步简写为

$$U_{(R)} = A(R)\Delta K_{0(0.9)}^{B(R)} \tag{7-13}$$

已知，$\Delta K_{0(0.9)}$ 近似等于 $\Delta K_{(0.9)}$，则式(7-13)改写为

$$U_{(R)} = A(R)\Delta K_{(0.9)}^{B(R)} \tag{7-14}$$

根据 $U_{(R)}$ 的表达式，有

$$U_{(R)} = \frac{\Delta K_{(0.9)}}{\Delta K_R} \tag{7-15}$$

联立式(7-14)和式(7-15)得

$$\Delta K_R = \frac{1}{A(R)}\Delta K_{(0.9)}^{1-B(R)} \tag{7-16}$$

当把 $da/dN=1\times10^{-7}\text{mm/cyc}$ 作为疲劳门槛值的条件时，式(7-16)可进一步表示为

$$\Delta K_{\text{th}(R)} = \frac{1}{A(R)} \Delta K_{\text{th}(0.9)}^{1-B(R)} \tag{7-17}$$

Zhu 等[5]计算了 CrMoV 钢所有应力比下的 $C_{0(R)}$ 和 $m_{0(R)}$，并最终拟合得出 $A(R)$ 与 $B(R)$ 的表达式，即

$$A(R)=0.14+0.24R+0.83R^2 \tag{7-18}$$

$$B(R)=0.9-R \tag{7-19}$$

式(7-16)和式(7-17)为 Zhu-Xuan 模型的最终形式，而式(7-18)与式(7-19)可根据不同材料做出相应的改变。由此可见，只需获得 $R=0.9$ 的疲劳裂纹扩展数据即可预测任意应力比下的数据。需要注意的是，以上推导过程需要满足 da/dN 相同(等式两边同一 da/dN 水平)的条件。该模型在使用过程中不涉及裂纹闭合的计算，形式简单，但推导过程却考虑了裂纹闭合与等效驱动力两种机制。

根据式(7-16)~式(7-19)，预测任意应力比下的疲劳裂纹扩展数据时，需要具有对应疲劳裂纹扩展速率 da/dN 下 $R=0.9$ 的疲劳裂纹扩展数据，为此需要先开展 $R=0.9$ 时的疲劳裂纹扩展实验获得 da/dN 和ΔK 双对数曲线。当 da/dN 相同时，为简化计算，可在 $R=0.9$ 的 da/dN-ΔK 曲线上读取指定 da/dN 处的 $\Delta K_{(0.9)}$(或根据 da/dN-ΔK 的拟合关系式计算)，再代入式(7-16)可得到任意应力比下对应 da/dN 处的 $\Delta K_{(R)}$。例如，按 da/dN 从低到高的顺序，依次读取 $da/dN=1\times10^{-7}\text{mm/cyc}$、$2\times10^{-7}\text{mm/cyc}$ 和 $3\times10^{-7}\text{mm/cyc}$ 等处的 $\Delta K_{(0.9)}$，代入式(7-16)即可得到相应 da/dN 对应的 $\Delta K_{(R)}$，最终将得到任意应力比下的疲劳裂纹扩展数据。

7.3.2　Kwofie-Zhu 模型

Kwofie-Zhu 模型同样以等效驱动力模型[3]为基础，同时考虑了裂纹闭合的贡献。等效驱动力模型如式(7-20)所示，其在形式上与式(7-3)类似，式(7-3)是式(7-20)在 $R=0$ 处的特例。

$$\Delta K_{\text{eq}} = \Delta K_R \exp\left[\alpha\left(\frac{1+R}{1-R}\right)\right] \tag{7-20}$$

式中，ΔK_{eq} 为等效应力强度因子范围；ΔK_R 为任意应力比下的应力强度因子范围。该式成立的条件是等式两边应力强度因子范围对应的疲劳裂纹扩展速率 da/dN 相同，它适用于表征 da/dN 较高时不同应力比的疲劳裂纹扩展行为。

Kwofie 和 Zhu[7]通过引入 K_{op} 参数表示裂纹张开应力强度因子，进而将裂纹

的闭合效应也纳入模型中。对于 $\Delta K=K_{\max}-K_{\min}$，当存在裂纹闭合时，$K_{\min}<K_{\mathrm{op}}$，此时 ΔK 应当取其有效部分，用 ΔK_{eff} 表示，即 $\Delta K_{\mathrm{eff}}=K_{\max}-K_{\mathrm{op}}$。为此式(7-20)可改写为式(7-21)：

$$\Delta K_{\mathrm{eq}} = \Delta K_{\mathrm{eff}} \exp\left[\alpha\left(\frac{1+R}{1-R}\right)\right] \tag{7-21}$$

式中，ΔK_{eff} 可以写成如下的形式，即

$$\Delta K_{\mathrm{eff}} = \begin{cases} K_{\max} - K_{\mathrm{op}}, & K_{\min}<K_{\mathrm{op}} \\ K_{\max} - K_{\min}, & K_{\min} \geqslant K_{\mathrm{op}} \end{cases} \tag{7-22}$$

对式(7-22)进一步变换，可得

$$\Delta K_{\mathrm{eff}} = \begin{cases} K_{\max}\left(1-\dfrac{K_{\mathrm{op}}}{K_{\max}}\right), & \dfrac{K_{\min}}{K_{\max}}<\dfrac{K_{\mathrm{op}}}{K_{\max}} \\ K_{\max}\left(1-\dfrac{K_{\min}}{K_{\max}}\right), & \dfrac{K_{\min}}{K_{\max}} \geqslant \dfrac{K_{\mathrm{op}}}{K_{\max}} \end{cases} \tag{7-23}$$

已知 $R=K_{\min}/K_{\max}$，并设 $R_{\mathrm{c}}=K_{\mathrm{op}}/K_{\max}$，则式(7-23)可改写为式(7-24)，即

$$\Delta K_{\mathrm{eff}} = \begin{cases} K_{\max}(1-R_{\mathrm{c}}), & R<R_{\mathrm{c}} \\ K_{\max}(1-R), & R \geqslant R_{\mathrm{c}} \end{cases} \tag{7-24}$$

式中，R_{c} 为临界应力比或转变应力比，其物理意义是当 $R \geqslant R_{\mathrm{c}}$ 时，在任意给定 $\mathrm{d}a/\mathrm{d}N$ 处都不存在裂纹闭合，显然 $\mathrm{d}a/\mathrm{d}N$ 越低，对应的 K_{op} 越高[7]；当 $\mathrm{d}a/\mathrm{d}N$ 足够小或接近门槛值处的 $(\mathrm{d}a/\mathrm{d}N)_{\mathrm{th}}$ 时，$K_{\mathrm{op}}/K_{\max}$ 的值可作为 R_{c}。此时，式(7-24)可做进一步变换，得

$$\Delta K_{\mathrm{eff}} = \begin{cases} \Delta K_R\left(\dfrac{1-R_{\mathrm{c}}}{1-R}\right), & R<R_{\mathrm{c}} \\ \Delta K_R, & R \geqslant R_{\mathrm{c}} \end{cases} \tag{7-25}$$

因此，式(7-20)最终可改变为如式(7-26)的形式，即

$$\Delta K_{\mathrm{eq}} = \begin{cases} \Delta K_R\left(\dfrac{1-R_{\mathrm{c}}}{1-R}\right)\exp\left[\alpha\left(\dfrac{1+R}{1-R}\right)\right], & R<R_{\mathrm{c}} \\ \Delta K_R\exp\left[\alpha\left(\dfrac{1+R}{1-R}\right)\right], & R \geqslant R_{\mathrm{c}} \end{cases} \tag{7-26}$$

此处，定义裂纹闭合系数 $U(R)=\Delta K_{\text{eff}}/\Delta K_R$，则由式 (7-21) 得

$$\Delta K_{\text{eq}} = \Delta K_R U(R) \exp\left[\alpha\left(\frac{1+R}{1-R}\right)\right] \tag{7-27}$$

若再引入函数 $f(R)$，令

$$f(R) = U(R)\exp\left[\alpha\left(\frac{1+R}{1-R}\right)\right] = \begin{cases} \left(\dfrac{1-R_c}{1-R}\right)\exp\left[\alpha\left(\dfrac{1+R}{1-R}\right)\right], & R<R_c \\[3mm] \exp\left[\alpha\left(\dfrac{1+R}{1-R}\right)\right], & R \geqslant R_c \end{cases} \tag{7-28}$$

则式 (7-27) 进一步简化为

$$\Delta K_{\text{eq}} = \Delta K_R f(R) \tag{7-29}$$

由于 R 的任意性，式 (7-29) 也可写作如式 (7-30) 的形式，即

$$\Delta K_{R_{\text{ef}}} f(R_{\text{ef}}) = \Delta K_R f(R) \tag{7-30}$$

或

$$\Delta K_R = \Delta K_{R_{\text{ef}}} \frac{f(R_{\text{ef}})}{f(R)} \tag{7-31}$$

式中，R_{ef} 为已知的参考应力比。若取 $R_{\text{ef}}=0.1$，则由式 (7-31) 得

$$\frac{\Delta K_R}{\Delta K_{0.1}} = \frac{f(0.1)}{f(R)} = \begin{cases} \left(\dfrac{1-R}{1-0.1}\right)\exp\left[\alpha\left(\dfrac{11}{9} - \dfrac{1+R}{1-R}\right)\right], & R < R_c \\[3mm] \left(\dfrac{1-R_c}{1-0.1}\right)\exp\left[\alpha\left(\dfrac{11}{9} - \dfrac{1+R}{1-R}\right)\right], & R \geqslant R_c \end{cases} \tag{7-32}$$

式 (7-32) 代表相同 $\mathrm{d}a/\mathrm{d}N$ 下不同应力比之间的 ΔK 关系，相应地，同一个 $\Delta K_{R_{\text{ef}}}$ 下不同 R 之间 $\mathrm{d}a/\mathrm{d}N$ 也存在关联性。根据式 (7-31)，疲劳裂纹扩展速率 $\mathrm{d}a/\mathrm{d}N$ 的模型为

$$\left(\frac{\mathrm{d}a}{\mathrm{d}N}\right)_{R_{\text{ef}}} = C(\Delta K_R)^m \left(\frac{f(R)}{f(R_{\text{ef}})}\right)^n \tag{7-33}$$

式中，$n \neq m$。结合 Pairs 关系，有

$$\left(\frac{\mathrm{d}a}{\mathrm{d}N}\right)_{R_{\mathrm{ef}}} = \left(\frac{\mathrm{d}a}{\mathrm{d}N}\right)_{R} \left(\frac{f(R)}{f(R_{\mathrm{ef}})}\right)^{n} \qquad (7\text{-}34)$$

该式成立的条件为等式两边 $\mathrm{d}a/\mathrm{d}N$ 对应的 $\Delta K_{R_{\mathrm{ef}}}$ 相同。

　　根据前面的介绍,利用 Kwofie-Zhu 模型预测任意应力比下的疲劳裂纹扩展数据,需要已知参考应力比 R_{ef} 下的疲劳裂纹扩展速率与应力强度因子范围关系图,即 $(\mathrm{d}a/\mathrm{d}N)_{R_{\mathrm{ef}}}$ - $\Delta K_{R_{\mathrm{ef}}}$ 图,则可利用式(7-34)将参考应力比 R_{ef} 下任意 $\Delta K_{R_{\mathrm{ef}}}$ 处的 $(\mathrm{d}a/\mathrm{d}N)_{R_{\mathrm{ef}}}$ 转化为不同应力比下相同 $\Delta K_{R_{\mathrm{ef}}}$ 处的 $\mathrm{d}a/\mathrm{d}N$,获得 $\mathrm{d}a/\mathrm{d}N$- $\Delta K_{R_{\mathrm{ef}}}$ 曲线,再利用式(7-20)将任意 $\mathrm{d}a/\mathrm{d}N$ 处的 $\Delta K_{R_{\mathrm{ef}}}$ 转化为不同应力比下 $\mathrm{d}a/\mathrm{d}N$ 相同时的应力强度因子 ΔK_{R},获得不同应力比下的 $\mathrm{d}a/\mathrm{d}N$-ΔK_{R} 关系图,即完成利用 Kwofie-Zhu 模型预测任意应力比下的疲劳裂纹扩展数据的过程。此过程中,需要确定 R_{c}、α 与 n 值,R_{c} 值可以根据一组不同应力比下的门槛值数据确定,而 n 值需要根据式(7-34)拟合得到。

7.4　统一理论模型的适用性验证

7.4.1　Zhu-Xuan 模型的预测效果

　　根据式(7-16),将预测的 $\mathrm{d}a/\mathrm{d}N$-ΔK 关系与实验数据进行比较,如图 7-5 所示。从图中可以看出,预测的曲线与实验疲劳数据吻合得很好,最大误差不超过7%。这表明基于所提出的方法,对 FCG 行为从 R 为 $0.1\sim0.9$ 的预测是可行的。当式(7-16)中 $\Delta K_{\mathrm{th}(0.9)}$ 的值选择在 $\mathrm{d}a/\mathrm{d}N$ 为 $1\times10^{-7}\mathrm{mm/cyc}$ 时,将能预测得到不同应力比下的疲劳门槛值 ΔK_{th}。如图 7-6 所示,实验疲劳门槛值与式(7-17)模型预

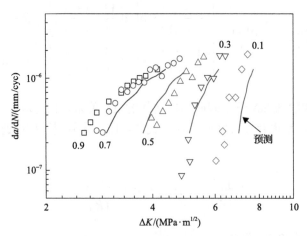

图 7-5　近门槛值区实验和预测的 $\mathrm{d}a/\mathrm{d}N$-ΔK 关系的比较

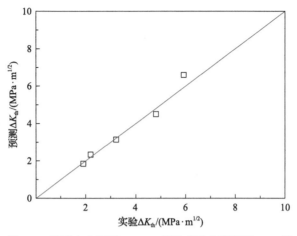

图 7-6　不同应力比下 CrMoV 钢的实验和预测的 ΔK_{th} 值

测的疲劳门槛值非常接近。式(7-35)与式(7-36)进一步列出了疲劳门槛值与疲劳裂纹扩展速率的预测模型。

$$\Delta K_{th(R)} = \frac{1}{A(R)} \Delta K_{th(0.9)}{}^{1-B(R)} \tag{7-35}$$

$$\frac{\mathrm{d}a}{\mathrm{d}N} = C\left(\frac{1}{A(R)} \Delta K_{(0.9)}{}^{1-B(R)}\right)^m \tag{7-36}$$

7.4.2　Zhu-Xuan 模型对 CrMoV 同类型钢的预测效果

值得注意的是，式(7-16)～式(7-19)的模型是由基于 CrMoV 钢在近门槛值区中的数据得到的，测试采用降载方法。因此，如果使用与当前测试条件相似的实验结果进行验证，预计该模型的有效性将是最好的。为此，可以验证该模型对 CrMoV 同类型钢的适用性。验证过程中，采用文献中已报道的数据为基础。

Stewart[9]在 20 世纪 80 年代初报道了两种 NiCrMoV 转子钢近门槛值区的 FCG 行为。在该工作中，没有使用降载方法，而是在 K_{max} 和 ΔK 恒定的条件下确定疲劳门槛值。图 7-7 揭示了预测结果和实验数据之间的关系。在屈服强度为 575MPa 的 2NiCrMoV 钢中观察到了很好的一致性，而在 3.5NiCrMoV 钢(屈服强度为 602MPa)中，模型低估了疲劳门槛值。这与恒定的 K_{max} 和 ΔK 技术引起的偏差有关，可以看出疲劳门槛值与测试方法有关。

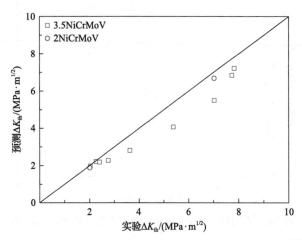

图 7-7　两种 NiCrMoV 转子钢的预测和实验 ΔK_{th} 的比较[9]

使用 ASTM 标准推荐的程序，Liaw 等[10]讨论了温度和应力比 R 对 CrMoV 钢近门槛值区 FCG 行为的影响。这种钢是一种锻造的 ASTM A470 8 级钢。材料和测试方法与本书现有工作相似。如图 7-8 所示，室温下的预测结果与实验数据的吻合度较高。

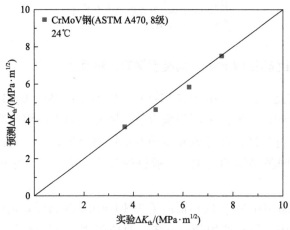

图 7-8　室温(24℃)下 CrMoV 钢(ASTM A470，8 级)的疲劳门槛值预测值与实验值的比较[10]

图 7-9 为基于 Bulloch[11]报道的实验数据对 CrMoV 型钢中 ΔK_{th} 的预测。该钢具有完全贝氏体的微观结构，有非脆化、部分脆化和脆化三种不同的脆化条件。在验证过程中，由于文献[11]中没有 $R=0.9$ 的疲劳门槛值，将 $R=0.7$ 时的 ΔK_{th} 作为 $\Delta K_{th(0.9)}$。从图 7-9 中可以看出，预测的结果与实验数据相当吻合。

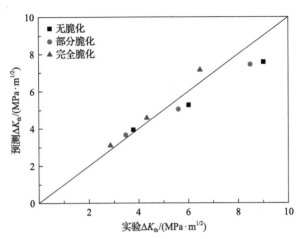

图 7-9　三种不同脆化条件下 CrMoV 钢的实验和预测疲劳门槛值 ΔK_{th}[11]

Liu 等[12]和 Du 等[13]都报道了 25Cr2Ni2MoV 钢焊接接头近门槛值区的疲劳裂纹扩展行为。图 7-10 为焊接接头的预测与实验的 ΔK_{th}。从图中可以看出，缺口在 BM 和 WM 中的预测与实验值相当吻合，而缺口在 HAZ 中的结果有很大偏差。这是由于 HAZ 的微观组织和强度与 BM 明显不同[14,15]。如图 7-11 所示，该模型在 30Cr2Ni4MoV 钢焊接接头中的验证（从获得的疲劳数据）表明，缺口在 BM 和 WM 中的预测结果与实验数据非常吻合，甚至在 300℃下人工时效处理 3000h 后的焊缝也得到了较好的预测。

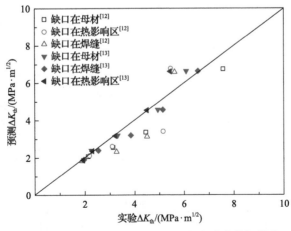

图 7-10　25Cr2Ni2MoV 钢焊接接头的预测与实验疲劳门槛值 ΔK_{th}[12,13]

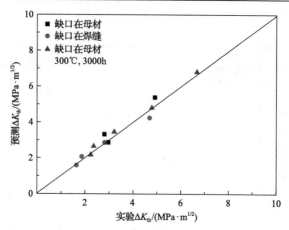

图 7-11　30Cr2Ni4MoV 钢焊接接头的预测和实验疲劳门槛值[6]

7.4.3　Zhu-Xuan 模型与 Kwofie-Zhu 模型的比较

图 7-12 仅为 da/dN-ΔK 曲线的预测结果。从图中可以看出，该模型在预测母材

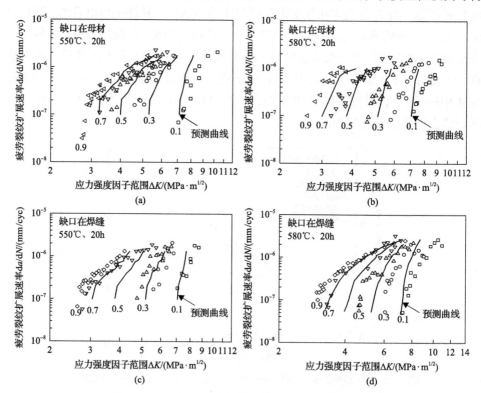

图 7-12　基于 Zhu-Xuan 模型的 da/dN-ΔK 曲线预测

(a) 550℃、20h 热处理母材；(b) 580℃、20h 热处理母材；(c) 550℃、20h 热处理焊缝；(d) 580℃、20h 热处理焊缝

与焊缝数据中表现出了不同的特征，焊缝预测的效果好于母材。从应力比相关性看，该模型对 $R=0.1$、$R=0.7$ 条件下的预测结果好于 $R=0.3$、$R=0.5$ 条件。对于疲劳门槛值的预测，如图 7-13 所示，该模型的预测误差大部分在 10% 以内。

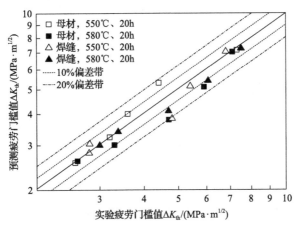

图 7-13　基于 Zhu-Xuan 模型的疲劳门槛值预测

图 7-14 为基于 Kwofie-Zhu 模型的预测结果。从图中可以看出，当改变横纵坐标为 $\Delta K \cdot f(R)/f(0.1)$ 和 $\mathrm{d}a/\mathrm{d}N \cdot [f(R)/f(0.1)]^n$ 后，原来不同应力比下的疲劳裂纹扩展数据能够很好地融合到一起，消除了应力比 R 的影响，尤其是对于 580℃、20h 热处理条件母材与焊缝的预测效果最好。此处纵坐标的 n 值需要根据式(7-34)拟合得到。

从模型验证结果看，Zhu-Xuan 模型和 Kwofie-Zhu 模型都具有很好的预测能力，Zhu-Xuan 模型的预测精度整体上不如 Kwofie-Zhu 模型。就模型的便捷性而言，Zhu-Xuan 模型的形式简单，参数已经由 CrMoV 钢的实验数据确定，只需直接代入应力比 $R=0.9$ 的数据即可进行数据预测，且门槛值预测误差普遍在

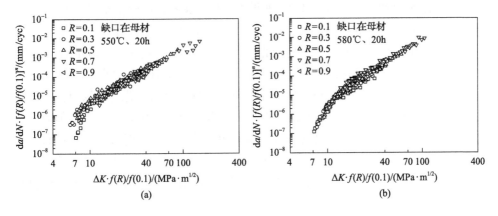

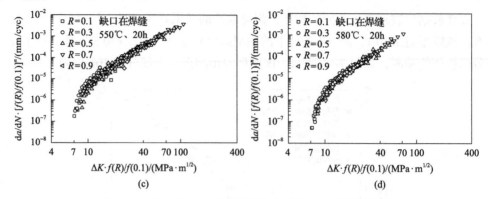

图 7-14　基于 Kwofie-Zhu 模型的 da/dN-ΔK 曲线预测结果

(a) 550℃、20h 热处理母材；(b) 580℃、20h 热处理母材；(c) 550℃、20h 热处理焊缝；
(d) 580℃、20h 热处理焊缝

10%以内，表明该模型对 CrMoV 钢具有较好的普适性。值得注意的是，直接使用 CrMoV 钢的模型参数是基于它们属于同一材料体系，具有类似的微观组织，参数的直接运用体现了模型的推广应用价值，较低的误差预测结果反映了模型可靠的预测能力。Kwofie-Zhu 模型涉及参数的求解过程，应用过程较为复杂，本章中模型参数与实施预测基于同一材料数据。两种模型的预测效果表明 Zhu 和 Xuan[16]最初提出的考虑两种机制的建模思路是可行的，统一模型更好地反映了近门槛值区的疲劳断裂机理。

7.5　时间相关的疲劳门槛值预测方法

7.5.1　时效老化前后的疲劳门槛值预测

Zhu 等[5]在研究 Kwofie 模型时，结合等效驱动力机制和裂纹闭合的内容，提出了新的预测模型，该模型能较好地预测多种 NiCrMoV 钢的疲劳门槛值。然而，其对 30Cr2Ni4MoV 钢焊接接头时效老化后的疲劳门槛值预测只考虑了母材部分，而没有考虑微观组织更加复杂的焊缝部分。图 7-15 是基于 Zhu-Xuan 模型预测和试验测量的时效老化前后母材和焊缝的疲劳门槛值的关系曲线。

由图 7-15 可知，Zhu-Xuan 模型能够较好地预测时效老化前后缺口位于母材位置的疲劳门槛值。缺口位于焊缝位置，时效前具有很好的预测效果，但时效老化后低应力比下会观察到预测的疲劳门槛值明显偏高。这与时效老化后母材和焊缝的有效微观组织尺寸随应力比的变化趋势有关。结合图 6-32 中时效老化前后缺口在母材和焊缝的有效特征组织尺寸 ρ 和应力比 R 的关系，可见老化前后母材和

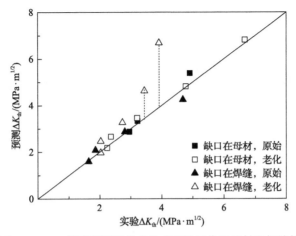

图 7-15　基于 Zhu-Xuan 模型预测时效老化前后缺口位于母材和焊缝的疲劳门槛值

焊缝的有效微观组织尺寸随应力比的变化趋势明显不同。因此，Zhu-Xuan 模型无法直接预测时效老化后焊缝位置的疲劳门槛值，有必要考虑时效影响重新确定 Zhu-Xuan 模型中的参数。

7.5.2　表征时效影响的参量

定量分析时效引起的疲劳门槛值的变化对评估服役材料和设备可靠性具有重要意义。作者定义了一个新的参量 λ，它代表时效老化前后疲劳门槛值的差与时效前疲劳门槛值的比值，用来反映时效老化处理对疲劳门槛值的影响，如式（7-37）所示。当 $\lambda > 0$ 时，表示时效后材料的疲劳门槛值下降，说明时效老化对材料的抗疲劳性能是不利的。当 $\lambda < 0$ 时，说明时效老化处理对材料是有益的。此外，λ 值偏离 0 越多，说明时效老化对材料疲劳性能的影响越显著。

$$\lambda = \frac{\Delta K_{\text{th}} - \Delta K_{\text{th,aged}}}{\Delta K_{\text{th}}} \tag{7-37}$$

式中，$\Delta K_{\text{th,aged}}$ 为时效后的疲劳门槛值；ΔK_{th} 为时效前的疲劳门槛值。

参量 λ 与应力比 R 的关系如图 7-16 所示。当缺口位于母材时，所有应力比 R 下参量 λ 的值均大于 0。随着应力比的增大，参量 λ 先逐渐增大，当应力比高于 0.7 时，几乎保持不变。一方面，在母材处时效会引起抗疲劳裂纹的阻力和疲劳门槛值的下降。另一方面，在更高的应力比下，时效作用更为显著。相比之下，缺口位于焊缝时参数 λ 值随着应力比 R 的增大而逐渐减小。参数值从应力比 $R=0.3$ 开始降低，当应力比 R 为 0.55 时达到 0，随着应力比的增大继续降低，当应力比 R 为 0.9 时，参数 λ 变为 −0.24。因此，在焊缝金属中存在一个临界值，它决定了时效老化过程对材料的抗疲劳性能是有益还是有害。参数λ的一个优点就是能够直接反映出时效老化后微观组织和应力比 R 对疲劳门槛值的影响程度。当缺口位于焊缝时，参数λ与应力比 R 的关系呈线性关系，表明应力比 R 的作用占主导地位；而当缺口位于母材时，随着应力比 R 的增加，控制因素由应力比 R 逐渐向微观组织转换。

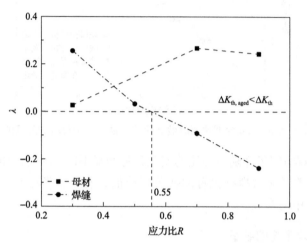

图 7-16　母材和焊缝处参量λ与应力比 R 的关系

7.5.3　焊缝时效后疲劳门槛值的预测

应用参数λ与应力比 R 的关系预测焊缝时效老化后的疲劳门槛值，这可能是可行的方法。参数λ与应力比 R 近似存在式(7-38)的线性关系。经过线性拟合后，参数 a 为 0.47，参数 b 为 0.8，相关系数高达 97%，具有很好的相关性。作者提出了一个新的预测时效老化后焊缝疲劳门槛值的模型，如式(7-39)所示。

$$\lambda = a + bR \tag{7-38}$$

$$\Delta K_{\text{th,aged},R} = \left[1 - (a + bR)\right]\frac{1}{A(R)}\Delta K_{\text{th}(0.9)}^{1-B(R)} \tag{7-39}$$

式中，a 和 b 为材料参数，可通过拟合获得。

因此，通过时效老化前焊缝处应力比 0.9 时的疲劳门槛值，可以利用式(7-39)预测时效老化后焊缝在其他应力比下($0.1 \leqslant R \leqslant 0.9$)的疲劳门槛值$\Delta K_{\text{th,aged},R}$。修正后的新模型能够很好地预测时效老化后焊缝处的疲劳门槛值，如图 7-17 所示。后续工作中，可以获得更多不同时效老化处理后的疲劳门槛值数据，以进一步验证模型的有效性。

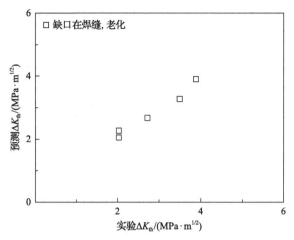

图 7-17　时效后缺口位于焊缝时采用新模型的预测结果和实验疲劳门槛值的关系

7.6　统一理论模型的科学本质

等效应力方法被归类为驱动力方法之一。如式(7-35)和式(7-36)所示，统一理论模型是通过联合裂纹闭合和等效应力方法建立的，目的是准确描述近门槛值区疲劳裂纹扩展的 R 效应。通过使用文献报道的各种 CrMoV 钢数据，验证了统一模型的实用性和有效性。总体来说，预测结果和实验数据之间取得了良好的一致性。预测中尚存的差异主要与微观组织和疲劳门槛值测量方法的不同有关。此外，在模型建立的过程中，简化地使用 Paris 规律来描述近门槛值区的数据可能是造成较低应力比下出现预测偏差的原因。

统一理论模型的优点之一是，它不涉及任何裂纹闭合测量，从机理上分析时，它实际上包括了几种典型的裂纹闭合模式。研究认为，在 Paris 区或 ΔK 较大的近门槛值区，驱动力与裂纹闭合两种方法几乎都能解释 R 效应，在这种情况下，PICC 在 FCG 中的主导地位不容忽视。这意味着等效应力参量实际上以更间接和隐性的方式描述了裂纹闭合的物理过程，尽管裂纹闭合也受到 Vasudeven 等[17]的质疑。因此可以认为，ΔK_{eff} 方法及 ΔK_{max} 和 ΔK 参数(包括等效应力参数)具有"裂纹闭合硬币"的两面性。

对于较高水平的 da/dN，主要是在 Paris 区中，ΔK_{eff} 方法将 PICC 的贡献从施加的 ΔK(即 ΔK_{app})，将不同 R 下的 FCG 融合成一条线。相比之下，ΔK_{max} 和 ΔK 参数或平均应力模型(如 σ_a–σ_m 关系)有可能将不同应力比下的 PICC 重新等效到同一水平。同样地，在近门槛值区，PICC 的水平在经过平均应力(等效应力)模型的修正后也将被等效为同一水平。然后，一个给定应力比处的等效应力强度与参考 R

处的值(本书,这个参考 R 是 0.9)的差异将等同于裂纹闭合的总贡献,它不仅包括 PICC,还包括 RICC 和 OICC。因此,裂纹闭合区涵盖了近门槛值区所有活跃的裂纹闭合模式。这种处理方式避免了对裂纹闭合水平的测量。图 7-18 描述了近门槛值区 R 效应统一理论模型的机制和构建思路。

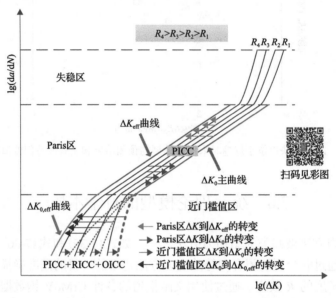

图 7-18　近门槛值区疲劳裂纹扩展 R 效应的统一理论模型示意图

统一理论模型的另一个重要优点是,它更容易应用于其他类型材料,主要由于$\Delta K_{th(0.9)}$可被认为是不受裂纹闭合的影响,而是材料的内在(固有)疲劳门槛值。Chan[18]研究指出,存在许多将固有疲劳门槛值与特征微观结构相关联的理论模型。

总之,裂纹扩展驱动力参数和裂纹闭合概念的统一,既具有包括所有 PICC、RICC 和 RICC 贡献而不涉及裂纹闭合测量的优点,又更容易应用于其他类型材料,具有较好的通用性。尽管如此,使用更准确的 da/dN-ΔK 关系而不是 Paris 定律来发展统一理论模型,以及考虑随机载荷、环境、混合断裂模式和多轴载荷的因素,也是未来工作中一个有价值的尝试。

参 考 文 献

[1] Xiao Z G, Yamada K. A method of determining geometric stress for fatigue strength evaluation of steel welded joints[J]. International Journal of Fatigue, 2004, 26(12): 1277-1293.

[2] Xu W, Westerbaan D, Nayak S, et al. Tensile and fatigue properties of fiber laser welded high strength low alloy and DP980 dual-phase steel joints [J]. Materials & Design, 2013, 43: 373-383.

[3] Kwofie S, Rahbar N. An equivalent driving force model for crack growth prediction under different stress ratios[J]. International Journal of Fatigue, 2011, 33 (9): 1199-1204.

[4] Zhu M L, Xuan F Z, Tu S T. Interpreting load ratio dependence of near-threshold fatigue crack growth by a new crack closure model [J]. International Journal of Pressure Vessels and Piping, 2013, 110: 9-13.

[5] Zhu M L, Xuan F Z, Tu S T. Effect of load ratio on fatigue crack growth in the near-threshold regime: A literature review, and a combined crack closure and driving force approach [J]. Engineering Fracture Mechanics, 2015, 141: 57-77.

[6] Du Y N, Zhu M L, Liu X, et al. Effect of long-term aging on near-threshold fatigue crack growth of Ni-Cr-Mo-V steel welds [J]. Journal of Materials Processing Technology, 2015, 226: 228-237.

[7] Kwofie S, Zhu M L. Modeling R-dependence of near-threshold fatigue crack growth by combining crack closure and exponential mean stress model [J]. International Journal of Fatigue, 2019, 122: 93-105.

[8] Forth S C, Newman Jr J C, Forman R G. On generating fatigue crack growth thresholds [J]. International Journal of Fatigue, 2003, 25 (1): 9-15.

[9] Stewart A T. The influence of environment and stress ratio on fatigue crack growth at near threshold stress intensities in low-alloy steels [J]. Engineering Fracture Mechanics, 1980, 13 (3): 463-478.

[10] Liaw P K, Saxena A, Swaminathan V P, et al. Effects of load ratio and temperature on the near-threshold fatigue crack propagation behavior in a CrMoV steel [J]. Metallurgical Transactions A, 1983, 14 (8): 1631-1640.

[11] Bulloch J. Near threshold fatigue crack propagation behaviour of CrMoV turbine steel [J]. Theoretical and Applied Fracture Mechanics, 1995, 23 (1): 89-101.

[12] Liu P, Lu F, Liu X, et al. Study on fatigue property and microstructure characteristics of welded nuclear power rotor with heavy section [J]. Journal of Alloys and Compounds, 2014, 584: 430-437.

[13] Du Y N, Zhu M L, Xuan F Z. Transitional behavior of fatigue crack growth in welded joint of 25Cr2Ni2MoV steel[J]. Engineering Fracture Mechanics, 2015, 144: 1-15.

[14] Zhu M L, Xuan F Z. Effects of temperature on tensile and impact behavior of dissimilar welds of rotor steels [J]. Materials & Design, 2010, 31 (7): 3346-3352.

[15] Zhu M L, Xuan F Z. Correlation between microstructure, hardness and strength in HAZ of dissimilar welds of rotor steels [J]. Materials Science and Engineering: A, 2010, 527 (16-17): 4035-4042.

[16] Zhu M L, Xuan F Z. Effect of microstructure on appearance of near-threshold fatigue fracture in Cr-Mo-V steel [J]. International Journal of Fracture, 2009, 159 (2): 111.

[17] Vasudeven A, Sadananda K, Louat N. A review of crack closure, fatigue crack threshold and related phenomena [J]. Materials Science and Engineering: A, 1994, 188 (1-2): 1-22.

[18] Chan K S. Variability of large-crack fatigue-crack-growth thresholds in structural alloys [J]. Metallurgical and Materials Transactions A, 2004, 35 (12): 3721-3735.

本章主要符号说明

符号	说明	符号	说明
$\mathrm{d}a/\mathrm{d}N$	疲劳裂纹扩展速率	σ_{m}	平均应力
$K_{\max}$	裂纹尖端的最大应力强度因子	σ_{ar}	$R=-1$ 时的应力幅
$K_{\mathrm{o}(R)}$	某一应力比下的裂纹闭合强度因子	ΔK	应力强度因子范围
K_{op}	裂纹张开应力强度因子	ΔK_0	$R=0$ 时应力强度因子范围
N	循环次数	ΔK_{eff}	有效应力强度因子范围
R	应力比	ΔK_R	任意 R 下的应力强度因子范围
R_{c}	临界应力比或转变应力比	ΔK_{th}	疲劳裂纹扩展门槛值
R_{ef}	已知的参考应力比	$\Delta K_{\mathrm{th,aged}}$	时效老化后的疲劳门槛值
$U_{(R)}$	不同应力比的裂纹闭合系数	$\Delta K_{0(0.9)}$	$R=0.9$ 时的 ΔK_0
λ	时效老化前后疲劳门槛值的差与时效前疲劳门槛值的比值	$\Delta K_{0(R)}$	任意 R 的 ΔK_0
σ	材料的平均应力敏感系数	$\Delta K_{0,\min}$	$R=0$ 时该 $\mathrm{d}a/\mathrm{d}N$ 水平下的最小应力强度因子范围
ρ	有效特征组织尺寸	ΔK_{eq}	等效应力强度因子范围
α_1	较低 R 处 α 的取值	$\Delta K_{\mathrm{o}(R)}$	裂纹张开所需的应力强度因子范围
α_2	较高 R 处 α 的取值	ΔK_R	任意 R 下的应力强度因子范围
σ_{a}	应力幅		

第8章 焊接接头高周疲劳试验研究

焊接接头由于存在几何结构[1]、材料性能[1]、显微硬度[2]及微观组织[2]等各种不均匀分布的影响，导致其力学性能分布不均匀，极易产生疲劳裂纹。自 20 世纪 80 年代以来[3-6]，焊接接头的疲劳行为一直是研究的重点，其疲劳强度和可靠性是保证设备安全服役的重要内容，因此关注焊接结构的设计和先进焊接技术的发展，旨在提供安全、可靠和持久的工程服务[7,8]，也对进一步研究焊接接头不均匀变形行为提供了工程实践基础。

焊接接头的高周疲劳试验通常受到多种因素的影响，相对均匀材料的疲劳行为及机理更加复杂。焊接接头的疲劳试验应该采用什么形式的试样是首选需要解决的问题，温度、频率[9,10]、试样尺寸等因素都将影响疲劳强度。对于频率的影响，主要与材料的应变率响应有关。例如，与传统的伺服液压、共振和旋转弯曲试验技术[11]相比，超声频率(如 20kHz)下的疲劳试验有时会导致截然不同的疲劳强度和失效机制[10]。因此，了解焊接接头超高周疲劳行为与频率之间的关系，对机械设计和可靠性评估至关重要。

对于材料循环软化与硬化的特性，通常认为 σ_b/σ_s(极限抗拉强度与屈服强度的比值)是衡量材料在循环应变下是否可能硬化或软化的定量指标，即当 $\sigma_b/\sigma_s < 1.2$ 时发生软化，当 $\sigma_b/\sigma_s > 1.4$ 时发生硬化[12]。该经验法基于低周疲劳数据，故仅适用于低周、高振幅循环的情况。因此，研究低振幅下的循环硬化/软化行为对解释某些工程材料的频率相关超高周疲劳行为具有重要价值。

8.1 焊接接头高周疲劳的关键问题

8.1.1 疲劳试样形式的选择

研究焊接接头的高周与超高周疲劳行为，首先需要确定焊接接头疲劳试样的形式。例如，对于 CrMoV-CrMoV 同种钢焊接接头，为保证焊接接头的各组元具有相同的宏观载荷，通常选择中间带平行段的试样形状，在理论上保证具有相同的断裂概率，以便合理评价焊接接头的薄弱位置。可以选择对称型试样形状，如图 8-1(a)所示，即试样焊缝居中，两端对称分布着热影响区和母材的跨接头试样；也可以选择不对称的试样形状，如图 8-1(b)所示，即试样以熔合线为中心，两侧分别对应焊缝与母材。比较两种形状疲劳试样的高周、超高周疲劳性能对焊接接

头疲劳试样的设计具有指导意义，这也是开展焊接接头疲劳行为试验需要回答的
问题。

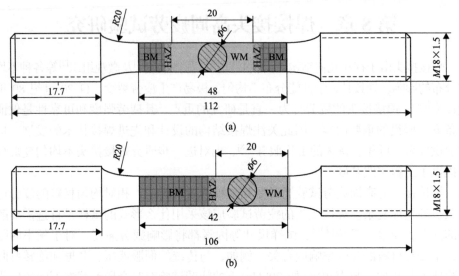

图 8-1　焊接接头高周疲劳性能研究的试样形状与尺寸(单位：mm)

(a)对称型试样形状(WM-C)；(b)不对称型试样形状(HAZ-C)

图 8-2 为焊接接头两种疲劳试样形状对应的 *S-N* 曲线。从图中可以看出，两
种试样形状的疲劳 *S-N* 曲线都为连续下降型，未见传统的疲劳极限，只存在条
件疲劳强度；WM-C 型试样的疲劳强度明显低于 HAZ-C 型，表明焊接接头的疲
劳试样类型对疲劳行为具有显著影响。比较室温与 300℃的疲劳强度可以看出，

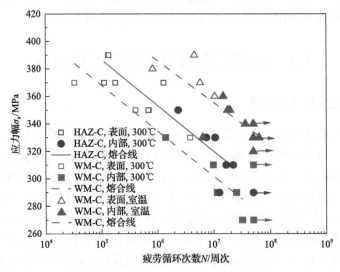

图 8-2　室温与 300℃时的疲劳 *S-N* 曲线

300℃下的疲劳强度明显低于室温，表明温度对疲劳强度具有较大的影响。从 S-N 曲线还可以看出，随着疲劳寿命的延长，疲劳裂纹的萌生位置逐渐从试样表面转移至试样内部，且 300℃的内部裂纹萌生出现的疲劳寿命较室温早，表明高温条件下更容易出现内部裂纹萌生模式。从中可以看出，WM-C 型试样的疲劳强度低，采用此种试样形式得到的疲劳强度更合理，能够反映出焊接接头疲劳强度的较低值，将其用于疲劳强度评价将更加保守、更安全。

图 8-3 为 300℃时的疲劳断口形貌，图 8-3(a)～(d)为 WM-C 试样的微缺陷形貌，图 8-3(e)～(h)为 HAZ-C 试样的微缺陷形貌。由于不同的裂纹萌生行为，同一应力水平（330MPa）对应的疲劳寿命也存在差异。图 8-3(a)与图 8-3(b)表示了疲劳裂纹萌生于较大的内部气孔，此时疲劳寿命最短；而图 8-3(c)和图 8-3(d)表示了裂纹萌生于母材的亚表面夹杂物处。同时可以看出，图 8-3(e)～(h)为 HAZ-C 试样疲劳裂纹萌生于内部微缺陷，且断口表面具有鱼眼形貌，对应的疲

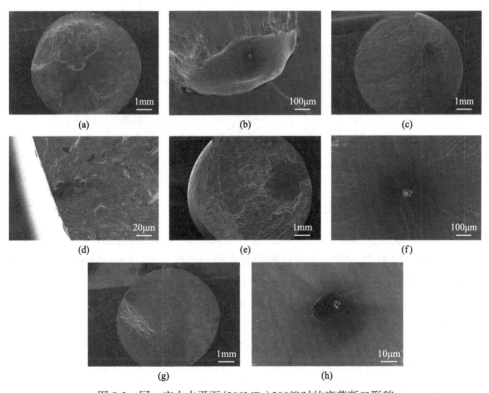

图 8-3　同一应力水平下（300MPa）300℃时的疲劳断口形貌

(a)～(d)为萌生于 WM-C 试样中的缺陷；(e)～(h)为萌生于 HAZ-C 试样中的缺陷。其中，(a)与(b)为焊缝内部气孔（N_f=1.41×10⁶ 周次）；(c)和(d)为母材亚表面夹杂物（N_f=3.84×10⁶ 周次）；(e)和(f)为焊缝内部夹杂物（N_f=7.5×10⁶ 周次）；(g)和(h)为焊缝内部夹杂物（N_f=1.07×10⁷ 周次）

劳寿命比 WM-C 试样的长。因此，在相同的应力水平下，微缺陷的尺寸和位置决定了疲劳寿命的变化。

图 8-4 为两种焊接接头疲劳试样断裂位置的变化。从图中可以看出，室温下的试样全部在焊缝处断裂，而在 300℃下试样的断裂位置分布在焊接接头各个部位中，表明高温使焊接接头各微区断裂的可能性增加。具体地讲，对于 HAZ-C 试样，在热影响区断裂的占比为 10%，在母材处断裂的占比为 50%，在焊缝处断裂的占比为 40%；而对于 WM-C 试样，断裂只发生在母材和焊缝处，占比分别为 40% 与 60%。断裂位置的变化既与焊接接头的结构弱区有关，又与温度的影响有关。

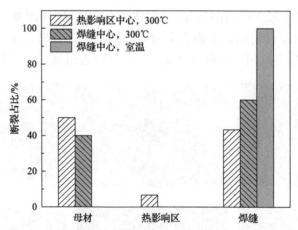

图 8-4　两种焊接接头疲劳试样在不同断裂位置的分布图

8.1.2　温度相关的动态应变时效行为

图 8-5 为室温和 300℃时 WM-C 与 HAZ-C 两种接头试样的拉伸应力-应变曲线。从图中可以看出，室温下的拉伸曲线光滑而连续，而 300℃时的曲线呈现出变形流动特性，表现出典型的动态应变时效行为。值得注意的是，HAZ-C 试样的流动特性比 WM-C 试样的大，表明其具有较高的动态应变时效程度；尽管流动过程中两种形状试样的应力不同，但可拉伸的强度相同，表明动态应变时效过程并不改变两种试样的抗拉强度，而仅对流动变形过程有影响[13-16]。拉伸过程中的流动变形本质上是由于高温下位错的解钉与再钉扎机制[17]，而高温循环载荷下动态应变时效会更加明显[18,19]。从图中可以看出，两种试样动态应变时效的差异与疲劳强度大小的关系一致。HAZ-C 试样较高的疲劳强度可能与 HAZ 周围局部不连续变形加剧了塑性变形的流动有关，引起了较高的动态应变时效水平，而 WM-C 试样的形状变形相对均匀与对称。

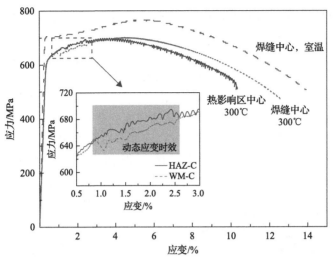

图 8-5　室温和 300℃时 WM-C 与 HAZ-C 两种接头试样的拉伸应力-应变曲线

　　考虑到焊接接头由多种材料组成,其中任意一个组成部分的动态应变时效程度必然存在差异。图 8-6 为母材、焊缝和焊接接头材料在 300℃时的拉伸应力-应变曲线。从图中可以看出,母材的拉伸曲线光滑且塑性变形阶段不存在流动特征,而焊缝和接头具有流动特征,可以认为动态应变时效主要源于焊缝的变形,这决定了接头中焊缝最容易出现动态应变时效。实际上,动态应变时效可以与断裂位置的转变联系起来,焊缝中较高程度的动态应变时效行为会降低焊缝自身的断裂概率,进而增加母材与热影响区的断裂概率,这与图 8-5 对断裂位置的统计结果是一致的。

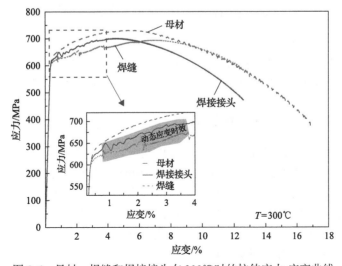

图 8-6　母材、焊缝和焊接接头在 300℃时的拉伸应力-应变曲线

动态应变时效的机制主要为 C、Cr 元素与移动位错的交互作用。图 8-7 为室温与 300℃时热影响区与焊缝界面处通过能谱分析的 C 与 Cr 元素的分布情况。由图 8-7(a)~(c)可见, C 元素分布均匀, 而 Cr 元素的分布不均, 存在多处贫 Cr 区, 这很可能是由于 Cr、C 元素结合为 M_xC_y 型碳化物(M 为 Cr 等元素的总称)[20-22]。富 Cr 相的形成需要 Cr 元素扩散形成新相, Cr 元素一般会扩散至原始奥氏体晶界或马氏体相边界, 从而引起了析出相与基体界面处贫 Cr 区的产生[23,24]。值得注意的是, 在 300℃疲劳测试条件下的 Cr 与 C 元素分布图中[图 8-7(d)~(f)], Cr 与 C 元素全部在局部区域增加, 这证实了加载过程中溶质原子与位错的交互作用。

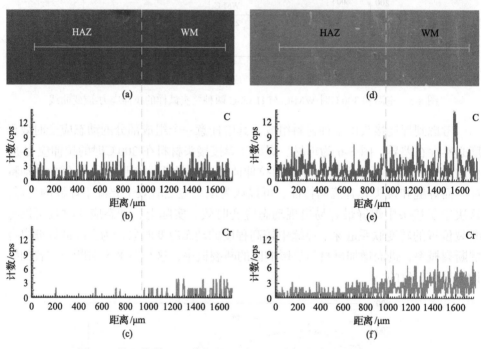

图 8-7　基于能谱 EDS 分析的 Cr 与 C 元素沿焊接接头的分布情况

(a)~(c)室温(σ_a=320MPa, N_f=3.68×10⁵周次)；(d)~(f)300℃(σ_a=330MPa, N_f=7.5×10⁶周次)

8.1.3　结构弱区与内部缺陷的竞争行为

焊接接头的显微硬度分布能够反映强度失配行为。在室温与 300℃测试未断的疲劳试样上切取矩形试样(48mm×6mm×6mm), 开展显微硬度测试。如图 8-8 所示, 焊缝相对母材和热影响区具有较低的显微硬度, 焊缝中的显微硬度存在两个谷值, 反映了相邻两个焊道施焊过程中的交互影响, 也表明总焊道的数量为两个。硬度最低点的出现代表着焊接接头中几何软区的形成, 而几何软区的形成主要与焊接过程中热、冶金因素的影响有关。从图中还可以看出, 结构弱区的位置在疲劳循环 5×10⁷ 周次后仍不发生变化, 表明结构弱区的位置相对稳定；而对于热影响区内部的硬度，在 300℃测试过后，原先的梯度分布程度相对减弱，这将降低热影响区周围的不连续变形。

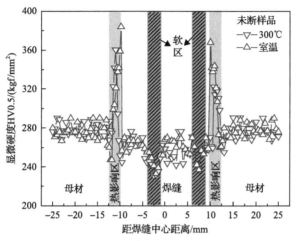

图 8-8　室温与 300℃未断试样焊接接头的显微硬度分布

图 8-9 与图 8-10 分别为 WM-C 与 HAZ-C 试样的断裂位置随应力幅的变化关系。从图中可以看出，断裂位置与载荷水平没有明显的相关性。对于 WM-C 试样，断裂位置多位于焊缝中的结构软区和平行段的末端母材，这表明疲劳失效源于结构软区或不连续区域引起的不匹配变形，这种条件对应的主应变达到最大值[1]。需要注意的是，对于 HAZ-C 试样，断裂位置多位于焊缝中的软区及母材和热影响区，边缘效应较弱；母材与热影响区出现断裂较多的原因可能是热影响区周围强烈的不对称变形引起了较大三轴应力度。因此，两种焊接接头试样

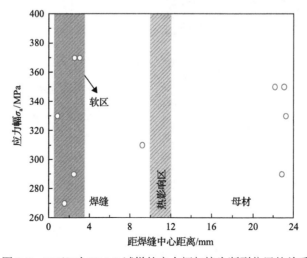

图 8-9　300℃时 WM-C 试样的应力幅与接头断裂位置的关系

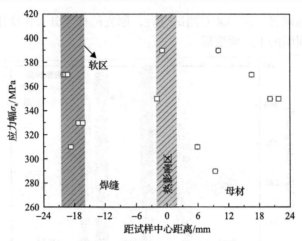

图 8-10　300℃时 HAZ-C 试样的应力幅与接头断裂位置的关系

断裂位置的变化暗示着试样的取样方式对高周、超高周疲劳的失效机理及疲劳强度具有较大的影响。从图 8-9 与图 8-10 中还可以看出，断裂于 WM-C 试样结构软区的应力水平低于 HAZ-C 试样，表明 WM-C 试样具有较低的疲劳强度。为阐明这种差异的微观机制，对焊缝接头软区断裂的疲劳断口进一步观察。如图 8-11 所

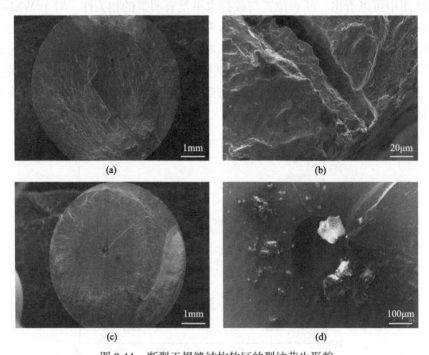

图 8-11　断裂于焊缝结构软区的裂纹萌生形貌

(a)和(b)表面缺陷(σ_a=370MPa, N_f=3.34×10⁴ 周次)，(c)和(d)内部微缺陷(σ_a=370MPa, N_f=1.15×10⁷ 周次)

示，在相同的应力水平下，当裂纹萌生于试样表面缺陷时，疲劳寿命较短，而萌生于内部微缺陷时，疲劳寿命较长，这表明当焊缝结构软区出现微缺陷时的断裂概率明显增加。可以认为，结构软区的断裂源于局部强度低和微缺陷的综合贡献。尽管如此，含有两个融合区的 WM-C 试样的变形趋于对称分布，而 HAZ-C 试样在试样的中心具有不匹配的变形，这可能是两种试样断裂位置发生变化的首要原因。

从图 8-12(b) 中可以看出，HAZ-C 试样的最大主应变主要出现在母材和焊缝软区，这有助于解释图 8-4 和图 8-10 中母材和焊缝软区断裂概率较高的原因。类似地，与热影响区和母材相比，WM-C 试样的焊缝软区和母材边缘出现了较高的主应变，如图 8-12(c) 所示。其所得结果与图 8-4 和图 8-10 中表示的焊缝和母材边缘较高的断裂概率一致。图 8-12(d) 定量地显示了两种试样平行截面上最大主应变的分布。对于 WM-C 试样有两个应变峰，分别代表两个软区，且 WM-C 试样的应变峰值高于 HAZ-C 试样，这表明较低的应力幅度可能导致 WM-C 试样软区的失效，如图 8-9 和图 8-10 所示。因此，WM-C 试样较高的应变水平意味着较低的疲劳强度。对于 HAZ-C 试样在熔合线附近的应变分布更为严重，而 WM-C 试样的应变分布更为对称，这解释了 HAZ-C 试样热影响区周围的失效情况，并合理地说明了不均匀变形对焊接接头失效位置的影响。同样，证明了不均匀变形的存在与试验温度无关。因此，WM-C 试样在室温下的疲劳强度也比 HAZ-C 试样弱。

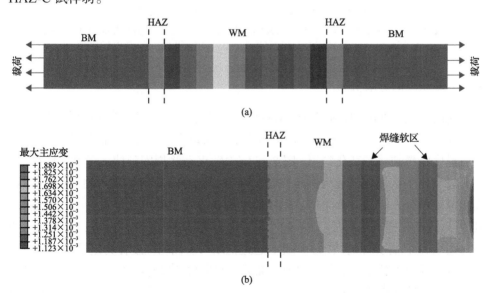

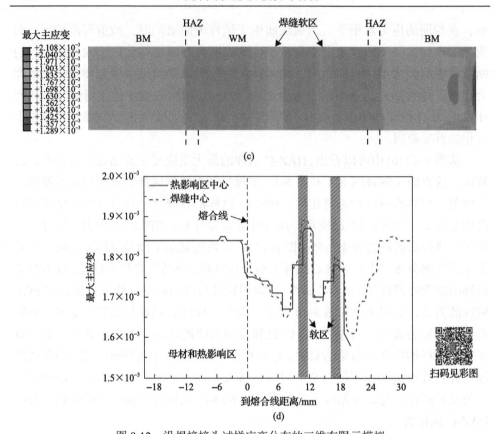

图 8-12   沿焊接接头试样应变分布的三维有限元模拟

(a)焊接接头的有限元模型；(b)应力水平为 350MPa 时 HAZ-C 试样的最大主应变分布；(c)应力水平为
350MPa 时 WM-C 试样的最大主应变分布；(d)沿焊接接头试样最大主应变的分布

8.1.4   微缺陷的影响机制

如前所述，300℃时内部微缺陷对长寿命疲劳失效发挥着重要作用。图 8-13
与图 8-14 为 HAZ-C 试样在两个应力水平下的断口表面形貌、表面粗糙度 R_a 分布
及粗糙度沿微缺陷的变化情况。图 8-13(a)中，夹杂物周围延伸出多条二次裂纹，
表明裂纹萌生区域存在较大的不匹配变形，这与图 8-13(b)中呈现的夹杂-基体界
面粗糙度的分布一致。图 8-13(c)中粗糙度的线分布结果也预示着夹杂物的位置，
其中 R_a 为断口平均粗糙度。图 8-14 为对含有明显鱼眼形貌的断口，粗糙度的分
布与图 8-13 具有类似的结果。因此，通过把断口表面粗糙度作为定量参量，可以
从客观上反映外部循环加载过程中内部裂纹萌生与扩展的演化过程。

另外，试样中的缺陷数量与试样的危险体积成正比[25]。在如图 8-1 所示的两
种试样形状中，WM-C 试样的危险体积高于 HAZ-C 试样，这预示着 WM-C 试样

具有较多微缺陷,进而增加了疲劳失效的概率。这与 WM-C 试样具有较短疲劳寿命和较低疲劳强度的试验结果是相符的。这使人们想到,若 WM-C 试样设计成与具有 HAZ-C 相同的平行段长度,该条件下需要评估将母材长度由 24mm 减小到 18mm 后的测试结果。可以肯定的是,母材长度减小后,因边缘效应发生的疲

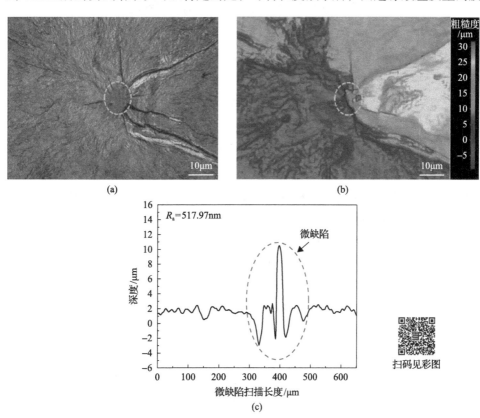

图 8-13 300℃时断裂于母材内部夹杂物的裂纹萌生区的形貌表征(应力一)

(a)光学显微镜下表面形貌(σ_a=330MPa,N_f=7.5×10⁶ 周次);(b)夹杂物周围表面粗糙度分布;
(c)沿夹杂物中心粗糙度线扫描分布

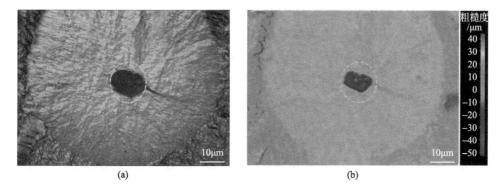

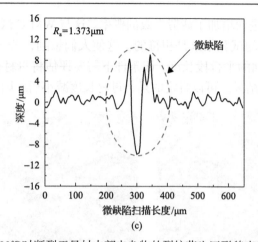

扫码见彩图

图 8-14　300℃时断裂于母材内部夹杂物的裂纹萌生区形貌表征(应力二)

(a)光学显微镜下表面形貌(σ_a=330MPa, N_f=1.07×10⁷周次); (b)夹杂物周围表面粗糙度分布; (c)粗糙度线扫描分布

劳断裂概率会降低,进而增加断裂于焊缝部分的概率,这将进一步降低 WM-C 试样的疲劳强度。本节两种疲劳试样具有相同的焊缝长度,理论上断裂于焊缝的概率是相同的。因此,可以推断 WM-C 试样具有较低的疲劳强度并不是由于 BM 较长,焊缝部位和熔合线区域的不连续变形才是主导因素。

8.2　焊接接头高周疲劳的应变速率效应

8.2.1　加载频率的相关性

图 8-15 为 CrMoV 低强钢焊接接头在不同频率下的疲劳试样尺寸和 S-N 曲线。110Hz 加载时,不对疲劳试样进行冷却,而在 20kHz 加载时,采用压缩空气对疲劳试样进行冷却,并采取 500ms 振动、1000ms 停歇的间隙加载模式,以控制试样的温度提升。从图中可以看出,在相同的寿命范围内,不同频率的疲劳试验观察到 S-N 曲线具有不同的形状。20kHz 时的 S-N 曲线呈连续下降的形状,而 110Hz 时的 S-N 曲线呈双线性,且具有传统的疲劳极限。此外,随着应力幅值的减小,在两个频率下的裂纹萌生都有明显的从表面到内部的转变。当疲劳寿命超过 2×10⁶ 周次时,两种频率条件下的内部失效模式占据主导地位。在 20kHz 时,在轴向载荷下,可以观察到表面和内部萌生模式的疲劳数据相互合并,形成一个不断延伸的 S-N 曲线。然而,对于 110Hz 的试验,可以确定两个分离的 S-N 曲线,即一个是表面萌生模式,另一个对应内部萌生模式。这两条 S-N 曲线形成了疲劳行为的双线性形状,类似于 Sakai 等[26]在旋转弯曲加载模式下提出的形状。本研究中,认为 110Hz 下的 S-N 曲线出现双线性形状与断裂位置的转变有关,可以认

为，20kHz 下的疲劳强度明显高于 110Hz 下的疲劳强度，这意味着频率对焊接接头的疲劳性能有显著影响。两个频率下疲劳强度的差异均随疲劳寿命的变化而变化，但与高周疲劳寿命区间(低于 10^6 周次)相比，超高周疲劳寿命区间下似乎存在更强的频率效应。

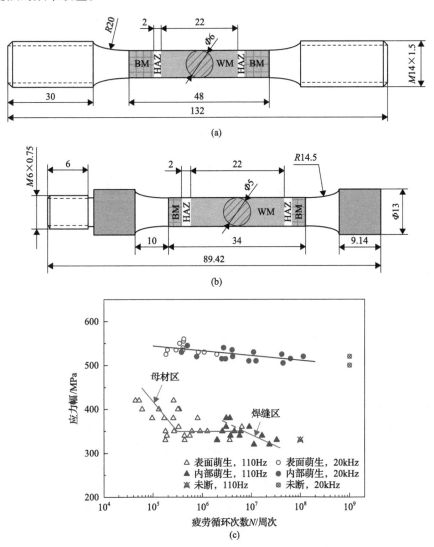

图 8-15　焊接接头超高周疲劳试验的试样尺寸(单位：mm)示意图与 *S-N* 曲线

(a) 110Hz；(b) 20kHz；(c) *S-N* 曲线

在 110Hz 和 20kHz 的疲劳试验中，试样的断裂位置有很大的不同。如图 8-16 所示，断裂占比在母材、焊缝和热影响区之间变化，更重要的是，其依赖于试验频率。在 110Hz 时，75%的断裂发生在接头的母材处，其次是焊缝，热影响区所占比例最低。相比之下，20kHz 时，约 60%的断裂位于焊缝，母材和热影响区具有相同的断裂概率。这表明当试验频率从 110Hz 增加到 20kHz 时，焊接接头的最薄弱区域从母材转变为焊缝。

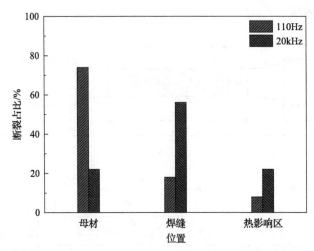

图 8-16　110Hz 和 20kHz 时焊接接头疲劳试验的母材、焊缝和热影响区处的断裂占比分布图

　　图 8-17 为 110Hz 下疲劳试验的四种裂纹萌生模式。在较高的应力幅下，裂纹倾向于从试样表面和靠近表面的非金属夹杂物萌生，如图 8-17(a) 和 8-17(b) 所示。图 8-17(c) 所示为较长疲劳寿命时，裂纹萌生于鱼眼中心的内部夹杂物，经能谱分析，夹杂物的化学成分中含有丰富的 Al 和 O 元素，夹杂物很可能以氧化物 Al_2O_3 的形式存在，这是在母材锻造过程中形成的。在某些情况下，裂纹萌生可能源于焊接缺陷，如焊缝中的气孔。图 8-17(d) 所示为从内部气孔边缘开始的疲劳裂纹形核及随后在鱼眼内的裂纹扩展过程。裂纹扩展开始时断口表面较光滑，随后变得粗糙，表明内部疲劳裂纹扩展直至失效过程中，裂纹扩展速率产生了变化。值得注意的是，实验中未观察到在焊缝的非金属夹杂物处萌生裂纹。

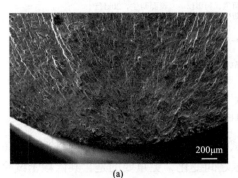

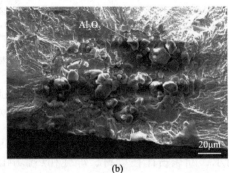

(a)　　　　　　　　　　　　　　　　　　　　(b)

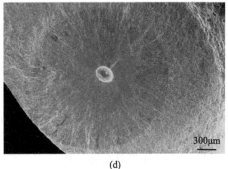

(c)　　　　　　　　　　　　　　　　　　　(d)

图 8-17　110Hz 时疲劳试验的裂纹萌生模式

(a)表面（σ_a=400MPa，N_f=1.3×10^5 周次）；（b）母材表面夹杂物（σ_a=380MPa，N_f=1×10^5 周次）；（c）母材的内部夹杂物（σ_a=360MPa，N_f=3×10^6 周次）；（d）焊缝的内部气孔（σ_a=320MPa，N_f=2.3×10^7 周次）

在 20kHz 时，疲劳裂纹萌生位置除了在试样表面和母材处的表面微缺陷外，很大一部分裂纹形核于焊缝处的非金属夹杂物处。如图 8-18 所示，与母材处扁平的夹杂物不同，焊缝处的夹杂物通常为椭圆形，且含有额外的 Si 和 Ca 元素。另外，夹杂物周围一些区域有许多细晶粒，其中断裂面更粗糙。这种粗糙区域在高强度钢中被称为细晶区（FGA）[26]。对于本书研究的低强度焊缝，仅在 20kHz 疲劳试验的夹杂物周围观察到了细晶区。图 8-18(a)为在疲劳寿命为 4.15×10^7 周次下两个分离的细晶区，即 A 和 B；在图 8-18(b)中，随着疲劳寿命增加到 1.15×10^8 周次，可以在夹杂物周围观察到一个大的圆形细晶区（视为 C）。细晶区内的裂纹占据了试样总疲劳寿命的大部分，这可能是首次在低强度钢中观察到细晶区，在高强度钢中提出了很多有关该现象的模型[27,28]。对于在低强度焊缝中出现的频率效应还有待进一步研究。

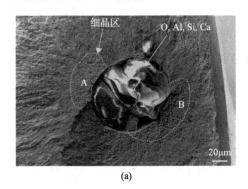
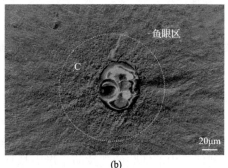

(a)　　　　　　　　　　　　　　　　　　　(b)

图 8-18　20kHz 时疲劳裂纹萌生于焊缝内部夹杂物的形貌

(a)夹杂物周围的细晶区 A 和 B（σ_a=525MPa，N_f=4.15×10^7 周次）；（b）更长疲劳寿命时夹杂物周围更大的细晶区 C（σ_a=520MPa，N_f=1.15×10^8 周次）

图 8-19 为在两个试验频率下表面和内部裂纹萌生的概率与应力幅的关系。该

概率是根据在表面(或内部)失效的试样数量与该应力水平下测试试样总数的比例来计算的。在图 8-19 中，在特定应力水平下测试的试样总数显示在柱形图的顶部，试样表面缺陷和内部缺陷的总失效比例为 1。如图 8-14(a)所示，对于 110Hz 的试验频率，当应力幅值大于 380MPa 时，裂纹萌生方式主要为表面萌生，随着应力水平降低，表面萌生的概率逐渐减小，而内部萌生的概率逐渐增大。当应力水平低于 330MPa 时，裂纹倾向于在内部缺陷处产生。而在 20kHz、应力水平在 525～545MPa 范围时，表面和内部缺陷裂纹萌生概率在 0.5 左右浮动，这表明试样表面和内部微缺陷几乎具有相同的疲劳裂纹萌生概率。当应力幅大于 545MPa 和小于525MPa 时分别由表面缺陷和内部缺陷致裂占主导作用。因此，对于这两种试验，根据应力水平范围，裂纹萌生转变行为可分为表面诱发萌生区、过渡区和内部缺陷诱发萌生区。其主要区别在于过渡区，当频率为 110Hz 时，表面成核逐渐向内部转化，而在 20kHz 时，两种萌生方式共存的概率几乎相等。前一种类型是出现常规疲劳极限现象的原因，而后一种类型导致 S-N 曲线呈现出连续下降的趋势。因此，110Hz 的传统疲劳极限值有 50%的概率为 350MPa。

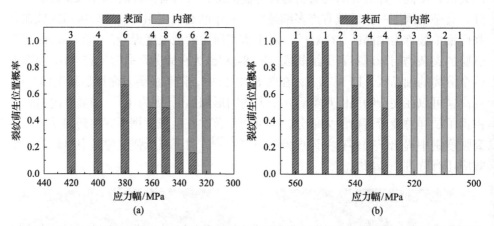

图 8-19　110Hz(a)和 20kHz(b)下应力水平对疲劳裂纹从试样表面向内部萌生转变过程的影响

　　众所周知，表面萌生是由循环应力水平引起的，而内部成核则是由局部最大应力引起的[29]。因此，在表面到内部微观缺陷的转变过程中，表面萌生和内部萌生的竞争始终存在。研究表明，除微缺陷的尺寸、形状和位置外，夹杂物与基体之间的弹性模量比、残余应力等因素对裂纹萌生的转变也有影响[30]。应力水平越低，内部缺陷的裂纹萌生潜力越高，这是由于超高周疲劳中局部循环变形会在内部微缺陷处不断地累积[31]。

　　研究断裂位置的转变过程对焊接接头更为重要。这需要通过仔细观察断口，测量断口位置到焊缝中心的距离。对于该试样，如果距离值小于 11mm，则试样在焊缝处断裂，如果距离大于 13mm，则试样在母材处断裂。如图 8-20 所示，断裂位置的转变也与应力水平有关。在 110Hz 试验的情况下［图 8-20（a）］，330MPa 是应力水平的临界值，当高于临界值时，断裂大多位于母材和热影响区中。类似地，如图 8-20（b）所示，当应力幅超过 510MPa 时，超声频率下，试样更可能在母材和热影响区断裂。当应力水平低于这些临界值时，焊缝是主要的裂纹萌生位置，因此焊缝是超高周疲劳区间的最薄弱区域。

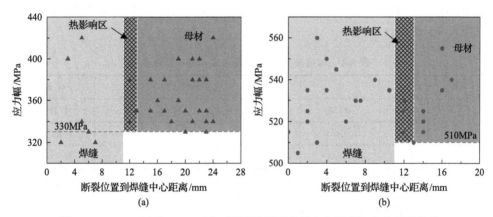

图 8-20　110Hz（a）和 20kHz（b）时断裂位置到焊缝中心距离与应力幅的关系

根据 110Hz 和 20kHz 条件下疲劳试验的试样尺寸，将平行截面的体积视为试样的控制体积 $V_{control}$。对于 110Hz 的试验，母材的控制体积 $V_{control,BM}$ 等于焊缝的控制体积 $V_{control,WM}$。这表明母材和焊缝应具有相同的疲劳失效概率。基于此，可以推断出与外部循环载荷相互作用的微缺陷的分布会导致母材失效的概率更高。然而，20kHz 情况下 $V_{control,WM}$ 是 $V_{control,BM}$ 的 2.75 倍，这意味着焊缝失效概率更高。这与图 8-18 的实验结果一致。因此，控制体积对焊缝断裂位置的转变起着重要作用。

焊接接头中断裂位置的转变对 S-N 曲线的形状有很大影响。110Hz 时，断裂大多在母材处出现，意味着焊接接头的 S-N 曲线主要由低强度母材的疲劳行为决定。因此，应力幅高于 330MPa 的 S-N 曲线形状类似于低强度钢 S-N 曲线的一般形式，通常包括下降部分和传统疲劳极限。如前所述，仅在 110Hz 的试验中观察到疲劳极限与疲劳裂纹萌生转变行为有关。类似地，当应力幅低于 330MPa 时，由于焊缝为主要断裂位置，使低强度焊接接头 S-N 曲线呈现另一种形式。换句话说，在 110Hz 下测试得到的焊接接头的双线型 S-N 曲线由两部分组成，即母材部分和焊缝部分。在 20kHz 的情况下，大多数断裂发生在焊缝处，因此焊接接头的 S-N 曲线的整体形状主要由焊缝控制。这就解释了在 $1×10^9$ 周次内 S-N 曲线显示出疲劳寿命持续下降的原因。

8.2.2 频率效应对疲劳寿命的影响

根据 Basquin 方程，两种频率下的 S-N 曲线可由式(8-1)表示：

$$\sigma_a = \sigma_f'(2N_f)^b \tag{8-1}$$

式中，σ_a 为应力幅；N_f 为疲劳寿命；σ_f' 为疲劳强度系数；b 为 Basquin 指数，参数值如表 8-1 所示。

表 8-1 焊接接头 S-N 曲线的 Basquin 方程参数

频率	σ_f'	b	N_f范围/周次	S-N 曲线
110Hz	2770	−0.1553	$6 \times 10^4 < N_f < 3 \times 10^5$	母材部分
	1047	−0.06657	$N_f > 7 \times 10^6$	焊缝部分
20kHz	605	−0.00873	$1 \times 10^5 < N_f < 2 \times 10^8$	整个接头

定义频率系数 F 表示为超声频率和常规频率下疲劳强度的比值，如式(8-2)所示，以便定量地评估频率效应。

$$F = \frac{(\sigma_a)_{20\text{kHz}}}{(\sigma_a)_{110\text{Hz}}} \tag{8-2}$$

式中，$(\sigma_a)_{20\text{kHz}}$ 和 $(\sigma_a)_{110\text{Hz}}$ 分别为超声频率和常规频率下的疲劳强度。

通过组合式(8-1)和式(8-2)，得出的参数 F 最终与 N_f 有关。如图 8-21 所示，F 值随着 N_f 的增加而逐渐增大，分为三种情况，即母材的频率效应、过渡区和焊

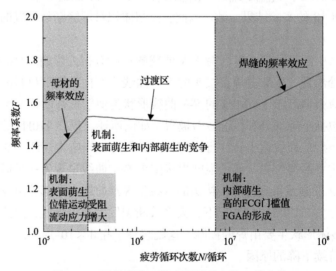

图 8-21 频率系数 F 随疲劳循环次数 N 的变化

缝的频率效应。在第一种情况下，频率主要影响母材的疲劳强度，其中大多数失效与表面裂纹萌生有关。从微观组织的角度来看，20kHz 时疲劳强度较高与位错难以运动和流动有关。过渡区的特点是表面和内部裂纹萌生之间存在长时间的竞争关系，直至内部微缺陷形成裂纹占据主导地位，整个过渡区中，20kHz 的疲劳强度稳定在 110Hz 的 1.5 倍左右。

当 N_f 超过 6×10^7 周次时，频率对焊接接头疲劳强度的影响转移到焊缝。N_f 越长，频率效应就越严重，这意味着频率效应取决于疲劳寿命或应力幅。可以看到，较低的应力水平仍可导致明显的频率效应，这与 Zhang 等[32]提出的模型非常吻合。值得注意的是，焊缝处的频率效应比母材处的频率效应更为明显。在超高周疲劳中，疲劳失效主要起源于内部微缺陷，其对疲劳强度的影响比对微观结构更明显[33]，因此需要考虑微缺陷或内部裂纹形核过程的作用。目前，已发现在形成细晶区前的应力强度因子 ΔK_{FGA} 的范围接近长裂纹的疲劳裂纹扩展（FCG）门槛值 ΔK_{th}[34]。根据 Murakami 方程[35]，如式(8-3)所示，在 20kHz 时，由于更高的应力范围 $\Delta\sigma$，所得 ΔK_{th} 的结果大。式中，$\sqrt{area}$ 为微缺陷在最大应力平面上的投影面积。在 20kHz 和 110Hz 下，焊缝部分内部裂纹扩展的 ΔK_{th} 值分别计算为 $11.81\text{MPa} \cdot \text{m}^{1/2}$ 和 $8.65\text{MPa} \cdot \text{m}^{1/2}$。换句话说，在 20kHz 时，需要更高的 $\Delta\sigma$ 以达到内部裂纹扩展的门槛值。细晶区的形成可视为损伤累积的过程，其消耗了大量的疲劳寿命。因此，仅在 20kHz 时观察到夹杂物周围出现细晶区，为超高周疲劳下具有更高的疲劳强度提供了直接证据。

$$\Delta\sigma = \frac{\Delta K}{0.5\sqrt{\pi\sqrt{area}}} \tag{8-3}$$

8.2.3 应变速率效应的科学本质

上述研究可知，低强钢焊接接头在 20kHz 下的疲劳强度远高于在 110Hz 下的疲劳强度。关于材料强度水平对超高周疲劳频率效应的影响已有许多讨论[36, 37]。然而，频率效应本质上与材料的应变率效应有关，即在具有体心立方晶体结构的材料中，应变率效应更为明显，因为在较高频率下保持活跃的滑移系数量较少，因此需要更高的位错运动活化能[38]。本书研究的焊接接头属于体心立方晶体类型的铁素体结构。因此，可以观察到频率对疲劳行为的明显影响。

作为一种基于物理的方法，应变率效应通常涉及位错形态演化和位错运动能力[15]。应变率效应的一种常见解释是，随着加载频率的增加，位错通过热激活克服阻碍的时间减少，从而降低了累积的塑性应变[39]。Zhang 等[32]将与频率相关的累积塑性应变描述为试验频率和应力水平的函数。在较低应力水平和较高频率下进行试验，可获得较小的塑性应变和较长的疲劳寿命。结果表明，超声频率下的整体疲劳损伤低于常规频率下的损伤。

在宏观上，随着应变速率的增加，可以发现很多钢和合金的屈服强度和流动应力增加[40-42]，Guennec 等[43]已经成功地将这种现象用于解释频率在 140Hz 下的疲劳数据的差异。如文献[44]所述，焊缝具有较高的屈服强度，但具有较低的应变硬化指数。频率为 110Hz，在较低应变速率下，焊缝的屈服强度始终高于母材，这与试样在母材处发生失效的数量更多是一致的。然而，频率在 20kHz 时，由于应变率效应，母材的屈服强度可能比焊缝增加得更多，疲劳强度最低的区域转变到了焊缝。因此，在高应变速率下，由于母材和焊缝提高屈服强度的能力不同，导致频率对断裂位置及其转变行为有显著的影响。

8.3 低强钢超高周疲劳循环硬化行为

8.3.1 表面形态的变化

超声频率下，母材可能会发生更大的循环强化，材料发生硬化。为研究这种影响，针对焊接接头的母材，通过制取疲劳试样，开展超声疲劳试验，并进行宏微观形貌的分析。图 8-22 为试样表面形态与循环周次 N 的关系。从图中可以观察到，随着 N 的增加，试样表面的划痕数量逐渐增加，表明试样表面疲劳损伤的划痕数量随着 N 从 $0 \sim 5 \times 10^7$ 周次的增加而逐渐增多。值得注意的是，当 N 增加到 5×10^8 周次时，试样表面含有一些长约 400μm 的划痕，如图 8-22(d)所示。该划痕被认为是疲劳过程中形成的疲劳滑移带，这表明即使在较低的应变幅下也存在疲劳损伤。通过扫描所有断裂的试样表面，得到的表面粗糙度 R_a 如图 8-23 所示。疲劳试样的表面粗糙度值用完整试样的表面粗糙度值进行归一化处理，以反映粗糙度随 N 的变化。很明显，当加载循环次数越多时，其表面粗糙度越高。因此，表面粗糙度值随着疲劳循环次数的增加而增加，这与表面形貌观察的结果一致。

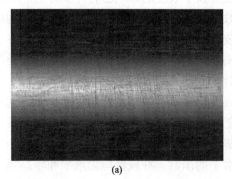
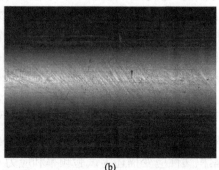

(a)   (b)

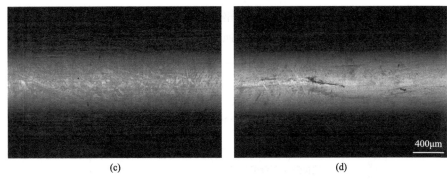

图 8-22 20kHz 时 410MPa 应力幅度下不同次数循环加载后的试样表面形貌

(a)$N=0$ 周次；(b)$N=5\times10^6$ 周次；(c)$N=5\times10^7$ 周次；(d)$N=5\times10^8$ 周次

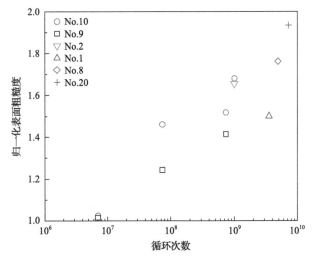

图 8-23 归一化表面粗糙度值随循环次数的变化

8.3.2 循环硬化行为的表征方法

图 8-24 为超声加载条件下，材料屈服强度和抗拉强度随 N 的变化。有趣的是，随着 N 的增加，屈服强度和抗拉强度先持续增加，然后在 1×10^9 周次后趋于平稳。需要注意，此处的材料强度为经过中断试验后，通过测量试样的拉伸强度得到。如图 8-24 中的虚线所示，无疲劳损伤试样的屈服强度和抗拉强度值较低。经过超声频率加载后，材料的屈服强度和抗拉强度分别增加约 30MPa 和 60MPa，这意味着当在 20kHz 下进行试验时，所研究的材料经历了循环硬化。这与通常认为的大多数情况下观察到的此类钢的循环软化不同[45]。循环硬化行为主要是由于频率效应的影响，这表明所研究的钢对应变率很敏感。在许多钢和合金中，随着应变速率的增加，类似的硬化和流动应力的增加已被广泛报道[40-42]。因此，在超声

频率下进行试验时，应特别注意低强度钢的超高周疲劳性能。也就是说，在评估超声频率下的疲劳强度时，应考虑钢的强化。

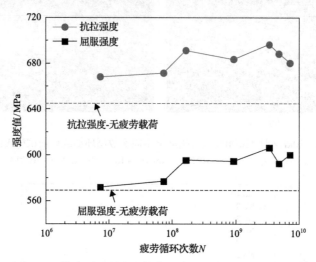

图 8-24　静态屈服强度和抗拉强度随疲劳循环次数的变化

8.3.3　循环硬化的微观机制

如图 8-24 所示，硬化过程与循环周次 N 有关。预计随着 N 的增加，位错和亚晶粒结构的微观结构形态也将发生变化。借助透射电镜，对疲劳样品的亚结构进行详细表征。如图 8-25 所示，有、无疲劳载荷试样的透射电镜形貌明显不同。在图 8-25（a）中，原始态材料的特征组织是板条马氏体，其上嵌有长而厚的碳化物，含有较少的位错。而在疲劳情况下，在 5×10^6 周次时，观察到许多由板条马氏体形成的亚晶粒，其边界十分清晰，如图 8-25（b）所示。这表明即使在较小的塑性应变幅下，也能在局部形成典型的塑性变形特征。随着 N 进一步增加到 5×10^7 周次［图 8-25（c）］，亚晶粒尺寸似乎减小，而位错密度增大，这与循环载荷下位错分布的动态回复及变化有关。图 8-25（d）显示了 5×10^8 周次的板条马氏体中位错的典型分布，很少观察到亚晶粒。由此推断，与循环软化情况相反，在超声频率的循环加载下，存在亚晶粒和位错结构的显著变化[45]。换言之，位错密度的增加为低强钢焊接接头的硬化行为提供了重要的证据。

如图 8-25（e）所示，位错可以直接穿过较小的碳化物，而它们也可以绕过较大的碳化物，这意味着板条马氏体上的碳化物对阻止位错的运动起着重要作用，这有助于材料在 10^9 周次后达到饱和阶段。当循环周次 N 进一步增加到 5×10^9 时，板条马氏体中无序分布着许多细小位错，限制了位错的运动。这表明超高应变速率下的低循环塑性连续引入细小位错，增加了位错密度。同时碳化物和板条对位错运动的限制有助于强化行为。因此，在 20kHz 的低循环塑性振幅下，位错稳定增殖是该低强度钢发生硬化的主要原因。

图 8-25　不同循环加载次数后位错亚结构的 TEM 形貌

(a)N=0 周次；(b)N=5×10^6 周次；(c)N=5×10^7 周次；(d)N=5×10^8 周次；(e)N=1.82×10^9 周次；(f)N=5×10^9 周次

参 考 文 献

[1] Zhang W C, Zhu M L, Wang K, et al. Failure mechanisms and design of dissimilar welds of 9% Cr and CrMoV steels up to very high cycle fatigue regime [J]. International Journal of Fatigue, 2018, 113: 367-376.

[2] Kolhe K P, Datta C K. Prediction of microstructure and mechanical properties of multipass SAW [J]. Journal of Materials Processing Technology, 2008, 197 (1-3): 241-249.

[3] Gurney T R. Fatigue of Welded Structures [M]. Cambridge: Cambridge University Press, 1979.

[4] Radaj D. Design and Analysis of Fatigue Resistant Welded Structures [M]. Cambridge: Woodhead Publishing, 1990.

[5] Radaj D, Sonsino C M, Fricke W. Fatigue Assessment of Welded Joints by Local Approaches [M]. Cambridge: Woodhead Publishing, 2006.

[6] Maddox S J. Fatigue Strength of Welded Structures [M]. Cambridge: Woodhead Publishing, 1991.

[7] Fricke W. Fatigue analysis of welded joints: State of development [J]. Marine Structures, 2003, 16 (3): 185-200.

[8] Wu Q, Xu Q, Jiang Y, et al. Effect of carbon migration on mechanical properties of dissimilar weld joint [J]. Engineering Failure Analysis, 2020, 117: 104935.

[9] Taylor D, Knott J F. The Effect of Frequency on Fatigue Crack Propagation Rate [M]. Amsterdam: Elsevier, 1984.

[10] Stanzl T S. Very high cycle fatigue measuring techniques [J]. International Journal of Fatigue, 2014, 60: 2-17.

[11] Shiozawa K, Lu L. Very high-cycle fatigue behaviour of shot-peened high-carbon-chromium bearing steel [J]. Fatigue & Fracture of Engineering Materials & Structures, 2002, 25 (8-9): 813-822.

[12] Klesnil M, Lukác P. Fatigue of Metallic Materials [M]. Amsterdam: Elsevier, 1992.

[13] Barton D J, Kale C, Hornbuckle B C, et al. Microstructure and dynamic strain aging behavior in oxide dispersion strengthened 91Fe-8Ni-1Zr (at%) alloy [J]. Materials Science and Engineering: A, 2018, 725: 503-509.

[14] Voyiadjis G Z, Song Y, Rusinek A. Constitutive model for metals with dynamic strain aging [J]. Mechanics of Materials, 2019, 129: 352-360.

[15] Yang S, Xue L, Lu W, et al. Experimental study on the mechanical strength and dynamic strain aging of Inconel 617 using small punch test [J]. Journal of Alloys and Compounds, 2020, 815: 152447.

[16] Zhou P, Song Y, Hua L, et al. Mechanical behavior and deformation mechanism of 7075 aluminum alloy under solution induced dynamic strain aging [J]. Materials Science and Engineering: A, 2019, 759: 498-505.

[17] Pham M S, Holdsworth S R. Dynamic strain ageing of AISI 316L during cyclic loading at 300℃: Mechanism, evolution, and its effects [J]. Materials Science and Engineering: A, 2012, 556: 122-133.

[18] Picu R C. A mechanism for the negative strain-rate sensitivity of dilute solid solutions [J]. Acta Materialia, 2004, 52 (12): 3447-3458.

[19] Soare M A, Curtin W A. Solute strengthening of both mobile and forest dislocations: The origin of dynamic strain aging in fcc metals [J]. Acta Materialia, 2008, 56 (15): 4046-4061.

[20] Zhu M L, Wang D Q, Xuan F Z. Effect of long-term aging on microstructure and local behavior in the heat-affected zone of a Ni-Cr-Mo-V steel welded joint [J]. Materials Characterization, 2014, 87: 45-61.

[21] Wieczerzak K, Żywczak A, Kanak J, et al. Magnetic detection of chromium depleted regions in metastable Fe-Cr-C alloy [J]. Materials Characterization, 2017, 132: 293-302.

[22] Caillard D. Dynamic strain ageing in iron alloys: The shielding effect of carbon [J]. Acta Materialia, 2016, 112: 273-284.

[23] Kaneko K, Fukunaga T, Yamada K, et al. Formation of M23C6-type precipitates and chromium-depleted zones in austenite stainless steel [J]. Scripta Materialia, 2011, 65 (6): 509-512.

[24] Niewolak L, Garcia-Fresnillo L, Meier G H, et al. Sigma-phase formation in high chromium ferritic steels at 650℃[J]. Journal of Alloys and Compounds, 2015, 638: 405-418.

[25] Mughrabi H. On 'multi-stage' fatigue life diagrams and the relevant life-controlling mechanisms in ultrahigh-cycle fatigue [J]. Fatigue & Fracture of Engineering Materials & Structures, 2002, 25 (8-9): 755-764.

[26] Sakai T, Sato Y, Oguma N. Characteristic S-N properties of high-carbon-chromium-bearing steel under axial loading in long-life fatigue [J]. Fatigue & Fracture of Engineering Materials & Structures, 2002, 25 (8-9): 765-773.

[27] Sakai T. Review and prospects for current studies on very high cycle fatigue of metallic materials for machine structural use [J]. Journal of Solid Mechanics and Materials Engineering, 2009, 3 (3): 425-439.

[28] Grad P, Reuscher B, Brodyanski A, et al. Mechanism of fatigue crack initiation and propagation in the very high cycle fatigue regime of high-strength steels [J]. Scripta Materialia, 2012, 67 (10): 838-841.

[29] Xue H Q, Bayraktar E, Bathias C. Damage mechanism of a nodular cast iron under the very high cycle fatigue regime [J]. Journal of Materials Processing Technology, 2008, 202 (1-3): 216-223.

[30] Zhu M L, Xuan F Z. Fatigue crack initiation potential from defects in terms of local stress analysis [J]. Chinese Journal of Mechanical Engineering, 2014, 27 (3): 496-503.

[31] Chai G, Zhou N, Ciurea S, et al. Local plasticity exhaustion in a very high cycle fatigue regime [J]. Scripta Materialia, 2012, 66 (10): 769-772.

[32] Zhang Y Y, Duan Z, Shi H J. Comparison of the very high cycle fatigue behaviors of INCONEL 718 with different loading frequencies [J]. Science China Physics, Mechanics and Astronomy, 2013, 56 (3): 617-623.

[33] Zhu M L, Xuan F Z, Chen J. Influence of microstructure and microdefects on long-term fatigue behavior of a Cr-Mo-V steel [J]. Materials Science and Engineering: A, 2012, 546: 90-96.

[34] Shiozawa K, Morii Y, Nishino S, et al. Subsurface crack initiation and propagation mechanism in high-strength steel in a very high cycle fatigue regime [J]. International Journal of Fatigue, 2006, 28 (11): 1521-1532.

[35] Murakami Y. Metal Fatigue: Effects of Small Defects and Nonmetallic Inclusions [M]. Pittsburgh: Academic Press, 2019.

[36] Zhang J, Song Q, Zhang N, et al. Very high cycle fatigue property of high-strength austempered ductile iron at conventional and ultrasonic frequency loading [J]. International Journal of Fatigue, 2015, 70: 235-240.

[37] Zhao A, Xie J, Sun C, et al. Effects of strength level and loading frequency on very-high-cycle fatigue behavior for a bearing steel [J]. International Journal of Fatigue, 2012, 38: 46-56.

[38] Papakyriacou M, Mayer H, Pypen C, et al. Influence of loading frequency on high cycle fatigue properties of b.c.c. and h.c.p. metals [J]. Materials Science and Engineering: A, 2001, 308 (1-2): 143-152.

[39] Morrissey R J, McDowell D L, Nicholas T. Frequency and stress ratio effects in high cycle fatigue of Ti-6Al-4V [J]. International Journal of Fatigue, 1999, 21 (7): 679-685.

[40] Nicholas T. Tensile testing of materials at high rates of strain [J]. Experimental Mechanics, 1981, 21 (5): 177-185.

[41] Lee W S, Liu C Y. The effects of temperature and strain rate on the dynamic flow behaviour of different steels [J]. Materials Science and Engineering: A, 2006, 426 (1-2): 101-113.

[42] Tsuchida N, Masuda H, Harada Y, et al. Effect of ferrite grain size on tensile deformation behavior of a ferrite-cementite low carbon steel [J]. Materials Science and Engineering: A, 2008, 488 (1-2): 446-452.

[43] Guennec B, Ueno A, Sakai T, et al. Effect of the loading frequency on fatigue properties of JIS S15C low carbon steel and some discussions based on micro-plasticity behavior [J]. International Journal of Fatigue, 2014, 66: 29-38.

[44] Zhu M L, Xuan F Z. Effect of microstructure on strain hardening and strength distributions along a Cr-Ni-Mo-V steel welded joint [J]. Materials & Design (1980-2015), 2015, 65: 707-715.

[45] Mayer T, Balogh L, Solenthaler C, et al. Dislocation density and sub-grain size evolution of 2CrMoNiWV during low cycle fatigue at elevated temperatures [J]. Acta Materialia, 2012, 60 (6-7): 2485-2496.

本章主要符号说明

b	Basquin 指数	$V_{control,WM}$	焊缝的控制体积
F	频率系数	σ_a	应力幅度和
N	循环周次	σ_b	极限抗拉强度
N_f	疲劳寿命	σ_f'	疲劳强度系数
$2N_f$	载荷逆转到失效的次数	σ_s	屈服强度
$V_{control}$	试样的控制体积	ΔK_{FGA}	细晶区前面的应力强度因子
$V_{control,BM}$	母材的控制体积	$\Delta\sigma$	应力范围

第9章　同种钢焊接接头的超高周疲劳强度

　　焊接结构存在同种材料和异种材料两种连接形式，在确定焊接接头高周疲劳试验方法的基础上，有必要深入研究焊接接头的高周和超高周疲劳强度。尤其是在超高周疲劳寿命区间，疲劳破坏的机理将发生变化，疲劳极限及 S-N 曲线相对传统认识也可能发生较大变化，在多种因素的影响下，如何合理评价焊接接头的疲劳强度成为需要解决的问题。另外，焊接接头的削弱系数处于什么范围内，如何通过削弱系数优化制造工艺？此外，在疲劳强度评价方面，现有的标准或准则能否适用，能否用于焊接接头超长寿命条件下的疲劳强度评价，这些都是需要考虑的问题。

9.1　CrNiMoV 钢焊接接头的不均匀微观组织

　　焊接接头的微观组织、力学性能十分复杂，且在服役条件下随着服役时间的增加，其微观组织和力学性能还将发生不同程度的变化，这使得对焊接接头的表征更加复杂。CrNiMoV-CrNiMoV 同种转子钢焊接接头由 CrNiMoV 母材和焊缝填充金属通过窄间隙埋弧焊焊接工艺获得，焊接完成后，随即对焊接接头进行焊后热处理，以优化微观组织并释放焊接残余应力。

　　图 9-1 为不同放大倍数下 CrNiMoV 母材的微观组织。从图中可以看出，CrNiMoV 母材以贝氏体为基体，呈等轴晶状态，基体间弥散分布着少量的马氏体，其在

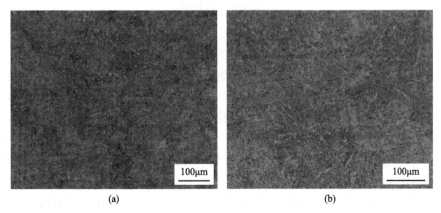

(a)　　　　　　　　　　　　　　(b)

图 9-1　CrNiMoV-CrNiMoV 同种转子钢焊接接头母材的微观组织

(a) 200×；(b) 500×

一定程度上起着强化相的作用。此外，在母材的微观组织中还可以发现少量的铁素体。

图 9-2 为焊缝金属的微观组织。由于焊接时采用多层多道焊工艺，所以焊缝金属反复经受焊接热循环，致使焊缝金属的微观组织呈现出周期性的变化，即在焊缝中周期性地分布着等轴晶和柱状晶。图 9-2(a) 为焊缝金属中等轴晶状微观组织，可以看出焊缝金属中以贝氏体为基体，呈等轴晶态分布，基体间弥散分布着马氏体，同时还含有一定量的铁素体，并且其铁素体含量较 CrNiMoV 母材中的铁素体含量略高。图 9-2(b) 为焊缝金属，同样以贝氏体为基体，呈柱状晶态分布，柱状晶较为粗大，基体间弥散分布着马氏体和铁素体。从焊缝金属的周期性微观组织可以预测，焊缝金属的基本力学性能也应呈现出周期性的变化。由此可见，多层多道焊的反复焊接热循环对焊缝金属的力学性能及微观组织具有重要影响。

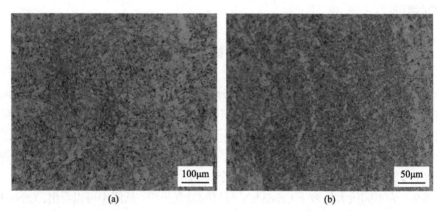

(a)　　　　　　　　　　　　　　(b)

图 9-2　CrNiMoV-CrNiMoV 同种转子钢焊接接头焊缝金属的微观组织
(a) 200×；(b) 500×

图 9-3 为 CrNiMoV-CrNiMoV 同种转子钢焊接接头热影响区的微观组织。图 9-3(a) 和 9-3(b) 为焊接接头热影响区的微观组织全貌，可以看出热影响区与焊缝金属之间具有十分明显的分界线，即熔合线。熔合线两侧具有明显不同的微观组织，在接近熔合线的地方，热影响区的晶粒较为粗大；远离熔合线，热影响区的晶粒尺寸逐渐减小，最终与母材的晶粒尺寸基本相当。图 9-3(c) 给出了粗晶区的微观组织，可以看出，粗晶区除具有较大的晶粒尺寸外，其晶粒内大量分布着马氏体，即粗晶区在经历焊接热循环作用后，由原来的贝氏体基体转变为马氏体基体。图 9-3(d) 给出了细晶区的微观组织，可以看出细晶区内的晶粒尺寸较小，且仍以贝氏体为基体，但相对于母材而言，弥散分布的马氏体含量有所减少，即在焊接热循环的作用下，细晶区内原有的强化相有所减少。

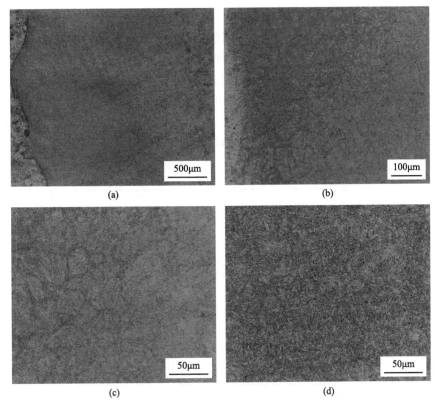

图 9-3　CrNiMoV-CrNiMoV 同种转子钢焊接接头热影响区的微观组织
(a) 和 (b) 热影响区微观组织总体图；(c) 粗晶区；(d) 细晶区

　　综上所述，对于焊接接头的微观组织，除粗晶区外，都是以贝氏体为基体，弥散分布着马氏体和铁素体，不同的是各个区域的马氏体和铁素体的含量，但各个区域力学性能的差别正是由这些含量不同的马氏体和铁素体来体现。

9.2　焊接接头疲劳强度的温度相关性

9.2.1　疲劳 S-N 曲线形状的变化

　　图 9-4 为焊接接头材料在室温与 370℃时的疲劳 S-N 曲线。从图中可以看出，当疲劳寿命低于 10^6 周次时，室温与 370℃的疲劳强度分布在 300～400MPa，然而当寿命超过 10^6 周次时，370℃下试样的疲劳强度低于室温试样。这表明高温下焊接接头的超高周疲劳性能是较弱的，这是在意料之中的且与已有的报道结论是一致的[1-4]。值得注意的是随着应力水平的下降，疲劳裂纹源的位置逐渐从试样

表面向试样内部转移。从室温与 370℃的疲劳测试结果可知，当疲劳循环次数低于 10^6时，疲劳裂纹主要从表面萌生，然而当循环次数超过 10^6时，疲劳裂纹主要从内部萌生。试样表面的失效主要有两种起裂模式，第一是不考虑试样表面微观缺陷的存在，由试样表面应变局部化引起；第二是由试样表面夹杂物或气孔引起。图 9-4 中，室温结果与 Zhu 等[5]先前的工作是相似的，室温 S-N 曲线呈现"双线型"，在 310MPa 附近有疲劳平台(红色点划线标记处)，但是 370℃的 S-N 曲线中疲劳强度随着疲劳寿命增加而单调递减，没有疲劳极限，这可能与温度的影响有关。

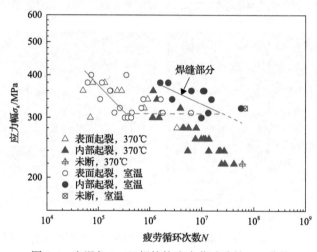

图 9-4　室温与 370℃焊接接头疲劳试验的 S-N 曲线

9.2.2　疲劳裂纹萌生模式的差异

图 9-5 为室温下焊接接头母材、焊缝区内部裂纹萌生区的断裂形貌。图 9-5(a)中的夹杂物表面平坦且无定形，夹杂物嵌入母材基体中。焊接接头母材是锻造成型，因而夹杂物形貌与锻造处理过程相关，在夹杂物数量不唯一的情况下，控制疲劳失效的关键是缺陷与基体的竞争。图 9-5(b)为母材区双鱼眼形貌，利用 EDS 分析夹杂物成分，发现这种受锻造影响的夹杂物主要成分为 Al 和 O。图 9-5(c)和 9-5(d)表示由焊缝区气孔及非金属夹杂物形成的疲劳裂纹源。EDS 结果表明，焊接过程形成的夹杂物主要化学成分为 Ca、Mg、Al 及 O。母材以及焊缝的 EDS 分析结果见表 9-1。在室温"双线型"S-N 曲线中，焊缝区内部缺陷疲劳测试数据是一相对独立的部分，见图 9-4 中焊缝部分指示线标记部分。

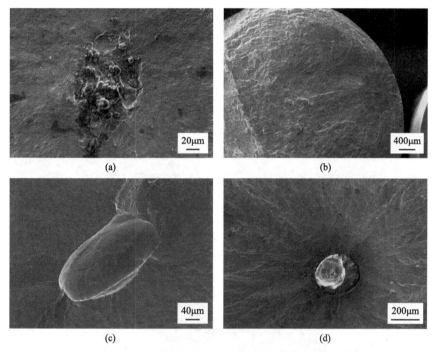

图 9-5　室温疲劳试验的内部起裂模式及形貌

(a) 母材内部夹杂物 (σ_a=360MPa, N_f=1×10⁷周次)；(b) 母材内部两个鱼眼中心的夹杂物 (σ_a=340MPa, N_f=2.7×10⁶周次)；(c) 焊缝中的内部气孔 (σ_a=360MPa, N_f=1.1×10⁷周次)；(d) 焊缝中的内部夹杂物 (σ_a=380MPa, N_f=1.6×10⁶周次)

表 9-1　CrNiMoV 钢焊接接头夹杂物成分的 EDS 分析

材质	元素	质量分数/%	材质	元素	质量分数/%
母材 夹杂物	O	43.54	焊缝 夹杂物	C	0.60
	Mg	0.02		O	48.98
	Al	52.30		Mg	10.69
	Ca	0.09		Al	10.85
	Cr	0.80		Ca	27.22

图 9-6 为 370℃时疲劳裂纹的起裂模式及形貌。图 9-6(a) 是热影响区的块状微缺陷，裂纹源于亚表面，且其疲劳寿命较短。图 9-6(b) 是母材中放大的非金属夹杂物形貌，夹杂物周围可见裂纹扩展路径及鱼眼边界，断面上还可见一些由非金属夹杂物开裂形成的分散球形颗粒。图 9-6(c) 和图 9-6(d) 分别表示焊缝区气孔起裂及热影响区表面缺陷起裂。370℃下疲劳的鱼眼范围内，断面整体较为平坦，试样边缘无突起，表明裂纹扩展沿试样内部方向。Sakai 等[6]认为，细晶区 (FGA) 易见于高强钢疲劳，但在本章中，室温与 370℃时的微缺陷周围都未见细晶区组织，Zhu 等[2,4,7]在频率相近的疲劳研究中得出了相同的结论。Zhang 等[8]认为，在

低频率循环加载时，中强钢不会产生细晶区。对低强钢来说，由于在 20kHz 疲劳测试的试样中，Zhu 等[5]发现了细晶区，因此可以推测细晶区的形成与频率相关。

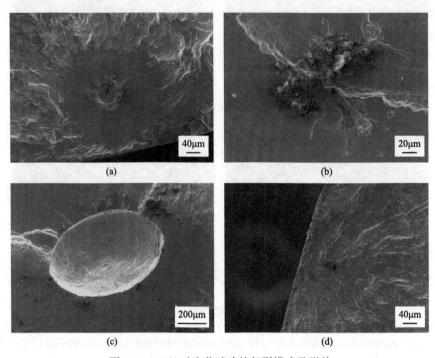

(a)
(b)
(c)
(d)

图 9-6　370℃时疲劳试验的起裂模式及形貌

(a)热影响区亚表面夹杂物（σ_a=280MPa, N_f=4.3×10⁶周次）；　(b)母材内部夹杂物（σ_a=260MPa, N_f=1.2×10⁷周次）；
(c)焊缝中的内部气孔（σ_a=220MPa, N_f=2.4×10⁷周次）；　(d)热影响区表面缺陷萌生（σ_a=380MPa, N_f=1.3×10⁵周次）

9.2.3　疲劳试样的显微硬度与微观结构

图 9-7 为室温及 370℃下焊接接头的显微硬度。从图 9-7 可知，硬度呈对称分布，370℃下焊接接头的硬度高于室温，且母材与焊缝区的硬度比较接近，热影响区的硬度最高，相对于室温，370℃下热影响区的硬度也得到提高。370℃下试样整体硬度的提升对其疲劳强度是不利的，在同等应力水平下，370℃下的疲劳寿命将低于室温，这一点可从图 9-4 中室温与 370℃的 S-N 曲线疲劳试验数据得到验证。高温下，母材与焊缝区的硬度接近这种现象，有可能导致这两部分出现疲劳失效概率相近的情况，热影响区硬度的提升进一步增大了其与相邻区域硬度的差距，使不匹配效应增加，导致在局部连接处发生疲劳失效的概率增大。而从室温下的测试结果来看，其硬度分布呈现金字塔形，热影响区硬度最高，焊缝区的硬度次之，母材的硬度最低。因此，母材是焊接接头硬度最薄弱的环节，该位置发生疲劳失效的可能性是最大的。

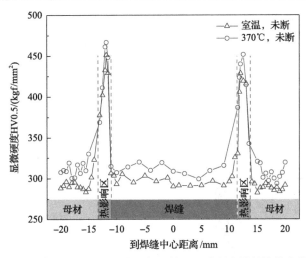

图 9-7　室温与 370℃时疲劳未断试样的显微硬度沿焊接接头分布

进一步考查室温及 370℃下未失效试样焊缝金属的微观组织。图 9-8(a)为室温未断试样的微观结构，其主要以细长的板条状贝氏体为主，对比发现，相对于未疲劳的焊缝金属，疲劳后焊缝材料的微观结构并没有发生改变。图 9-8(b)为 370℃未断试样微观结构，其中出现粒状贝氏体，粒状贝氏体结构的应力集中高，易提高材料的裂纹敏感性[9]，据此可以解释两方面的内容：一方面，焊缝区疲劳失效概率会提升，具体见 9.2.4 节疲劳试验断裂位置分析；另一方面，在同等应力水平下，370℃下的疲劳寿命低于室温。与室温下疲劳未失效及未疲劳材料的微观结构相比，仅 370℃下焊缝金属的组织发生改变，这表明温度对材料组织的改变有重要影响。

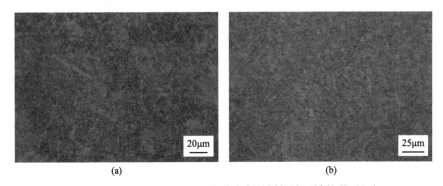

图 9-8　室温(a)与 370℃(b)疲劳未断试样焊缝区域的微观组织

9.2.4　疲劳起裂与断裂位置的转移

焊接接头不同区域断裂位置百分比的统计如图 9-9 所示。室温下大约 70%的断裂出现在母材，而焊缝及热影响区的比重分别为 20%和 10%。对于 370℃的条件，母材、焊缝和热影响区疲劳失效的比例较为接近。这表明 370℃疲劳测试的焊接接头各区起裂的概率是相近的，这与室温情况相反，母材已不再是疲劳失效的高概率部位。

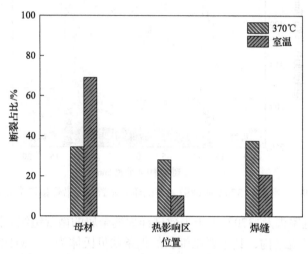

图 9-9　室温与 370℃下焊接接头疲劳断裂的位置分布

图 9-10 为室温与 370℃时疲劳裂纹在试样内部或表面起裂的概率分布。从图 9-10(a)中可知，高应力下主要是试样表面起裂，随着应力的下降，试样内部起裂与外部起裂出现共存，然而，即使应力降到了 300MPa，试样内部起裂也未起主导作用。从另一方面来说，就目前的研究来看，室温时试样内部起裂或表面起裂是一个相互竞争的关系。这种现象与 Zhu 等[5]先前的研究成果是不同的，尽管焊后热处理(PWHT)参数与此不同。对于 370℃时的疲劳测试来说，从图 9-10(b)中可以明显看出裂纹起裂的方式从试样表面转向试样内部。Kanazawa 和 Nishijima[10]

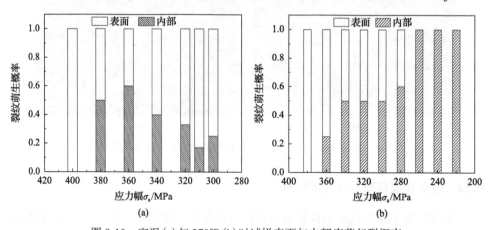

图 9-10　室温(a)与 370℃(b)时试样表面与内部疲劳起裂概率

认为高温环境下，试样表面的氧化层能够阻止裂纹从表面起裂。Kobayashi 等的研究结论及 Zhu 等[4,5]的研究工作都表明高温下的氧化层有助于促使裂纹从表面向内部起裂转变。换句话说，试样表面仅仅是被氧化，而不是被嵌入局部塑性滑移带和微裂纹。此外，这也可能与高温环境下的微观缺陷比室温时更加活跃有关。例如，高温下基体弹性模量的下降改变了原先与非金属夹杂物弹性模量的比值，引起了局部应力的高度集中[11]，增加了裂纹在内部缺陷处形核的可能性。

图 9-11 为室温与 370℃下沿焊接接头断裂位置的分布情况。与图 9-9 所示结果一致，室温下断裂位置多集中在母材，而焊缝及热影响区比较少。从图 9-11(a) 中可知，热影响区的疲劳失效多发生在低应力水平，集中在 300MPa 左右。然而，与室温下断裂位置分布不同，370℃下焊接接头三个区域断裂位置的数量分布较为均匀，如图 9-11(b) 所示。母材焊缝的断裂位置与应力幅之间看不出明显的关联性，然而热影响区的断裂失效对 σ_a 却表现出了强烈的关联性，即 σ_a 越高，断裂位置越趋近于熔合线，这表明高温下熔合线附近对高应力是敏感的。

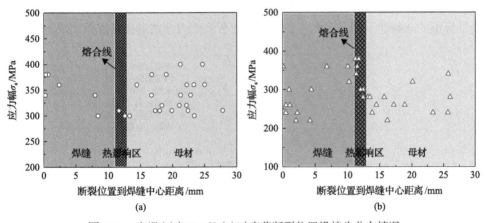

图 9-11 室温(a)与 370℃(b)时疲劳断裂位置沿接头分布情况

室温与 370℃下的局部强度差异对疲劳行为也具有影响，可以借助沿室温与 370℃未失效试样中心线处的硬度测量结果(图 9-7)进行分析。室温下，焊缝处的硬度比母材稍高，这意味着母材相对于焊缝来说是接头比较脆弱的区域。在不计内部起裂行为的情况下，这种现象可以解释室温下母材发生失效概率最高。相似地，由于 370℃下母材和焊缝的硬度是接近的，所以其断裂失效的可能性也是相近的。对于热影响区来说，由于熔合线附近应力局部集中和强度匹配偏差的增大，其裂纹形核的概率是增加的，特别在熔合线附近又包含有微观缺陷的情况下。370℃下焊接接头整体硬度值的提高意味着发生了动态应变时效[12]。动态应变时效的物理过程通常是由特定材料在特定温度区间内发生的[13]。

9.2.5　高温下材料弹性响应的影响

通常，高温下的疲劳测试不可避免地会受到温度及温度-环境双重作用的影响，如高温环境下的氧化层。如先前讨论的，氧化层具有促进疲劳裂纹起裂从表面向内部转变的作用，但是不能直接影响内部起裂。由于试样内部是真空的环境，但动态应变时效是固溶强化的物理过程，以至于 370℃下材料的高周疲劳及超高周疲劳弹性响应变低，主要由于较高温度下基体的弹性模量降低。

在高温下，高周疲劳及超高周疲劳降低的弹性响应是否可以解释温度对疲劳强度的影响还不明确。因此，可关联名义应力σ_a/E与疲劳寿命N_f的关系。这里，室温与370℃下基体的弹性模量分别为205.6GPa和192.5GPa，弹性模量是通过在相应的温度下进行静态拉伸测试获得的。如图 9-12 所示，$\sigma_a/E\text{-}N_f$的关系与图 9-4 所示结果相似。这表明对疲劳强度的修正仅考虑温度效应是不全面的，主要的原因是内部起裂行为与内部微观缺陷是紧密相关的。这与 Mendez 等[14]的结论是一致的，他们指出疲劳寿命由裂纹萌生阶段控制，而不是裂纹扩展阶段，于是基于弹性模量修正的准确性下降。因此，在高温下疲劳强度的评估需要考虑微观缺陷。

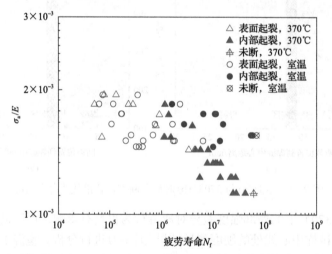

图 9-12　室温与370℃下疲劳名义应力的σ_a/E与疲劳寿命 N_f的关系

9.3　尺寸与频率的耦合效应

9.3.1　疲劳试验 S-N 曲线

图 9-13 为焊接接头试样尺寸及超声疲劳的 S-N 曲线。可以看出，随着应力幅值σ_a的减小，疲劳寿命逐渐增大。通过与 8.2 节的频率效应结果进行比较，此结

果证实了焊接接头超声疲劳的 *S-N* 曲线呈现连续下降的模式。图 9-13 中，可见 *d*=3mm 的疲劳强度比 *d*=5mm 的疲劳强度高。

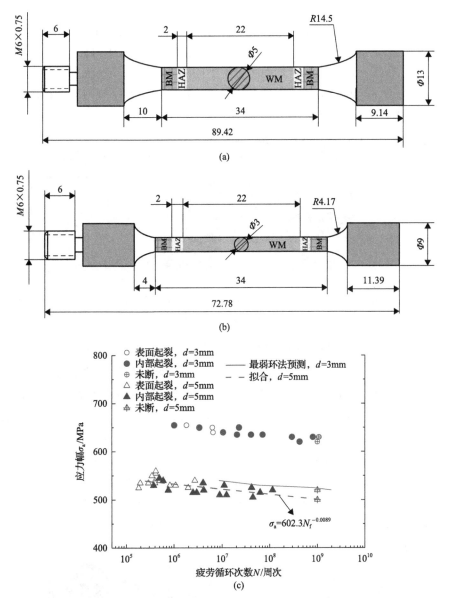

图 9-13　直径 *d*=5mm (a) 和 *d*=3mm (b) 的焊接接头超声疲劳试样尺寸(单位：mm)及 S-N 曲线 (c)

这意味着焊接接头的超高周疲劳行为依赖于试样尺寸。值得注意的是，随着 σ_a 的减小，疲劳裂纹萌生倾向于从试样表面向内部转移。*d*=5mm 时，且 N_f 超过 2×10^6 周次时，内部起裂是疲劳失效的主要原因；而当 *d*=3mm 时，内部起裂主

要发生在 1×10^7 周次之后。

9.3.2　疲劳裂纹萌生模式

图 9-14 为 d=5mm 时焊缝处微缺陷周围的裂纹萌生形貌。在图 9-14(a)中，可以看到椭圆形的大块微缺陷中具有小的非金属夹杂物。图 9-14(b)为微缺陷边缘周围的放大视图，其中虚线清楚地区分了不同的断裂模式。FGA 位于虚线左侧，径向宽度约为 42μm，FGA 内的断口较粗糙，由许多分布不规则的细颗粒组成，FGA 外的断口呈大而长的径向裂纹形貌。

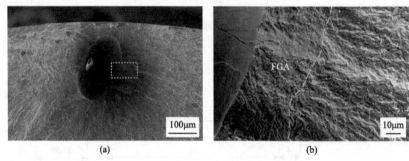

图 9-14　d=5mm 时 WM 处微缺陷周围的裂纹萌生形貌（σ_a=545MPa，N_f=4.9×10⁵ 周次）
(a)亚表面缺陷；(b)FGA 形貌

图 9-15 和图 9-16 为 d=3mm 时的疲劳裂纹萌生形貌。图 9-15 为焊缝处非金属夹杂物[图 9-15(a)和(c)]和气孔[图 9-15(e)]的内部裂纹。显微缺陷附近的放大图清楚地说明了 FGA 的存在。在半椭圆形非金属夹杂物长轴附近形成了 FGA，靠近弯曲边缘的区域由于局部变形而具有更粗糙的表面。图中清楚地显示了非金属夹杂物周围初始疲劳损伤的不均匀分布。在图 9-15(c)中，非金属夹杂物的轮廓不清楚，附近的基体破碎，一些分散的球形颗粒从基体上分离[图 9-15(d)]。非金属球形颗粒的出现有助于形成早期的内部疲劳裂纹。图 9-15(e)显示了从较大尺寸气孔中萌生的内部疲劳裂纹，FGA 也存在于气孔周围[图 9-15(f)]。除焊缝外，内部疲劳裂纹也可源于母材和热影响区，如图 9-16 所示。

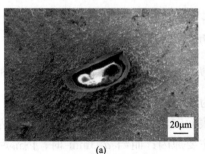

(a)　　　　　　　　　　　　　　　(b)

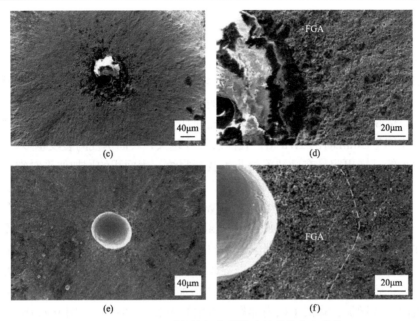

图 9-15　d=3mm 时焊缝部位微缺陷的裂纹萌生形貌

(a) σ_a=630MPa，N_f=2.95×10^8 周次；(c) σ_a=650MPa，N_f=2.27×10^7 周次；(e) σ_a=655MPa，N_f=1×10^6 周次；
(b)、(d) 和 (f) 为分别对应 (a)、(c)、(e) 的 FGA 放大图

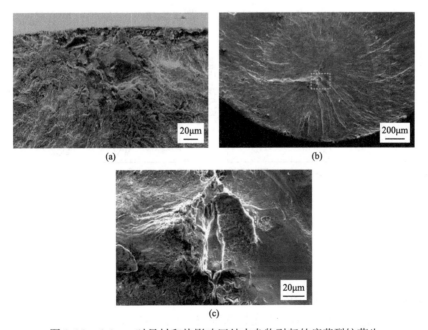

图 9-16　d=3mm 时母材和热影响区处夹杂物引起的疲劳裂纹萌生

(a) 母材，σ_a=630MPa，N_f=8.05×10^7 周次；(b) 热影响区，σ_a=635MPa，N_f=2.06×10^7 周次；
(c) 为 (b) 中矩形区域的放大图

9.3.3 疲劳断裂位置的转移

试样尺寸也会影响疲劳裂纹萌生的转变行为。经计算，当 d=3mm 时，表面和内部失效的比例分别为 23%和 77%。当 d 增加到 5mm 时，表面萌生率增加到 42%，而内部失效率减小到 58%。表面萌生在本质上与试样的表面积有关，而内部萌生与微缺陷或体积有关。直径为 5mm 时的试样表面积是 3mm 时的 1.67 倍，而总体积则是 3mm 时的 2.78 倍。表面层尺寸越大，表面诱发的裂纹越多。同样，体积较大的试样更容易在微缺陷处萌生疲劳裂纹。表面积的增加似乎对裂纹萌生有较大的影响，这并不意外，因为表面失效可能发生在焊缝的每个部分，而内部萌生主要发生在焊接缺陷占主导地位的 WM 处。另一个转变行为是断裂位置在焊接接头不同部位之间的转变。如图 9-17(a)所示，在超高周疲劳寿命区间，无论试样尺寸如何，大部分疲劳失效都位于 WM 处。在这种情况下，决定因素是承受大部分循环荷载的危险体积的大小。当 d 增加到 5mm 时，WM 引起的疲劳失效百分比降低，而 HAZ 引起的疲劳失效百分比增加，增加了 10%。这是由于在 d=5mm 时，表面失效增加，降低了以内部裂纹为主的 WM 处的失效。图 9-17(b)为焊接接头断裂位置的分布。可以看出，d=3mm 时，接头断裂的位置与应力水平的相关性弱，而在 d=5mm 的情况下，当 σ_a<510MPa 时，WM 处是及接头最弱的区域。

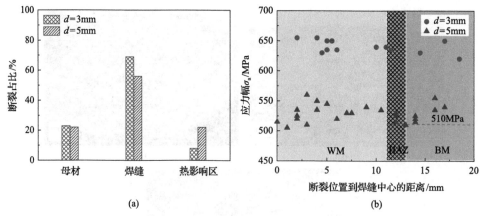

图 9-17　BM、WM 和 HAZ 处的断裂百分比(a)和断裂位置沿接头的分布(b)

9.3.4 缺陷统计分析方法

对于超高周疲劳，基于内部微观缺陷进行疲劳强度评估是常用的方法。此处，特别注意的是疲劳失效大多发生在焊缝区域，如表 9-2 所示，直径为 5mm 和 3mm 试样的平均缺陷尺寸分别为 149μm 和 104μm。表中，$\sqrt{area_{inc}}$、$\sqrt{area_{FGA}}$ 分别表示夹杂物与 FGA 作为裂纹的尺寸，而 ΔK_{FGA} 为 FGA 前缘对应的应力强度因子范围。在大尺寸试样中的缺陷会更大，这与现有的研究结果一致。在基于微缺陷法的疲劳强度评估中，通常首先需要估计最大夹杂物尺寸。假设内部缺陷服从Gumbel 分布，计算每个夹杂物尺寸的累积概率，相应结果如图 9-18 所示。在累积概率为 95%的情况下，直径为 5mm 和 3mm 的试样中，估计的最大夹杂物(或气孔)尺寸分别为 274μm 和 172μm。

表 9-2　断裂于 WM 的疲劳载荷和 ΔK_{FGA}

d=5mm 试样的参数					d=3mm 试样的参数				
σ_a /MPa	N_f /周次	$\sqrt{area_{inc}}$ /μm	$\sqrt{area_{FGA}}$ /μm	ΔK_{FGA}/ (MPa·m$^{1/2}$)	σ_a /MPa	N_f /周次	$\sqrt{area_{inc}}$ /μm	$\sqrt{area_{FGA}}$ /μm	ΔK_{FGA}/ (MPa·m$^{1/2}$)
545	4.94×10^5	158.1	168.7	6.25	630	2.95×10^8	57	117	6.03
540	5.97×10^5	267.2	267.2	7.82	650	2.27×10^7	97.6	149.8	7.05
530	3.74×10^5	191.4	191.4	6.5	635	4.05×10^7	87.5	153	6.96
530	1.11×10^7	135.5	135.5	5.46	640	1.05×10^7	137.5	137.5	6.65
525	4.15×10^7	86.9	106.2	4.8	635	7.04×10^7	154.1	154.1	6.98
520	1.15×10^8	54.4	107.6	4.78	655	1.02×10^6	93.4	139.4	6.85

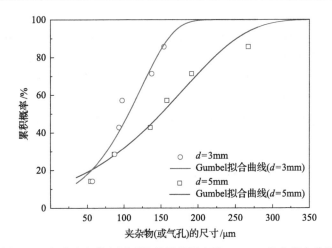

图 9-18　每个夹杂物(或气孔)的累积概率及 Gumbel 分布拟合曲线

内部微缺陷相关的疲劳强度由 Murakami 模型估算，如式(9-1)所示。式中，area 为微缺陷在最大主应力平面上的投影面积，$\sqrt{area}$ 代表微缺陷尺寸。根据Murakami 的研究结果，缺陷的尺寸通常小于 1000μm，显微硬度 HV 的范围通常在70~720kgf/mm^2，此处 WM 区域的平均 HV 值在 300kgf/mm^2 左右。

$$\sigma_w = \frac{1.56(HV + 120)}{\left(\sqrt{area}\right)^{1/6}} \tag{9-1}$$

因此，直径为 3mm 和 5mm 试样的疲劳极限分别在 257MPa 和 278MPa 左右。值得注意的是，预估的疲劳极限远小于实验结果。

9.3.5　疲劳强度的理论模型

由于材料内部的裂纹在本质上涉及微缺陷与材料基体的相互作用，因此要深入了解材料的尺寸效应，材料在超声频率下的力学响应是不可忽略的。因此，在机械结构中，疲劳强度估算应同时考虑内在和外在因素。固有(内在)疲劳强度取决于材料自身强度水平和内部微缺陷的分布，而外在因素取决于试样尺寸、环境、温度和试验频率。疲劳强度的完整形式如式(9-2)所示。

$$\sigma_f = \sigma_b(a - b\sigma_b)F_{size}F_{env}F_{tem}F_{freq} \tag{9-2}$$

式中，σ_b、F_{size}、F_{env}、F_{tem}、F_{freq} 分别为抗拉强度和尺寸、环境、温度和频率系数。可以看出，小于 1 的系数值不利于疲劳强度，大于 1 的系数值意味着疲劳性能提高。

已知试样尺寸和频率与低强度焊接接头的疲劳强度有关，因此将式(9-2)简化为式(9-3)。对于低强度钢，由强度等级决定的固有因素可以用显微硬度代替，即 1.6kgf/mm^2。于是式(9-3)进一步简化为式(9-4)。对于轴向加载的光滑试样，F_{size} 包括两个整体部分，如式(9-5)所示。一部分是拉伸强度的尺寸效应，定义为不同尺寸试样的 σ_b 之比，即 d_1 和 d_2，称为静强度增加；另一部分是由微观结构不连续或临界体积的影响导致微缺陷尺寸不同。

$$\sigma_f = \sigma_b(a - b\sigma_b)F_{size}F_{freq} \tag{9-3}$$

$$\sigma_f = 1.6HVF_{size}F_{freq} \tag{9-4}$$

$$F_{size} = \frac{\sigma_{b(d_2)}}{\sigma_{b(d_1)}}\left(\frac{\sqrt{area}_{(max,d_1)}}{\sqrt{area}_{(max,d_2)}}\right)^{1/6} \tag{9-5}$$

F_{freq} 是一个与材料的应变率敏感性有关的系数，该系数可以随着频率的增加而使真实应力增加，如式(9-6)所示。这里，F_{freq} 为在试验频率下两个不同尺寸试样之间的抗拉强度的比值。如果式(9-6)中的 $f_1 = f_2 = 20 \text{kHz}$，那么 F_{freq} 值表示不同试样尺寸的不同硬化能力。在单位面积变形较大的较小试样上，强度预计会有很大的提高。这有助于解释试样尺寸和频率的耦合影响。因此，在物理上，F_{freq} 的描述可以进一步分为两部分，分别代表尺寸和频率效应。如式(9-6)所示。如前所述，当 d 分别为 5mm 和 3mm 时，在 $N_f=10^8$ 周次下的疲劳强度值分别为 510MPa 和 630MPa。如果 $d_1=d_2=5$mm，则频率系数 F_{freq} 计算为 1.0625，即 510/1.6kgf/mm²。当考虑尺寸效应时，即 d_1 为 5mm、d_2 为 3mm 时，根据式(9-5)尺寸系数 F_{size} 至少为 1.08。如果假设从 d_1 到 d_2 过程中，静强度增加 8%，动强度增加 6%，那么最终疲劳强度值估计为 630.5MPa，与实验数据完全一致。

$$F_{size} = \frac{\sigma_{b(d_2),f_2}}{\sigma_{b(d_1),f_1}} = \frac{\sigma_{b(d_2),f_2}}{\sigma_{b(d_2),f1}} \cdot \frac{\sigma_{b(d_2),f_1}}{\sigma_{b(d_1),f_1}} \tag{9-6}$$

式中，$\sigma_{b(d_2),f_1}$ 与 $\sigma_{b(d_1),f_1}$ 的比值，表示动强度的增加。

图 9-19 为尺寸和频率对疲劳强度耦合效应机制的示意图。导致耦合效应的因素取决于疲劳寿命的大小。值得注意的是，图中包括两个斜率，旨在给出更一般形式的 S-N 曲线。在低周疲劳状态下，表面层尺寸决定裂纹萌生行为，从而决定疲劳强度。当裂纹萌生开始从试件表面向内部转移时，应同时考虑内外因素。特别是对于应变率敏感的低强度钢，微缺陷对尺寸效应的影响并不比材料强度重要，这是由于材料在超声频率下可能会发生强化，这也进一步解释了尺寸效应与频率耦合的原因。

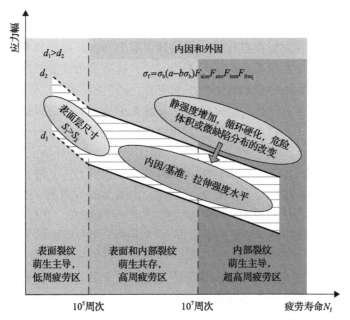

图 9-19　工程材料疲劳强度的尺寸和频率效应耦合机制示意图

9.4　表面残余应力的影响

相对于母材而言，焊接接头引入了整体结构不连续导致的几何应力集中、焊根和焊趾部位不连续导致的缺口应力集中，以及焊接过程中引入的缺陷及焊接残余应力等，因此焊接接头更容易萌生疲劳裂纹，这使得焊接接头的疲劳寿命和强度降低[15,16]。

与其他连接方法相比，焊接接头还具有一定的特殊性。①在焊接过程中，各部位受热不均匀，从而导致各部位的变形不均匀。非均匀变形使焊接接头中产生了相当大的内应力，一些部位的应力值甚至超过了材料的屈服强度，从而导致最终在焊接接头中留下了相当大的残余应力。②在焊接过程中，在焊缝和热影响区容易产生裂纹、未焊透、夹杂、咬边、气孔等焊接缺陷。③焊接结构的刚性大，不易产生相对位移，因此在焊接结构中通常产生较大的附加应力，且焊接接头处容易产生较大的应力集中，应力集中和焊接缺陷的存在容易导致焊接结构发生脆性断裂。④由于应力集中、焊接缺陷、残余应力等因素的存在，焊接接头的疲劳性能低于母材疲劳性能，从而容易引发焊接接头的疲劳破坏。⑤在环境介质中，残余应力、应力集中、焊接缺陷、组织不均匀、成分不均匀等因素加剧了焊接接头的应力腐蚀破坏。

焊接残余应力的分布比较复杂，因此焊接残余应力对焊接接头疲劳性能的影响也比较复杂。在实际服役过程中，焊接残余应力与实际载荷相叠加，如果是残余压应力，将降低实际服役载荷下的平均应力，提高疲劳性能；反之，如果是残余拉应力，将提高实际服役载荷下的平均应力，降低疲劳性能。

本研究中，以疲劳试样为研究对象，采用 X 射线衍射法对焊接残余应力沿接头方向的分布进行了测试与表征，使用 XRDX350A 残余应力分析仪沿与接头表面平行截面的选定点来测量残余应力。此外，借助电解抛光去除特定厚度的表面层，以测量不同深度（即 $10\mu m$、$20\mu m$ 和 $40\mu m$）处的残余应力。此外，实验中还测量了轴向和周向应力，相应结果如图 9-20 所示。由图 9-20(a)可见，试样表面的残余应力在两个方向均为压缩应力，轴向应力在 $-190\sim-140MPa$，在焊缝处的值较高，而周向压缩应力更大，在焊缝处的值最高（$-252MPa$）。图 9-20(b)为沿焊接接头选定微区处的残余应力与测量深度的关系。很明显，当测量深度超过 $40\mu m$ 后，轴向压缩残余应力转变为正值，这一深度值与测量点无关。该深度值与引起断裂夹杂物的位置比较相符，为亚表面疲劳裂纹萌生行为提供了一些证据，同时也有助于合理解释疲劳裂纹萌生从试样表面到内部微缺陷的转变[4]。值得注意的是，此处报道的残余应力结果是焊接和样品加工过程后的情况，机械加工改变了焊接和应力消除热处理后的初始残余应力状态。此外，此处给出的残余应力数据是不考虑循环载荷下松弛的原始残余应力数据。

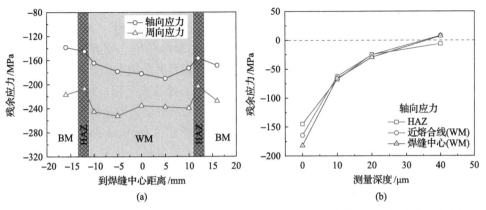

图 9-20　试样表面沿焊接接头的残余应力分布(a)与轴向残余应力随测量深度的变化(b)

9.5　焊接接头的氢脆敏感性

9.5.1　充氢对疲劳寿命的影响

为研究充氢对疲劳强度与寿命的影响，分别对充氢与未充氢的两组试样开展超声疲劳试验，获得的 *S-N* 曲线如图 9-21 所示。未断裂的疲劳数据旁用箭头表示。随着应力幅值的减小，疲劳寿命逐渐增加，直至长寿命区，*S-N* 曲线呈连续下降的趋势。现有的数据显示传统疲劳极限不存在。如图 9-21 所示，充氢对疲劳强度和寿命有显著影响，充氢试样的疲劳强度明显低于未充氢试样。

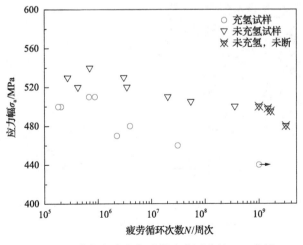

图 9-21　充氢与未充氢试样疲劳试验的 *S-N* 曲线

9.5.2　疲劳裂纹萌生模式的变化

在图 9-22 所示的断口形貌中，可见即使在相近的疲劳寿命下，也观察到了这两种类型试样之间的显著差异，即原始试样为表面裂纹萌生，而充氢试样为内部微缺陷处萌生。图 9-22（a）和图 9-22（b）分别为由表面夹杂物和内部夹杂物引发的裂纹。在图 9-22（b）中，可观察到鱼眼形貌且在中心处有夹杂物，夹杂物周围未见明显的粒状亮区（granular bright facet, GBF）。图 9-23（a）是借助金相显微镜（optical microscopy, OM）进行的后续观察，结果表明，光学暗区（optical dark area, ODA）充满了整个鱼眼部分，该区域是受氢影响的裂纹扩展区域。对于表面裂纹萌生，如图 9-23（b）所示，光学暗区不如内部裂纹明显。光学暗区的形成本质上与微观缺陷有关，在充氢的情况下，由于氢在夹杂物周围的聚集，微观缺陷更有可能成为裂纹萌生位置，这表明氢对疲劳裂纹萌生行为具有重要影响。

图 9-22　未充氢试样（σ_b=510MPa，N_f=2×10^{7}周次）(a) 和充氢试样
（σ_b=460MPa，N_f=3.11×10^{7}周次）(b) 的 SEM 形貌

图 9-23　充氢试样（σ_a=460MPa，N_f=3.11×10^{7}周次）(a) 和未充氢试样
（σ_a=505MPa，N_f=5.5×10^{7}周次）(b) 的 OM 形貌

9.5.3 充氢对内部破坏过程的影响

图 9-24 为充氢试样内部开裂的形貌。在图 9-24(a)和图 9-24(b)中可以观察到，断口上有多个非金属夹杂物，其中一个最终萌生裂纹并引起断裂。根据能量色散光谱分析，内部夹杂物呈球形，主要由 Al 和 O 元素组成。它们很可能以 Al_2O_3 的形式存在，这是在钢的锻造过程中形成的。裂纹源处夹杂物的直径在 $9\sim82\mu m$ 范围内，充氢试样中多个夹杂物被激活成为潜在的裂纹萌生点，表明氢元素容易被微缺陷捕获。在图 9-24(d)中可以观察到类似的情况，虽然其中一组夹杂物使疲劳裂纹形核，但引起最终断裂的由近表面夹杂物萌生的裂纹主导。一般认为，疲劳强度与微缺陷尺寸成反比，夹杂物尺寸越大，疲劳强度越低。氢聚集更可能

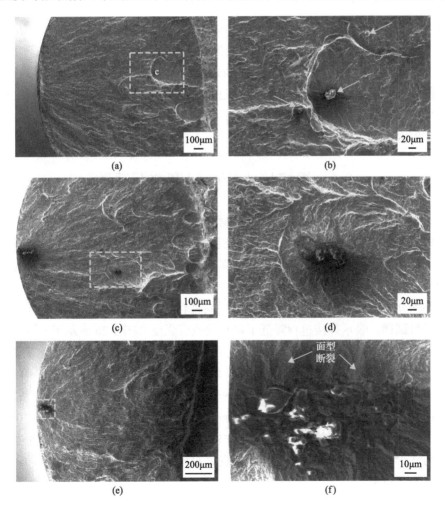

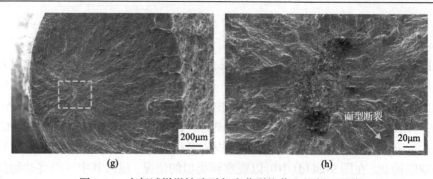

图 9-24　充氢试样微缺陷引起疲劳裂纹萌生的断口形貌

(a) σ_a=510MPa，N_f=8.8×10⁵周次；(c) σ_a=500MPa，N_f=2×10⁵周次；(e) σ_a=500MPa，N_f=1.8×10⁵周次；
(g) σ_a=510MPa，N_f=6.8×10⁵周次；(b)、(d)、(f)、(h)分别为(a)、(c)、(d)、(g)的裂纹萌生区域的放大图

发生在较大的微缺陷处，因此大尺寸缺陷更可能主导裂纹萌生。这意味着充氢试样的疲劳强度会低于未充氢试样的疲劳强度，如图 9-21 所示。值得注意的是，在图 9-24(f)和 9-24(h)中，在临界非金属夹杂物周围观察到刻面、解理或沿晶小平面的存在，暗示着氢对内部裂纹早期过程的贡献。在氢环境下，疲劳裂纹扩展速率增加，疲劳裂纹扩展的门槛值较低，解释了在一定应力水平下疲劳寿命显著缩短的原因。

9.6　焊接接头疲劳强度削弱系数

对于疲劳强度，焊接接头相对于母材是否削弱以及削弱多少是焊接工艺优化与考核需要考虑的问题。为此，定义焊接接头的疲劳强度削弱系数 f，为相同疲劳寿命下焊接接头的疲劳强度与母材疲劳强度的比值。因此，f 值也表示为从疲劳强度角度分析的焊接效率。

如图 9-25 所示，CrNiMoV-CrNiMoV 同种转子钢焊接接头试样的疲劳强度低于纯母材试样，表示焊接过程降低了母材的疲劳强度。图 9-26 表示了 f 与疲劳寿命的关系。显然，焊接效率(即焊接削弱系数)不是一个常数，而是随疲劳寿命变化的。此处，从图中观察到低周和高周阶段的 f 值与超长寿命区间的 f 值不同。随着疲劳寿命的增加，f 呈增加趋势，当疲劳寿命为 9×10⁶ 周次时，f 达到最大值0.976，随后 f 减小。总体情况看，在疲劳寿命为 10⁵~10⁹ 周次范围内，f 在 0.95~0.976 之间变化。这意味着应改变焊接削弱系数为恒定值的传统认识，改进当前的设计与评价准则，进而改善保守性或裕度，对于工程结构和部件的长寿命疲劳设计具有重要意义。

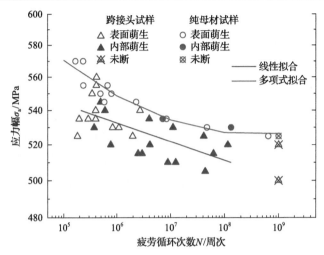

图 9-25　CrNiMoV-CrNiMoV 同种钢焊接接头和母材的 S-N 曲线

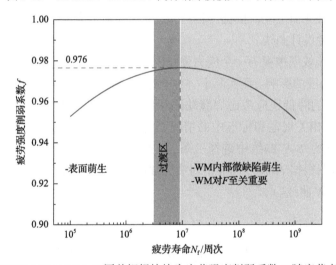

图 9-26　CrNiMoV-CrNiMoV 同种钢焊接接头疲劳强度削弱系数 F 随疲劳寿命的变化

　　此处，焊接效率随疲劳寿命变化的潜在机制可能与焊接接头疲劳裂纹萌生模式及其转变有关。有趣的是，在表面裂纹萌生为主的区域，F 逐渐增加，而在表面到内部的过渡区域，F 继续增加，最终在内部微缺陷为主萌生裂纹的焊缝区域缓慢降低。这意味着焊缝是削弱超高周疲劳强度的主要因素，因此，超长寿命服役要求部件的设计应考虑微缺陷在疲劳破坏中的作用。而现有的疲劳评价方法能否拓展应用于超长寿命区间，结果是否安全或是否保守等问题尚不清楚，有必要进行充分比较与分析。

9.7　焊接接头疲劳强度评价方法

9.7.1　典型疲劳设计准则

目前焊接结构的疲劳设计规范主要包括美国 ASME《锅炉及压力容器规范》(第Ⅲ卷和第Ⅷ卷)[17]、法国 RCC-MR[18]规范、英国 BS 7608 标准[19]、国际焊接学会(ⅡW)推荐方法[20]、欧洲 EN 1993-1-9: 2005 规范[21]和挪威船级社 DNV-RP-C203 推荐方法[22]。本书在现有试验结果的基础上，对现有的焊接接头疲劳设计规范和标准进行比较。

1. ASME《锅炉及压力容器规范》

在 ASME《锅炉及压力容器规范》中[17]，疲劳设计曲线是基于光滑试样产生的 S-N 曲线。在第Ⅲ卷中，根据工程经验，通过将疲劳寿命除以 20 或将应力幅除以 2，获得疲劳设计曲线。

此外，焊接效率被视为一个应力强化因子，它解释了局部结构不连续性(应力集中)对疲劳强度的影响。而实际上，对于焊接接头，除几何因素引起的应力集中外，疲劳强度的降低还应考虑焊缝缺陷和残余应力。值得注意的是，ASME 标准不同于其他相关规范和标准中的情况，它对于特定焊接接头的疲劳设计，是从一系列平行的 S-N 曲线中选择一条，在此过程中，并未用到焊接削弱系数。Dong 等[23]试图根据 ASME 标准中对疲劳强度削弱系数的讨论，提出焊接结构疲劳设计的主 S-N 曲线。

2. BS 7608 标准

在《钢产品疲劳设计和评估指南》BS 7608[22]中，S-N 曲线的一般方程为

$$S_r^m N = C_0 \tag{9-7}$$

式中，S_r 为应力幅；N 为循环周次；C_0 为确定 S_r-N 关系的参数；m 为 S-N 曲线的斜率。此处，选择 C 类焊缝的参数，并列于表 9-3 中。对于超长寿命设计，除 m 和 C_0 值外，该标准将 N_f 为 10^7 循环周次时的 S_r 确定为 102.27MPa，该值在 N_f 超过 10^7 周次时保持恒定。该标准未考虑焊接缺陷对 S-N 曲线形状的影响。

3. IIW 推荐方法

众所周知，焊接接头的疲劳抗力受母材的限制。正如 IIW 推荐方法[20]中指出的，对于采用名义应力方法进行焊接结构疲劳评定，选择疲劳等级(FAT)=112 用

于横向加载对接焊缝的评定。在超长寿命区间，使用 $m=3$，$1 \times 10^4 \leq N \leq 1 \times 10^7$ 周次和 $m=22$，$N > 1 \times 10^7$ 周次来确定 S-N 曲线[20]。考虑残余应力的影响时，在 $R=-1$ 和中等残余应力水平情况下，疲劳增强系数 $f(R)=1.3$，FAT=145.6MPa。IIW 推荐方法还提供了评估钢焊缝中气孔和夹杂物的可接受性。评估夹杂物的参数为最大长度。对于消除应力的焊接接头，如果 FAT 为 100MPa，那么夹杂物的最大长度为 7.5mm。此工作中，疲劳裂纹萌生部位的临界夹杂物尺寸为微米级。因此推断，疲劳等级应高于建议中列出的最高值，即 FAT>100MPa。

当考虑焊缝缺陷进行评估时，对于内部夹杂物，IIW 建议对于焊缝长度小于 10mm 时，FAT 为 71。对于焊缝疲劳评估而言，这似乎非常保守，因为并非所有内部微观缺陷都是超高周疲劳的失效部位。对于基于母材 S-N 曲线进行疲劳评估，IIW 建议方法未提供焊接削弱系数的信息。因此可以看出，目前认为 IIW 推荐方法应用于超高周疲劳寿命区间钢焊缝的疲劳评估，要么保守，要么未充分考虑微缺陷/焊接效率的影响。

4. EN 1993-1-9:2005 规范

EN 1993-1-9:2005 规范[21]也提供了超高周疲劳区间的疲劳设计曲线，并定义了相关参数。如表 9-3 所示，当 $N \leq 5 \times 10^6$ 周次时，$m=3$；当 5×10^6 周次 $\leq N \leq 1 \times 10^8$ 周次，$m=5$；当 $N > 1 \times 10^8$ 周次时，疲劳抗力为恒幅载荷下传统疲劳极限的 0.549 倍。类似于 IIW 推荐方法的 FAT 112，该标准也选择 112 类别进行横向对接焊缝的评价。同样地，EN 规范仍较保守，且未考虑微缺陷或焊接效率的影响。

5. DNV-RP-C203 推荐方法

对于 DNV-RP-C203 推荐方法[22]，其 S-N 曲线用式（9-8）描述，即

$$\lg N = \lg \bar{a} - m \lg \Delta\sigma \tag{9-8}$$

式中，$\lg \bar{a}$ 为 S-N 曲线与 $\lg N$ 轴的截距，考虑了 $\lg N$ 的标准偏差。如表 9-3 所示，当 $N \leq 10^7$ 周次时，$m=3$；当 $N > 10^7$ 周次时，$m=5$。此处对于横向对接焊缝，选择 C_1 类别的 S-N 曲线（空气环境）。该推荐方法运用传统疲劳极限，并在 $N=10^7$ 周次时，将该值设置为 65.5MPa。此处选择 C_1 类别，主要是基于焊趾处的过度填充是齐平的，没有应力集中，失效主要与焊接缺陷有关。这意味着 DNV 推荐方法的 S-N 曲线虽然对于焊接结构的疲劳设计较为保守，但考虑了微缺陷引起的断裂模式。该推荐方法中未给出焊接效率值的信息。

表 9-3　各种规范和标准中钢焊接结构疲劳设计的参数

规范和标准	参数			
ASME Section Ⅲ	焊接接头疲劳设计的焊接效率为50%			
RCC-MR	焊接接头疲劳设计的焊接效率为80%			
BS7608, C 类	m	C_0	$S_r,(N=10^7$ 周次$)$	$S_r,(N=5\times10^7$ 周次$)$
	3.5	1.082×10^{14}	102.27	102.27
IIW, 钢焊接接头	$m=3$	10^4 周次$<N<1\times10^7$ 周次		
	$m=22$	$N>1\times10^7$ 周次		
	横向对接焊缝，使用 FAT 112，$f(R)=1.3$，并考虑焊缝缺陷			
EN 1993-1-9: 2005, 焊接接头	$m=3$	$N\leqslant5\times10^6$ 周次	$\Delta\sigma_D$ 为 $N=5\times10^6$ 周次恒幅加载下的疲劳强度，$\Delta\sigma_L$ 为 $N=1\times10^8$ 周次的截止强度	
	$m=5$	5×10^6 周次$<$ $N\leqslant1\times10^8$ 周次		
	$\Delta\sigma_L=0.549\Delta\sigma_D$	$N\geqslant1\times10^8$ 周次		
	横向对接焊缝，类别为 112，并通过无损检测进行检查			
DNV-RP-C203, 焊接接头	$m=3$	$N\leqslant10^7$ 周次	$N=10^7$ 周次的疲劳极限是 65.5MPa；$\lg\bar{a}_1=12.449$，$\lg\bar{a}_2=16.081$	
	$m=5$	$N>10^7$ 周次		
	C_1 类别，横向对接焊缝，且过度填充齐平，无应力集中，其失效主要与焊缝缺陷有关			

9.7.2　焊接结构超长寿命疲劳设计

　　图 9-27 为基于现有规范和标准进行了焊接结构超长寿命疲劳设计曲线的比较。此处，疲劳数据以试样为基础，而在实际情况下，还涉及结构、环境因素。可以看出，基于现有规范和标准的所有设计曲线均位于 CrNiMoV 钢焊接接头的疲劳数据之下。BS7608、IIW 推荐方法、EN 1993-1-9:2005 和 DNV-RP-C203 存在较大的保守性，这些方法的设计曲线的保守程度高于 ASME 标准和 RCC-MR 规范。注意到，ASME 标准和 RCC-MR 规范的疲劳设计是基于母材的实验数据，表明这两种设计方法相对其他标准或规范通过选择特定分类的一条简单 S-N 曲线更合理。这清楚地表明，按照现行规范和标准进行设计非常保守，这将导致对焊接结构和部件的过度设计，成本高昂。换言之，当前的设计牺牲了工程经济性，以换取结构的安全。这在一定程度上解释了现有工程部件的服役时间，虽然已经超过了设计寿命，但仍可继续安全服役的原因。

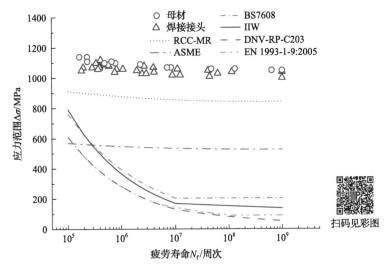

图 9-27　基于现有标准和规范进行超长寿命疲劳设计的比较

　　针对过保守的现状，需要改进当前设计规范。IIW 推荐方法采用多阶段 *S-N* 曲线的思路，对不同阶段赋予不同 *m* 值，这种处理方法不一定适于焊接接头，因为实际焊接接头的 *S-N* 曲线可能呈现连续下降的形状。这是否为一个普遍规律还是取决于样本，都必须通过进一步研究来回答，但至少可以看出，目前的试验数据结果并没有在标准与规范中体现出来。在这方面，如何将焊接缺陷纳入设计曲线仍然是一个悬而未决的问题。因此，需要完善缺陷评估准则，以便在服役载荷条件下区分缺陷的危害程度。如 Murakami 等[24,25]指出，基于材料缺陷的超长寿命抗疲劳设计方法，如果可以拓展应用于工程结构和部件，可能会降低疲劳设计的保守性。

参 考 文 献

[1] Zhu X, Shyam A, Jones J W, et al. Effects of microstructure and temperature on fatigue behavior of E319-T7 cast aluminum alloy in very long life cycles [J]. International Journal of Fatigue, 2006, 28(11): 1566-1571.

[2] Zhu M L, Xuan F Z, Wang Z D. Very high cycle fatigue behavior and life prediction of a low strength weld metal at moderate temperature[C]//Proceedings of the ASME 2011 Pressure Vessels and Piping Conference, Baltimore, 2011.

[3] Uematsu Y, Akita M, Nakajima M, et al. Effect of temperature on high cycle fatigue behaviour in 18Cr-2Mo ferritic stainless steel [J]. International Journal of Fatigue, 2008, 30(4): 642-648.

[4] Zhu M L, Xuan F Z, Du Y N, et al. Very high cycle fatigue behavior of a low strength welded joint at moderate temperature [J]. International Journal of Fatigue, 2012, 40: 74-83.

[5] Zhu M L, Liu L L, Xuan F Z. Effect of frequency on very high cycle fatigue behavior of a low strength Cr-Ni-Mo-V steel welded joint [J]. International Journal of Fatigue, 2015, 77: 166-173.

[6] Sakai T, Sato Y, Oguma N. Characteristic S-N properties of high-carbon-chromium-bearing steel under axial loading in long-life fatigue [J]. Fatigue & Fracture of Engineering Materials & Structures, 2002, 25 (8-9): 765-773.

[7] Zhu M L, Xuan F Z, Chen J. Influence of microstructure and microdefects on long-term fatigue behavior of a Cr-Mo-V steel [J]. Materials Science and Engineering: A, 2012, 546: 90-96.

[8] Zhang J W, Lu L T, Shiozawa K, et al. Effect of nitrocarburizing and post-oxidation on fatigue behavior of 35CrMo alloy steel in very high cycle fatigue regime[J]. International Journal of Fatigue, 2011, 33 (7): 880-886.

[9] 潘春旭. 异种钢及异种金属焊接: 显微结构特征及其转变机理[M]. 北京: 人民交通出版社, 2000.

[10] Kanazawa K, Nishijima S. Fatigue fracture of low alloy steel at ultra-high-cycle region under elevated temperature condition [J]. Journal of the Society of Materials Science, 1997, 46 (12): 1396-1401.

[11] Zhu M L, Xuan F Z. Fatigue crack initiation potential from defects in terms of local stress analysis [J]. Chinese Journal of Mechanical Engineering, 2014, 27 (3): 496-503.

[12] van den Beukel A. Theory of the effect of dynamic strain aging on mechanical properties [J]. Physica Status Solidi (A), 1975, 30 (1): 197-206.

[13] Weisse M, Wamukwamba C K, Christ H J, et al. The cyclic deformation and fatigue behaviour of the low carbon steel SAE 1045 in the temperature regime of dynamic strain ageing [J]. Acta Metallurgica et Materialia, 1993, 41 (7): 2227-2233.

[14] Mendez J, Mailly S, Villechaise P. Temperature and environmental effects on low cycle fatigue resistance of titanium alloys [C]//Rémy L, Petit J. European Structural Integrity Society. Amsterdam: Elsevier, 2002: 95-102.

[15] Zerbst U, Ainsworth R A, Beier H T, et al. Review on fracture and crack propagation in weldments—A fracture mechanics perspective [J]. Engineering Fracture Mechanics, 2014, 132: 200-276.

[16] Sirin S Y, Sirin K, Kaluc E. Effect of the ion nitriding surface hardening process on fatigue behavior of AISI 4340 steel [J]. Materials Characterization, 2008, 59: 351-358.

[17] ASME Boiler and Pressure Vessel Code, Section VIII [S]. The American Society of Mechanical Engineers, 2004.

[18] Baylac G, Grandemange J M. The French code RCC-M: Design and construction rules for the mechanical components of PWR nuclear islands [J]. Nuclear Engineering and Design, 1991, 129 (3): 239-254.

[19] BS7608: Guide to fatigue design and assessment of steel product [S]. London: The British Standards Institution, 2014.

[20] Hobbacher A F. Recommendations for Fatigue Design of Welded Joints and Components[M]. Cambridge: Springer, 2015.

[21] EN 1993-1-9:2005, Eurocode 3: Design of steel structures-Part 1-9: Fatigue[S].Brussels: European Committee for Standardization, 2005.

[22] Recommended practice DNV-RP-C203: Fatigue design of offshore steel structures [S]. Det Norske Veritas, 2010.

[23] Dong P, Hong J, Osage D, et al. Assessment of ASME's FSRF rules for vessel and piping welds using a new structural stress method [J]. Welding in the World, 2003, 47 (1): 31-43.

[24] Roiko A, Murakami Y. A design approach for components in ultralong fatigue life with step loading [J]. International Journal of Fatigue, 2012, 41: 140-149.

[25] Murakami Y. Material defects as the basis of fatigue design [J]. International Journal of Fatigue, 2012, 41: 2-10.

本章主要符号说明

d	试样直径	σ_a	应力幅值
f	疲劳强度削弱系数	σ_b	抗拉强度
F_{env}	环境系数	σ_w	疲劳极限
F_{freq}	频率系数	ΔK_{FGA}	细晶区对应的应力强度因子范围
F_{size}	尺寸系数	$\Delta\sigma_D$	$N=5\times10^6$ 周次恒幅加载下的疲劳强度
F_{tem}	温度系数	$\Delta\sigma_L$	$N=1\times10^8$ 周次的疲劳强度
HV	显微硬度	$\sqrt{\text{area}_{inc}}$	夹杂物尺寸
N_f	疲劳寿命	$\sqrt{\text{area}_{FGA}}$	FGA 尺寸

第 10 章　异种钢焊接接头超高周疲劳强度

异种材料连接始终是人们研究的焦点。相对于同种钢焊接接头，异种钢焊接接头能够满足不同服役条件的需求，具有制造成本优势。9%Cr-CrMoV 异种金属焊接就是汽轮机转子制造领域的一个典型案例[1]。然而，异种钢焊接接头的微观组织分布更加不均匀，接头两端不同的母材及热影响区带来了更多的局部弱区，使接头的疲劳失效行为更加复杂，尤其是在超长寿命条件下，接头疲劳强度相对母材的削弱程度将受到多种因素的影响。异种钢焊接结构的疲劳强度研究对工程结构的抗疲劳设计与制造具有重要价值。本章将以 9%Cr-CrMoV 钢焊接接头为例，讨论异种钢焊接接头的超高周疲劳强度问题，揭示焊接结构的疲劳失效机制，进而为焊接结构的抗疲劳设计与制造提供科学依据。

10.1　异种钢焊接工艺及接头微观组织

10.1.1　微观组织的不均匀性

9%Cr-CrMoV 异种钢焊接接头是由 9%Cr、CrMoV 母材和适当的焊缝填充金属经适当焊接参数的窄间隙埋弧焊焊接得到，采用多层多道焊工艺。焊接完成后，随即对焊接接头进行焊后热处理，以优化微观组织并释放焊接残余应力。表 10-1 分别给出了母材(9%Cr、CrMoV)和焊缝金属的化学成分。在对微观组织的观察过程中，分别采用了不同的金相腐蚀液：焊缝金属和 CrMoV 母材采用 $4\%HNO_3+CH_3CH_2OH$ 溶液；9%Cr 由于具有较好的耐腐蚀性，其腐蚀液采用 $HCl+HNO_3+H_2O$ 组成的混合溶液，三者比例为 3:5:5。

表 10-1　母材(9%Cr、CrMoV)和焊缝金属的化学成分

材料	C	Si	Mn	Co	Cr	Ni	V	Mo	S	P	Fe
9%Cr	0.14	0.14	0.52	1.84	9.15	0.27	0.20	1.24	0.10	0.02	余量
CrMoV	0.24	0.01	0.83	—	2.47	0.80	0.29	1.16	0.04	0.02	余量
焊缝金属	0.11	0.38	1.27	—	2.75	0.28	0.23	0.98	—	—	余量

图 10-1 分别给出了母材和焊缝金属的微观组织。从图中可以看出，9%Cr 钢为典型的回火板条马氏体组织[图 10.1(a)]，CrMoV 钢为典型的回火贝氏体组织[图 10.1(b)]，且含有少量的回火马氏体。因反复经受焊接热循环，焊缝金属的微

观组织呈现周期性变化，即在焊缝中周期性地分布着等轴晶和柱状晶，这种周期性的微观组织将使其力学性能出现周期性变化。图 10-1(c)中给出了焊缝金属中的柱状晶微观组织，柱状晶较为粗大，以贝氏体为基体，弥散分布着马氏体。图 10-1(d)给出了焊缝金属中等轴晶的微观组织，以贝氏体为基体，弥散分布着少量马氏体。

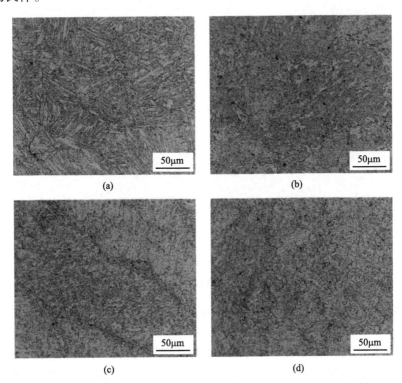

图 10-1　9%Cr-CrMoV 异种钢焊接接头母材和焊缝金属的微观组织

(a)9%Cr 钢母材；(b)CrMoV 钢母材；(c)焊缝金属柱状晶组织；(d)焊缝金属等轴晶组织

图 10-2 分别给出了 CrMoV 侧和 9%Cr 侧热影响区的微观组织。从图中可以看出，CrMoV 侧熔合区的微观组织较复杂[图 10-2(a)]，热影响区内的微观组织呈明显的梯度分布，由粗晶区逐渐过渡到细晶区再到母材。粗晶区主要为马氏体组织[图 10-2(b)]，细晶区主要为回火贝氏体组织[图 10-2(c)]。图 10-2(d)给出了 9%Cr 侧热影响区的微观组织，为典型的回火马氏体。

10.1.2　显微硬度分布

显微硬度试样采用跨接头试样，垂直于焊缝取样。试样尺寸为 50mm×10mm×10mm，试样在切取之后进行适当的打磨和机械抛光处理，然后在维氏显微硬度仪下进行测试。所施加的载荷为 4.9N，保载时间为 10s。在母材和焊缝金

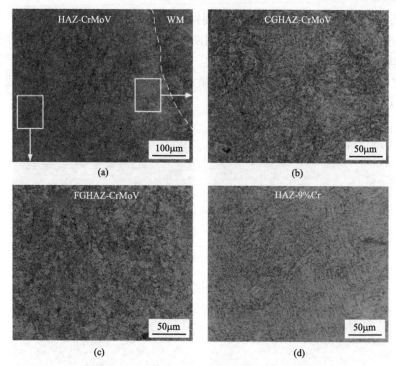

图 10-2 9%Cr-CrMoV 异种钢焊接接头热影响区的微观组织

(a) CrMoV 钢的熔合区域；(b) CrMoV 钢的粗晶热影响区；(c) CrMoV 钢的细晶热影响区；(d) 9%Cr 钢的热影响区

属处，不同测试点之间的间距为 0.5mm，热影响区内不同测试点之间的间距为 0.3mm。

图 10-3 为 9%Cr-CrMoV 异种转子钢焊接接头的显微硬度测试结果。从图中可以看出，它与 CrNiMoV-CrNiMoV 同种转子钢焊接接头的显微硬度分布不同，9%Cr-CrMoV 异种转子钢焊接接头的显微硬度并非以焊缝中心呈对称分布。从 9%Cr 母材侧到 CrMoV 母材侧，除热影响区外，显微硬度基本呈递减的趋势。焊缝金属的显微硬度呈明显的周期分布，这与多层多道焊导致的焊缝金属微观组织呈周期性柱状晶与等轴晶分布有关。在熔合线附近，显微硬度快速增加，这意味着热影响区的开始。以 CrMoV 母材热影响区为例，热影响区内，显微硬度随着距焊缝距离的增加而减小，这是由于在距离焊缝近的地方，热影响区为粗晶区，在微观组织分析中表明其为马氏体组织，因而硬度较高。随着距焊缝距离的增加，马氏体含量逐渐减少，且在接近母材的一侧，由于焊接热循环的作用，原有母材的强化相减少，导致其硬度较母材低。纵观整个接头，可以发现 CrMoV 母材的硬度最低，焊缝金属次之，9%Cr 母材的硬度最高，这与微观组织分析的结果完全一致，即 CrMoV 母材中马氏体含量最少，焊缝金属的马氏体含量较 CrMoV 母材高，9%Cr 则完全为马氏体组织。从这一点来看，在一定程度上，马氏体含量的

多少决定了显微硬度的高低。

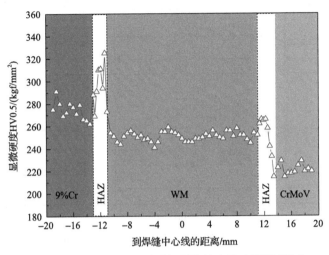

图 10-3　9%Cr-CrMoV 异种钢焊接接头的显微硬度分布

从图 10-3 中还可以看出，在 CrMoV 及 9%Cr 的热影响区内，均存在一个硬度值低于对应母材硬度的区域，该区域的形成与焊接热影响区在焊接热循环作用下微观组织的演化有关，称为热影响区的软化区，相应的形成机理将在后续的讨论中做详细介绍。

文献[2]和文献[3]指出，材料的抗拉强度和屈服强度与其硬度之间有着必然的联系：一般而言，在一定范围内，硬度越高，屈服强度和抗拉强度也越高。就本章所采用的材料而言，CrMoV 母材的硬度最低，焊缝金属略高，9%Cr 母材最高。可以预见，硬度分布会对疲劳强度及断裂位置产生影响。

10.2　异种钢焊接接头的拉伸与疲劳行为

10.2.1　试样形式与试验方法

拉伸测试分别在 9%Cr 母材、CrMoV 母材、焊接接头三种材料中进行。焊接接头拉伸试样采用跨接头试样，即拉伸试样的取样方向垂直于焊缝。试样经机加工后进行机械抛光处理，最终的表面粗糙度不大于 0.8μm。图 10-4 分别为拉伸试样的具体形状和尺寸。图 10-4(a) 给出了 9%Cr 母材、CrMoV 母材拉伸试样尺寸，其直径为 10mm，平行段长度为 55mm。图 10-4(b) 给出了焊接接头拉伸试样的尺寸，焊接接头拉伸试样与母材拉伸试样具有相同的尺寸。焊接接头试样的结构参考第 8 章中的研究结果，选取对称型试样。

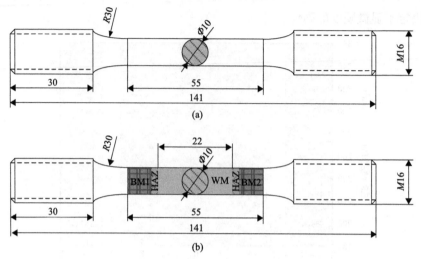

图 10-4　拉伸试样形状与尺寸(单位：mm)
(a)母材；(b)焊接接头

　　拉伸试验在 Instron 试验机上进行，首先将试样加热到 500℃，随后保温不低于 30min，保温结束后对试样进行拉伸性能测试，拉伸速度为 1mm/min。

　　高周疲劳性能测试分别在母材和焊接接头中进行。焊接接头高周疲劳试样采用跨接头试样，试样取样方向垂直于焊缝。试样先经机加工成型，然后再经机械抛光处理，最终的表面粗糙度不大于 0.2μm。高周疲劳试样直径为 6mm，平行段长度为 48mm。母材的高周疲劳试样与焊接接头的高周疲劳试样具有相同的尺寸，以便于比较其高周疲劳性能之间的差异(图 10-4)。

　　试样在轴向载荷下测试，应力比 $R=0$，载荷波形为正弦波，加载频率为 100Hz 左右，测试温度为 500℃。试验温度由绑定在试样上的 3 根 S 形热电偶测定，S 形热电偶在试验之前进行温度标定，以确保测量结果的准确性。试验过程中，当达到试验温度后，保温至少 2h，以确保加热炉内的温度均匀分布。整个试验过程中的温度波动不超过 1℃。同时，当试样循环次数达到 $5×10^7$ 仍未断裂时，将其定义为超出(run out)。

10.2.2　接头的拉伸断裂

　　图 10-5 分别为 CrMoV 母材、9%Cr 母材、焊接接头的拉伸应力-应变曲线。从图 10-5 中可以看出，CrMoV 母材、9%Cr 母材、焊接接头的应力-应变曲线均未呈现出明显的屈服平台，因而可根据 0.2%残余应变条件计算出相应的屈服强度。CrMoV 母材、9%Cr 母材、焊接接头拉伸性能数据示于表 10-2 中，从中可以看出，焊接接头的屈服强度和抗拉强度均介于 CrMoV 母材和 9%Cr 母材之间，9%Cr 母材屈服强度和抗拉强度最高，CrMoV 母材最低。图 10-6 给出了焊接接头

拉伸试样的断裂位置图，可以看出当焊接接头拉伸时最终在 CrMoV 母材一侧断裂，这与 CrMoV 母材的抗拉强度最低完全一致。且从图 10-6 中可以看出，焊接接头拉伸试样在断裂前具有明显的颈缩现象，且各个部位具有不同程度的氧化，这一点可以从焊接接头拉伸试样各个部位的不同颜色来体现，即 CrMoV 母材氧化最严重，9%Cr 母材抗氧化性能最好。

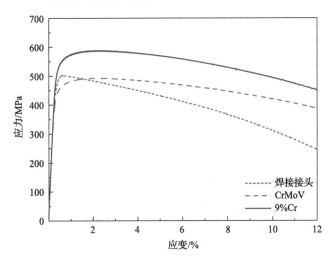

图 10-5　500℃时母材和焊接接头的拉伸应力-应变曲线

表 10-2　母材和焊接接头的拉伸性能数据

材料	屈服强度 σ_s/MPa	抗拉强度 σ_b/MPa	杨氏模量 E/GPa
9%Cr	543	590	161.21
CrMoV	459	495	149.81
焊接接头	498	505	161.09

图 10-6　焊接接头拉伸试样的断裂位置图

10.2.3　接头的 S-N 曲线

图 10-7 分别为 CrMoV 母材、9%Cr 母材、焊接接头的 S-N 曲线，未断数据点以箭头形式给出。从图中可以看出，CrMoV 母材、9%Cr 母材、焊接接头的 S-N 曲线基本呈现出相同的特性，即随着疲劳寿命的增加，CrMoV 母材、9%Cr 母材、

焊接接头的 *S-N* 曲线连续下降，无传统的疲劳极限平台。有趣的是，前面的拉伸性能显示焊接接头的拉伸性能介于 CrMoV 和 9%Cr 母材之间。但图 10-7 的疲劳性能显示，焊接接头的疲劳性能低于 CrMoV 和 9%Cr 两种母材。这说明拉伸和疲劳行为并不是同一种力学行为，并不完全一致。对于两种母材，拉伸性能显示 9%Cr 母材的拉伸强度高于 CrMoV 母材，图 10-7 中的疲劳性能显示，9%Cr 母材的疲劳强度依然高于 CrMoV 母材。

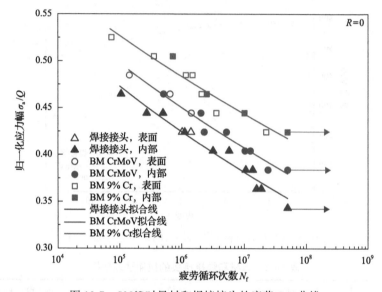

图 10-7　500℃时母材和焊接接头的疲劳 *S-N* 曲线

文献[3]～[8]指出，材料的疲劳强度与其硬度之间具有内在联系。一般而言，在一定范围内，硬度越高，疲劳强度越高。图 10-3 中的硬度测试结果显示，CrMoV 母材的硬度要低于焊缝金属和 9%Cr 母材的硬度，因此 CrMoV 母材的疲劳强度不会高于焊接接头的疲劳强度，但结果却恰恰相反。图 10-7 中给出的 *S-N* 曲线显示，焊接接头的疲劳强度最低。该现象与工程中使用的焊接接头疲劳强度削弱系数概念一致。从本章的试验结果可以看出，在无特殊现象（如焊缝金属的动态应变时效）的情况下，焊接接头的疲劳强度将低于母材的疲劳强度。

10.3　异种钢焊接接头的宏微观疲劳破坏机制

10.3.1　宏观断裂位置的转变

图 10-8 为 9%Cr-CrMoV 异种转子钢焊接接头疲劳测试的断裂位置图。从图中可以看出，疲劳断裂并不是单一地发生在某一处，而是有可能发生在 9%Cr 的热

影响区、CrMoV 的热影响区及焊缝金属处。图 10-9 对断裂在不同位置的疲劳试
样进行了统计分析，从图中可以看出，在试验寿命范围内，大多数疲劳断裂发生
在 CrMoV 的热影响区，少量断裂发生在焊缝金属和 9%Cr 的热影响区。从拉伸测
试结果来看，CrMoV 母材的抗拉强度最低，且拉伸测试时断裂发生在 CrMoV 一侧，
因而预测 CrMoV 母材的疲劳强度应该最低。但图 10-7 疲劳性能测试结果给出的疲
劳强度显示，焊接接头的疲劳强度最低，因而，这一点似乎与拉伸结果相矛盾。
但是从断裂位置的角度分析，疲劳测试时大多数的疲劳断裂发生在 CrMoV 母材

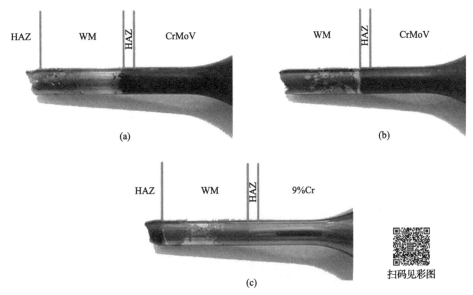

图 10-8　9%Cr-CrMoV 异种钢焊接接头疲劳的宏观断裂位置图

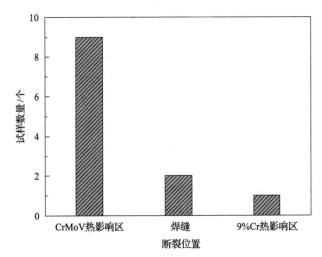

图 10-9　9%Cr-CrMoV 异种钢焊接接头断裂位置的统计结果

的热影响区，这在一定程度上说明，在焊接热循环的作用下，CrMoV 的热影响区由于微观组织的变化，其疲劳性能相对于 CrMoV 母材发生了一定程度的恶化，因而疲劳断裂发生在 CrMoV 的热影响区，这导致焊接接头的疲劳强度最低。再一次说明拉伸与疲劳断裂是完全不同的力学行为。

　　图 10-10 为 9%Cr-CrMoV 转子钢焊接接头疲劳断裂位置随应力幅的变化关系。从图中可以看出，在较高的应力幅下，9%Cr-CrMoV 转子钢焊接接头的疲劳断裂发生在 CrMoV 的热影响区，且其断裂位置与图 10-3 中热影响区的软化区位置相对应。随着应力幅的降低，疲劳断裂位置由 CrMoV 热影响区向焊缝金属转移。这是由于随着应力幅的降低，焊缝金属中的焊接缺陷引起的疲劳强度削弱效应更加明显，因而疲劳断裂将发生在焊缝处。此外，从中还可以看出，尽管 9%Cr 的母材具有较高的疲劳强度，但仍有一根疲劳试样断裂在 9%Cr 的热影响区，于是断定其疲劳断裂是随机性的。

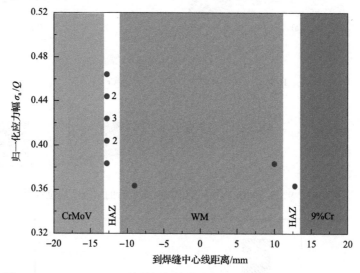

图 10-10　9%Cr-CrMoV 异种钢焊接接头断裂位置随应力幅的变化关系

图中数字标记代表相同数据点的数量

　　另外，文献[9]指出，热影响区中软化区的形成是由于在焊接热循环的作用下，该部位仅有一部分组织在加热过程中转化为奥氏体，在随后的冷却过程中，形成未回火的微观组织，从而使该处的微观组织处于一种混合状态，所以该处的微观组织十分复杂，其力学性能有所降低，成为热影响区的薄弱环节。根据硬度与疲劳强度之间的关系，较低的硬度对应较低的疲劳强度。因此，在疲劳性能的测试过程中，CrMoV 热影响区的软化区成为薄弱部位，故大量的疲劳断裂发生在该处。

10.3.2　疲劳裂纹萌生机制

图 10-7 以不同符号表征了疲劳裂纹萌生的位置。从图 10-7 中可以看出，对于 9%Cr 母材，在试验条件下，表面和内部裂纹萌生始终处于动态竞争中；对于 CrMoV 母材，随着应力水平的降低，疲劳裂纹萌生位置由表面向内部转移，且大多从内部萌生；而对于焊接接头，由于大多数疲劳断裂发生在 CrMoV 的热影响区，因而其疲劳裂纹萌生方式继承了 CrMoV 母材的疲劳裂纹萌生方式，以内部疲劳裂纹为主。由此可见，对于不同部位，疲劳裂纹的萌生位置具有显著差异。文献[10]指出，在高温下，表面氧化能够促进疲劳裂纹萌生位置由表面向内部转移。图 10-11 表示了一根未断裂的焊接接头疲劳试样在疲劳测试之后的表面形貌，可以看出不同的部位具有不同的氧化程度。CrMoV 母材侧的表面覆盖了一层浓密的氧化层，焊缝金属表面则覆盖了一层疏松的氧化层，部分已经破裂；而对于 9%Cr 母材，由于其抗氧化能力较强，因而表面基本无氧化。因此，两种母材疲劳裂纹萌生位置的差异可归因于其表面氧化层的差异，CrMoV 母材浓密的氧化层促进了其内部疲劳裂纹的萌生。

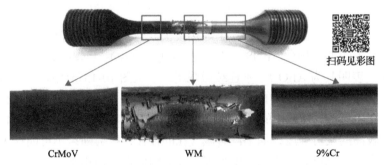

扫码见彩图

| CrMoV | WM | 9%Cr |

图 10-11　9%Cr-CrMoV 异种钢焊接接头高温疲劳试样表面氧化图

疲劳裂纹的萌生位置可分为表面和内部萌生，对于不同的萌生位置，其具有不同的疲劳裂纹萌生模式。图 10-12 分别为 CrMoV 母材、9%Cr 母材、焊接接头疲劳裂纹萌生模式的统计结果。从图中可以看出，对于焊接接头试样，其疲劳裂纹的萌生方式以夹杂物为主，包括 CrMoV 热影响区内的夹杂物和焊缝金属内的夹杂物，其次是不连续微观组织起裂及气孔起裂；对于母材，所有疲劳裂纹的萌生方式均为不连续微观组织。由此可见，焊接接头和母材的疲劳裂纹萌生模式存在显著差异，大量夹杂物的疲劳裂纹萌生可以认为是焊接接头疲劳强度低于母材的原因之一。

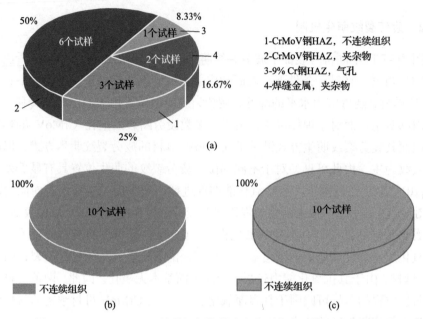

图 10-12　9%Cr-CrMoV 异种钢焊接接头疲劳裂纹萌生模式的统计结果

(a) 焊接接头；(b) 母材 (CrMoV)；(c) 母材 (9%Cr)

图 10-13 为各种裂纹萌生模式下焊接接头疲劳试样的典型断口形貌，包括气孔、锻造相关的夹杂物(经 EDS 分析，表明其为 Al_2O_3)、焊接相关的夹杂物(经 EDS 分析，表明其为 Al_2O_3)、不连续微观组织。从图 10-13 (a) 中可以看出，断裂在 9%Cr 热影响区疲劳试样的裂纹从热影响区内的一个大气孔处萌生，该气孔是在焊接过程中形成，且形成的可能性较低，因此可以认为是随机因素。由于 9%Cr 母材具有较高的疲劳强度，如果没有该气孔的存在，疲劳断裂不可能在 9%Cr 母材一侧发生，这也可从试验结果中得到验证。因而在前面指出，发生在 9%Cr 母材一侧的焊接接头疲劳断裂是偶然事件。对于热影响区及母材的不连续微观组织起裂，如图 10-13 (d)、图 10-14 和图 10-15 所示，可以看到，在疲劳裂纹的萌生位置均存在一个小平面。文献[11]指出，该平面与载荷轴呈 45°角，这是由于在裂纹萌生时是在剪切应力作用下形成的。此外，对于不同材料、不同的裂纹萌生位置，该平面的特性有所不同，这与其局部微观组织有关。

从图 10-13 和图 10-14 的断口形貌中可以发现两个有趣的现象。①对于断裂在 CrMoV 热影响区的焊接接头试样和纯 CrMoV 母材试样，如图 10-13 (b) 和图 10-14 所示，其疲劳裂纹的萌生模式存在显著差异。对于焊接接头试样，其疲劳裂纹从夹杂物处萌生，且为典型的锻造相关的夹杂物；但 CrMoV 母材试样却是从不连续微观组织处萌生，且所有的断裂试样均未发现其从夹杂物处萌生。CrMoV 的热影响区来源于母材，锻造相关的夹杂物在热影响区和母材内均存在，但为何母材中的夹杂物未成为疲劳裂纹源？究其原因，在热影响区断裂的焊接接头试样的准确断裂位置是软化区，软化区的形成导致夹杂物与基体界面处的应力集中更加明显，因而夹杂物更容易成为疲劳裂纹萌生源。②在 CrMoV 热影响区断裂的焊接接头试样和纯 CrMoV 母材试样，尽管具有近应力幅和疲劳裂纹的萌生模式，如图 10-13(d) 和图 10-14(a) 所示，但其疲劳寿命的差别较大。纯母材

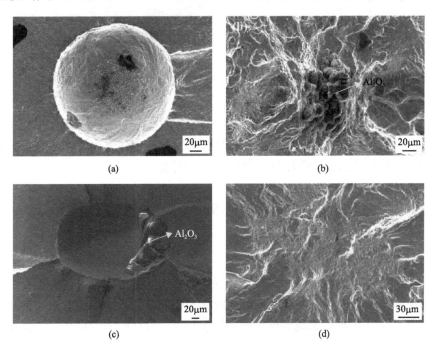

图 10-13　9%Cr-CrMoV 异种钢焊接接头疲劳试样的断口形貌

(a) 9%Cr 热影响区的气孔缺陷 (N_f=1.58×10⁷周次)；(b) CrMoV 热影响区夹杂物 (N_f=5.03×10⁵周次)；
(c) WM 夹杂物 (N_f=1.88×10⁷周次)；(d) CrMoV 热影响区的不连续组织 (N_f=3.18×10⁶周次)

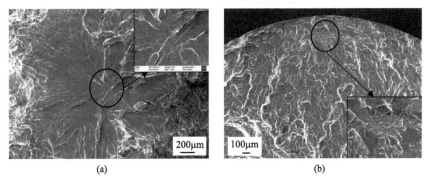

图 10-14　500℃时纯 CrMoV 钢疲劳试样的不连续组织处裂纹萌生形貌

(a) N_f=1.26×10⁷周次；(b) N_f=1.43×10⁶周次

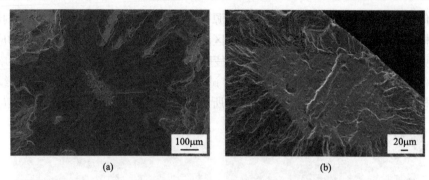

图 10-15 500℃时纯 9%Cr 钢疲劳试样的不连续组织处裂纹萌生形貌

(a) $N_f=2.26\times10^7$ 周次; (b) $N_f=2.52\times10^6$ 周次

试样的疲劳寿命远高于焊接接头疲劳试样的寿命。这说明在焊接热循环的作用下，热影响区的疲劳性能严重恶化。因此，热影响区的疲劳性能在焊接热循环作用下的恶化是焊接接头的疲劳强度低于母材的另一因素。

10.4 异种钢焊接接头抗疲劳设计与分析

10.4.1 疲劳强度削弱系数

图 10-16 为 9%Cr-CrMoV 异种转子钢焊接接头疲劳强度削弱系数随疲劳寿命的变化关系。此处疲劳强度削弱系数的定义是相同寿命下焊接接头相对于母材的疲劳强度。图 10-16 定量地表征了焊接接头相对于母材的削弱程度。焊接接头疲

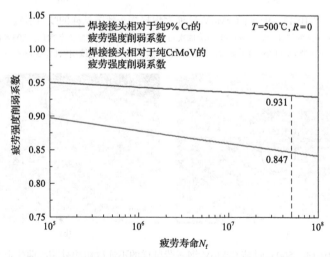

图 10-16 焊接接头疲劳强度削弱系数随疲劳寿命的变化

劳强度弱化的原因来自焊接缺陷的引入、热影响区中软化区的形成及热影响区疲劳性能的恶化。因此,在焊接接头疲劳强度评定中,几何缺陷和微观缺陷都应纳入考虑范围。此外,从图 10-16 中还可以看出,在试验条件下,焊接接头的疲劳强度削弱系数并不是一个恒定的常数,其随疲劳寿命而不断变化,且逐渐降低,即焊接接头的疲劳强度削弱程度随疲劳寿命的增加而增加。因此,从高周疲劳到超高周疲劳,随着疲劳寿命的增加,焊接接头将发生更加复杂的损伤,焊接接头的疲劳强度将进一步恶化。从断裂位置随着疲劳寿命增加从热影响区向焊缝金属转移的现象可以推测,微观缺陷导致的疲劳裂纹萌生是造成长寿命条件下焊接接头疲劳强度进一步弱化的主导因素。因此,在焊接接头超长寿命的设计中,应特别注意焊接接头的疲劳问题。

10.4.2　接头的抗疲劳设计

焊接接头的抗疲劳设计一直是学术和工程界关注的焦点。许多标准[12-16]中都已发展了相应的焊接接头疲劳强度评定方法,如热点应力法、名义应力和削弱系数法、主 S-N 曲线法等。对于异种钢焊接接头,确定焊接接头中的薄弱部位十分重要。

疲劳强度削弱系数由于其实施过程简便,因而在工程中得到了广泛应用。但在现行的标准体系中,疲劳强度削弱系数是恒定值,并未考虑其随疲劳寿命变化的情况。但基于短寿命条件下得出的疲劳强度削弱系数来进行长寿命设计并不一定完全适用,通常会产生较为保守或不保守的设计。特别是在服役温度下,如图 10-16 所示,疲劳强度削弱系数随疲劳寿命的增加而明显减小,因而应该在焊接接头高温疲劳强度评定中采用时间/寿命相关的疲劳强度削弱系数。从前面可以看出,对于异种金属焊接接头,在疲劳强度评定中应该格外关注热影响区。

为了准确地确定 9%Cr-CrMoV 异种转子钢焊接接头中的薄弱部位,此处建立了两端承受均布拉伸载荷的轴对称有限元模型,如图 10-17 所示。由于在疲劳测

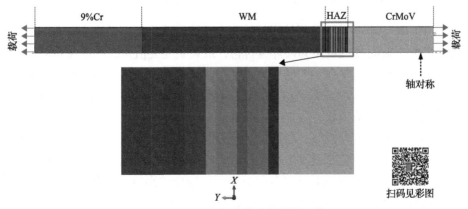

图 10-17　异种钢焊接接头的有限元模型

试过程中，很少有疲劳失效发生在 9%Cr 的热影响区，因而对其不予考虑，将其视为与 9%Cr 母材相同。焊缝视为均一材料。CrMoV 的热影响区为此处重点关注的对象，对其进行了一定程度的细分，各细分区域的材料参数与其对应的显微硬度成正比，图 10-17 为 CrMoV 钢热影响区的具体细分细节。

为了比较不同焊缝金属匹配情形下焊接接头的应变分布情况，图 10-18 给出了焊接接头最大主应变及其位置随焊缝金属与 CrMoV 母材弹性模量比值的变化关系。从图中可以看出，随着焊缝金属弹性模量的增加，焊接接头最大主应变值逐渐减小而后趋于恒定。同时可以看出，存在一个弹性模量比值的临界值，当比值小于临界值时，焊接接头最大主应变位于焊缝金属内，此时焊缝金属可称为软焊缝材料；当比值大于临界值时，焊接接头最大主应变位于 CrMoV 热影响区的软化区内，此时焊缝金属可称为硬材料。此外，可以看到临界值是一个小于 1 的数，该值的存在证明了热影响区中软化区的软化效应。

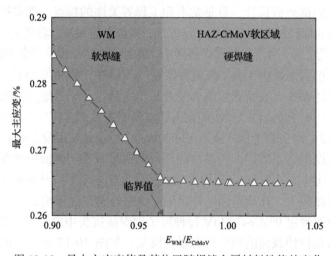

图 10-18　最大主应变值及其位置随焊缝金属材料性能的变化

图 10-19 为本书试验采用的焊接接头在拉伸载荷作用下的应变分布图。从图中可以看出，此时焊缝金属为硬焊缝材料，最大主应变值始终位于 CrMoV 热影响区的软化区内。但是在不同的应力水平下，焊接接头应变分布的趋势不同。在高载荷水平下，CrMoV 热影响区的软化区与焊缝金属的应变差别较大，且热影响区中软化区的较大应变将有可能导致该处产生塑性应变累积，从而使该处在循环载荷的作用下萌生疲劳裂纹，从而发生疲劳断裂。这与本章测试结果一致，即高应力下焊接接头的疲劳断裂发生在 CrMoV 热影响区的软化区内。但在低应力水平下，CrMoV 热影响区的软化区与焊缝金属的应变差别较小。由于焊缝金属中存在较多的焊接缺陷，且其尺寸较大，因而由焊接缺陷导致的应变集中将使焊缝金

属的局部应变超过 CrMoV 热影响区中软化区的应变，从而使焊缝金属成为疲劳裂纹的萌生位置。这与本章的试验结果一致，即随着应力水平的降低，焊接接头疲劳断裂的位置由 CrMoV 热影响区的软化区向焊缝金属转移。

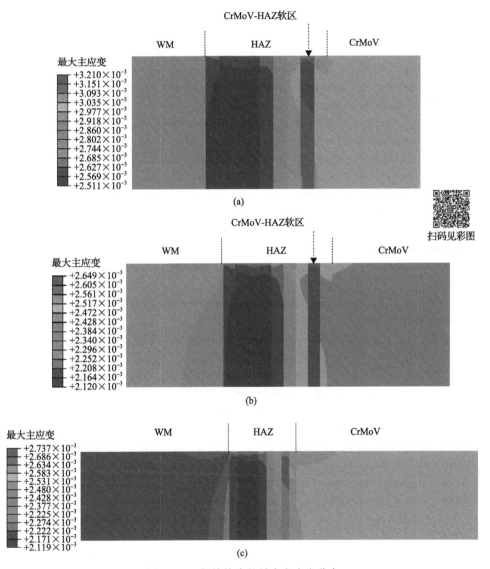

扫码见彩图

图 10-19　焊接接头的最大主应变分布

(a)高应力水平，$E_{WM}/E_{CrMoV}>$临界值；(b)低应力水平，$E_{WM}/E_{CrMoV}>$临界值；(c)$E_{WM}/E_{CrMoV}<$临界值

　　从上述模拟及试验结果可以看出，对于 9%Cr-CrMoV 异种转子钢焊接接头的高周疲劳而言，在高应力水平下，其疲劳断裂由强度控制，且随着疲劳寿命的增加，逐渐由强度控制转化为缺陷控制。因而，对于 9%Cr-CrMoV 异种转子钢焊接

接头的高周疲劳,在不同的应力水平下,存在两种完全不同的疲劳失效控制模式。

因此对于异种钢焊接接头的抗疲劳设计,除优化的焊接工艺参数外,填充金属的选择、不同寿命下的疲劳失效控制模式都应该纳入考虑范围。

参 考 文 献

[1] Liu X, Lu F, Yang R, et al. Investigation on mechanical properties of 9% Cr/CrMoV dissimilar steels welded joint [J]. Journal of Materials Engineering and Performance, 2015, 24 (4): 1434-1440.

[2] Zhu M L, Xuan F Z. Correlation between microstructure, hardness and strength in HAZ of dissimilar welds of rotor steels [J]. Materials Science and Engineering: A, 2010, 527 (16-17): 4035-4042.

[3] Khodabakhshi F, Haghshenas M, Eskandari H, et al. Hardness-strength relationships in fine and ultra-fine grained metals processed through constrained groove pressing [J]. Materials Science and Engineering: A, 2015, 636: 331-339.

[4] Garwood M F, Zurburg H H, Erickson M A. Correlation of Laboratory Tests and Service Performance, Interpretation of Tests and Correlation with Service [M]. New York: American Society for Metals, 1951.

[5] Morrow J, Halford G R, Millan J F. Optimum hardness for maximum fatigue strength of steel[C]//Proceedings of the 1st International Conference on Fracture, Sendai, 1966: 1611-1635.

[6] Murakami Y, Endo M. Effects of hardness and crack geometry on ΔK_{th} of small cracks [J]. Journal of the Society of Materials Science, 1986, 35 (395): 911-917.

[7] Murakami Y. Metal Fatigue: Effects of Small Defects and Nonmetallic Inclusions [M]. Pittsburgh: Academic Press, 2019.

[8] Wu H, Hamada S, Noguchi H. Fatigue strength prediction for inhomogeneous face-centered cubic metal based on Vickers hardness [J]. International Journal of Fatigue, 2013, 48: 48-54.

[9] Shao C, Lu F, Li Z, et al. Role of stress in the high cycle fatigue behavior of advanced 9Cr/CrMoV dissimilarly welded joint [J]. Journal of Materials Research, 2016, 31: 292-301.

[10] Zhu M L, Xuan F Z, Du Y N, et al. Very high cycle fatigue behavior of a low strength welded joint at moderate temperature [J]. International Journal of Fatigue, 2012, 40: 74-83.

[11] Szczepanski C J, Jha S K, Larsen J M, et al. Microstructural influences on very-high-cycle fatigue-crack initiation in Ti-6246 [J]. Metallurgical and Materials Transactions A, 2008, 39 (12): 2841-2851.

[12] ASME Boiler and Pressure Vessel Code, Section VIII [S]. The American Society of Mechanical Engineers, 2004.

[13] Design and Construction Rules for Mechanical Components of Nuclear Installations: RCC MR Design Code[S]. Paris: French Society for Design and Construction Rules for Nuclear Island Components, 2002.

[14] Fatigue design of offshore steel structures: DNV-RP-C203[S]. Det Norske Veritas, 2010.

[15] Guide to fatigue design and assessment of steel product: BS7608[S]. London: The British Standards Institution, 2014.

[16] Design of steel structures-Part 1-9: Fatigue: EN 1993-1-9: 2005[S]. Eurocode 3. Brussels: European Committee for Standardization, 2005.

第 11 章　长寿命服役焊接结构的断裂防控

随着结构的长寿命服役逐渐成为新趋势，结构的设计与可靠性保障面临着新的挑战，传统的基于材料疲劳极限的设计方法已经无法满足需要，迫切要求发展新的断裂防控方法，焊接结构尤其如此。有必要在掌握超高周疲劳研究成果的基础上，尝试定量描述超高周疲劳行为并建立相关预测模型。然而，目前有关超高周疲劳寿命预测的理论模型还比较少。本章在总结现有预测模型的基础上，提出新的寿命预测模型，并基于低强度 CrMoV 钢和高强度 42CrMo 钢的超高周疲劳试验数据验证模型的预测效果，最后以此为基础分析并讨论焊接结构的断裂防控问题。

11.1　基于结构弱区的传统设计方法

工程上，人们主要是针对接头开展焊接结构的设计，设计时需要考虑两个问题：①如何将结构载荷转化为接头载荷；②如何找到与它对应的 $S\text{-}N$ 曲线数据。从工程角度出发，焊接接头的应力类型可以归纳为三类：名义应力、热点应力和结构应力。

当前的疲劳设计与评估方法可分为两类：①基于名义应力或热点应力的疲劳设计与评估方法；②基于结构应力的疲劳设计与评估方法。第一类方法中最具代表性的是英国 BS 7608 系列标准中采用的名义应力及热点应力法，这些方法已经被我国及欧洲各国广泛采用并列入标准。然而，不管是名义应力还是热点应力，其本质都是结构表面的应力，无法代表结构截面上的应力分布，而裂纹扩展是由截面上的应力分布驱动的。鉴于此，Dong 等[1]从力的平衡角度出发提出了第二类方法，即结构应力疲劳设计与评估方法，该方法不仅给出了结构截面上的应力分布和焊缝上的应力集中，而且还被证明具有网格不敏感的力学特征。2007 年美国 ASME 标准进行更新，增加了 Dong 等关于焊接结构疲劳寿命评估的理论与方法；2015 年最新出版的 ASME BPVC VIII-2-2015 标准，沿用了 2007 年 ASME 标准中关于焊接结构寿命评估的内容。

焊接接头设计标准(BS 15085-3:2007)或与之对应的国家标准《铁路应用 轨道车辆及其零部件的焊接 第 3 部分：设计要求》(GB/T 25343.3—2010)中给出了焊接接头完整性设计的流程，在焊接结构领域得到了广泛应用。大连交通大学兆文忠等[2]基于结构应力法的应力因子量化计算，为该标准中通过计算疲劳寿命来确认应力因子提供了具体计算方法。

总而言之，对于焊接结构的抗疲劳设计，首要任务是要让焊接接头获得最好的疲劳行为。从结构设计的角度分析，无论是名义应力、热点应力，还是结构应力，都可以归结为基于结构弱区的抗疲劳设计方法。虽然焊接结构的整体强度得到保证，而如果焊缝中存在缺陷，这种焊接缺陷也是开展抗疲劳设计需要考虑的内容，需要有相应的安全评定方法。

11.2　基于断裂力学的焊接缺陷安全评定方法

11.2.1　焊接缺陷的安全评定

以汽轮机转子的焊接制造为例，焊接转子能够满足机组容量大、紧凑性好、易于保证质量等要求，在火电和核电等领域得到了广泛运用。焊接转子的制造过程复杂，对焊接工艺的可靠性及其选择要求高。中国专利《单缸式汽轮机焊接转子及其焊接方法 201010585886.2》给出了汽轮机的焊接方法，但并没有涉及焊接工艺的评价问题。为考核焊接转子的性能和可靠性，现有技术常通过模拟服役条件下的强度试验来判断能否满足设计要求。而焊接质量的监控主要基于无损探伤，其缺陷是检出能力受检测水平的限制，无损检测方法在准确获取焊接缺陷的尺寸、位置等方面还存在一定难度。此外，检出缺陷后的安全评价理论及寿命预测技术不完善，国内现有标准《在用含缺陷压力容器安全评定》（GB/T 19624—2004）仅涉及塑性极限等静态破坏模式，无法为评价焊接工艺的优劣提供借鉴。汽轮机转子焊接制造的工艺条件选择缺乏成熟的技术支撑，因此有必要提出新的焊接缺陷评定方法。

作者提供了一种汽轮机转子焊接缺陷评定方法，采用超高周疲劳试验获取焊接的缺陷类型及分布信息，把缺陷简化处理为裂纹，运用短裂纹闭合、疲劳门槛值同裂纹长度的关系来评定焊接缺陷的安全性，从而优化焊接工艺。具体步骤如图 11-1 所示。

首先，对使用不同焊接工艺的不同批次的转子均采用超声加速疲劳试验，超声加速疲劳试验的频率为 20kHz，将得到不同批次转子结构中的最大缺陷尺寸作为初始缺陷尺寸。

其次，分别对每个批次的转子在多个应力比条件下进行材料本征门槛值的估算。在进行材料本征门槛值的估算时，测量至少三个应力比条件下的疲劳门槛值，材料本征门槛值是指应力比 R 逼近 1 时的门槛值，记为 $\Delta K_{\mathrm{th,eff}}$。

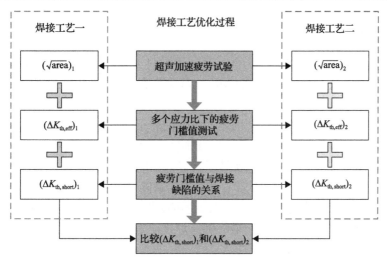

图 11-1　焊接缺陷安全评定与工艺优化方法流程图

　　然后,对每个批次的转子,根据 McEvily 模型得到疲劳门槛值 $\Delta K_{\text{th,short}}$,其计算公式为

$$\Delta K_{\text{th,short}} = \Delta K_{\text{th,op}} + \Delta K_{\text{th,eff}} = \left(1 - e^{-k\sqrt{\text{area}} - (\sqrt{\text{area}})_0}\right)\Delta K_{\text{op,max}} + \Delta K_{\text{th,eff}} \tag{11-1}$$

式中, $\Delta K_{\text{th,op}}$ 为裂纹闭合引起的门槛值分量; $\Delta K_{\text{op,max}}$ 为裂纹张开应力强度因子范围的最大值, $\Delta K_{\text{op,max}} = (K_{\text{op}})_{\text{max}} - K_{\text{min}}$,其中 K_{op} 为裂纹张开应力强度因子,疲劳门槛值试验按《金属材料疲劳裂纹扩展速率试验方法》(GB/T 6398—2000)进行测定; $\Delta K_{\text{th,eff}}$ 为材料的本征门槛值; $(\sqrt{\text{area}})_0$ 为初始缺陷尺寸; $\sqrt{\text{area}}$ 为内部裂纹长度,用缺陷投影面积的形式表示,是一个变量; $(K_{\text{op}})_{\text{max}}$ 为最大裂纹张开应力强度因子,它是对应于某一应力比,靠近疲劳门槛值时的裂纹张开力; K_{min} 为最小应力强度因子; k 为反映裂纹闭合增加速率的材料常数, k 值为 $0.03 \sim 0.04 \mu m^{-1}$。

　　最后,对于两批次的焊接初始缺陷尺寸 $(\sqrt{\text{area}})_0$ 和扩展到某一特定尺寸 $\sqrt{\text{area}}$ 时,若 $(\Delta K_{\text{th,short}})_2 > (\Delta K_{\text{th,short}})_1$,则表明第二种缺陷相对安全,其焊接工艺较好;反之,若 $(\Delta K_{\text{th,short}})_2 < (\Delta K_{\text{th,short}})_1$,则表明第一种焊接工艺较好。

　　为此,上述基于超高周疲劳的试验结果和理论模型,提供了一种快速测定焊接缺陷的尺寸分布和缺陷长大过程阻力的计算方法,并以焊接缺陷的疲劳门槛值作为评价焊接质量的准则。该方法能获得不同批次焊接材料中各种不同缺陷的尺寸分布,通过快速估算缺陷演化的阻力,以此可评价缺陷的安全性,指导焊接工艺的选择。该方法避免了根据焊接缺陷尺寸简单估计工艺优劣的经验性,为优化焊接工艺提供了科学基础。

11.2.2　焊接工艺优化案例

以某种核电低压焊接转子为例，其转子材料为 25Cr2Ni2MoV 钢，屈服强度 $\sigma_{0.2}$ 为 700MPa，抗拉强度 σ_b 为 750MPa，弹性模量 E 为 200GPa，其焊接缺陷评定方法步骤如下。

首先，对使用不同焊接工艺的不同批次的转子均采用超声加速疲劳试验，将分别得到的不同批次转子结构中的最大缺陷尺寸作为初始缺陷尺寸。

这里以两种工艺焊接的两批次转子，以计算应力比 $R=0.1$ 时的疲劳性能参数为例进行说明，通过超声疲劳试验，获取焊接缺陷尺寸。选取两种焊接转子材料，制取疲劳试样，开展应力比 R 为 –1 时的超声疲劳试验，频率为 20kHz。观察疲劳断口形貌，测量焊接缺陷尺寸。最终确定焊接缺陷主要为夹杂物，其最大缺陷尺寸分别为 100μm 和 200μm。

其次，对每个批次的转子分别在多个应力比条件下开展疲劳门槛值测试，并进行材料本征门槛值的估算，材料本征门槛值是指应力比 R 逼近 1 时的门槛值，记为 $\Delta K_{th,eff}$。

根据《金属材料疲劳裂纹扩展速率试验方法》（GB/T 6398—2000），测量至少三个应力比下的疲劳门槛值，测量 R 分别为 0.1、0.5 和 0.7 下的疲劳门槛值，估算得到两种工艺方法下的本征门槛值 $\Delta K_{th,eff}$ 分别为 1.3MPa·m$^{1/2}$ 和 0.8MPa·m$^{1/2}$。

然后，对每个批次的转子，根据 McEvily 模型，得到疲劳门槛值 $\Delta K_{th,short}$。通过 $R=0.1$ 下的两种疲劳门槛值试验，得到裂纹张开应力强度范围的最大值 $\Delta K_{op,max}$ 分别为 5.5MPa·m$^{1/2}$ 和 6.0MPa·m$^{1/2}$。对于两种焊接工艺，认为 k 值的变化不大，取其值分别为 0.03μm^{-1} 和 0.04μm^{-1}。基于以上数据，构建短裂纹疲劳门槛值随焊接缺陷尺寸变化的关系图，如图 11-2 所示。

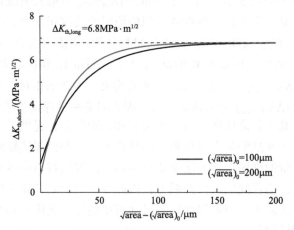

图 11-2　疲劳门槛值随焊接缺陷尺寸变化的示意图

$\Delta K_{th,long}$ 为长裂纹的疲劳门槛值

从图 11-2 可以看出，在焊接缺陷初始扩展 200μm 的范围内，即 $0 < \sqrt{area} - (\sqrt{area})_0 < 200μm$，最大初始缺陷尺寸 200μm（对应于第二种焊接工艺）的疲劳门槛值，开始时相对第一种焊接工艺较低，当扩展量超过 10μm 后，疲劳门槛值较大，表明疲劳裂纹扩展的抗力较大，这类工艺下的缺陷相对安全。因此可以判断，第二种焊接工艺较优越。

11.3　基于微缺陷致裂的寿命设计方法

11.3.1　Murakami 模型

目前，有关超高周疲劳寿命预测的理论模型还较少。Murakami 等[3, 4]将夹杂物当作裂纹来处理，认为缺陷的面积为垂直于最大主应力方向上的投影面积，实现了断裂力学在内部复杂疲劳破坏机制上的运用，建立了基于缺陷尺寸和材料显微硬度的疲劳强度预测方法，如式(11-2)和式(11-3)所示。之后，Mayer 等[5]根据这一方法将夹杂物尺寸和应力水平结合起来，建立与超高周疲劳寿命的关系[式(11-4)]。在旋转弯曲条件下，Shimatani 等[6]则将 σ 用夹杂物处的局部应力代替，也获得了较好的预测效果。

对于表面缺陷：

$$\sigma_{w} = 1.43(HV+120) / (\sqrt{area})^{1/6} \tag{11-2}$$

对于内部缺陷：

$$\sigma_{w} = 1.56(HV+120) / (\sqrt{area})^{1/6} \tag{11-3}$$

根据应力与寿命关系：

$$\left\{\sigma(area)^{1/12}\right\}^{\alpha} N_{f} = C \tag{11-4}$$

式(11-2)～式(11-4)中，σ_{w} 为疲劳极限，MPa；HV 为材料的显微硬度，kgf/mm²；$\sqrt{area}$ 为缺陷的直径，μm；σ 为应力幅或最大应力，MPa；area 为夹杂物的投影面积，μm²；N_{f} 为疲劳寿命；α、C 均为拟合常数。

11.3.2　考虑缺陷致裂过程的寿命模型

Zhang 等[7]在考虑内部裂纹萌生与扩展过程的基础上，提出了基于内部裂纹萌生与扩展的超高周疲劳寿命预测模型，如式(11-5)所示：

$$N_{f} = N_{i} + N_{GBF} + N_{fish} + N_{sur} \tag{11-5}$$

式中，N_{i} 为夹杂物处萌生裂纹的寿命；N_{GBF} 为萌生出的裂纹扩展以形成粒状亮面(GBF)区的寿命；N_{fish}为裂纹在鱼眼区内扩展的寿命；N_{sur}为表面裂纹扩展的寿命。

在超高周疲劳区域，已经证实大部分(超过 90%)寿命消耗在裂纹扩展形成粒状亮面区的过程中[8]，即N_{GBF}。为此，假定裂纹按照 Paris 规律扩展，得到了疲劳的最终寿命关系，如式(11-6)所示：

$$(\Delta K_{inc})^{m_G}\left(\frac{N_f}{\sqrt{area_{inc}}}\right)=\frac{2}{C_G(m_G-2)}\left[1-\frac{1}{\left(\sqrt{area_{GBF}/area_{inc}}\right)^{m_G/2-1}}\right] \tag{11-6}$$

$$(\Delta K_{inc})^{m_G}\left(\frac{N_f}{\sqrt{area_{inc}}}\right)=\frac{2}{C_G(m_G-2)} \tag{11-7}$$

式(11-6)和式(11-7)中，ΔK_{inc}为夹杂物周围的应力强度因子范围；m_G和C_G分别为 Paris 公式中的指数和系数。

同时，若 $area_{GBF}$ 远大于 $area_{inc}$，则式(11-6)可简化为式(11-7)。可以看出，ΔK_{inc} 与 $N_f/\sqrt{area_{inc}}$ 在双对数坐标中应为线性关系，这一预测模型得到了很多的运用[9-11]。

11.3.3　寿命控制 Z 参量模型

超高周疲劳裂纹常萌生于夹杂物，一般将夹杂物分为表面夹杂物和内部夹杂物，如 Murakami[4]通过缺陷位置因子来表示夹杂物位置的影响。Mughrabi[12]从概率分布的角度探讨了表面夹杂物和内部夹杂物的分布密度和尺寸对裂纹萌生的影响，然而概率方法不能精确地确定裂纹萌生的位置。实际上，在疲劳裂纹萌生模式从表面向内部转变的过程中，体现着缺陷深度的变化。因此，认为除应力水平和缺陷尺寸影响裂纹萌生外，缺陷的位置也发挥着重要作用。为了更好地考虑夹杂物深度的作用，定义夹杂物的相对深度 D 如式(11-8)所示：

$$D=(d-d_{inc})/d \tag{11-8}$$

式中，d 为试样尺寸；d_{inc} 为夹杂物中心到试样表面的最近距离。

很明显，d_{inc} 在 0～0.5d 范围内。因此，$0.5 \leqslant D \leqslant 1$，$D=0.5$ 表示夹杂物正好位于试样中心，而 $D=1$ 表示夹杂物中心位于试样表面。

基于以上假设，提出疲劳寿命控制参数 Z，将其表示为应力水平σ、缺陷尺寸 $\sqrt{area}$ 和位置 D 的函数，如式(11-9)所示：

$$Z=f(\sigma,\sqrt{area},D) \tag{11-9}$$

将缺陷位置因素考虑进去后，疲劳寿命的预测模型为

$$\left\{ \sigma_a (\text{area})^{1/12} D^\beta \right\}^\alpha N_f = C \qquad (11\text{-}10)$$

$$Z = \sigma_a (\text{area})^{1/12} D^\beta \qquad (11\text{-}11)$$

式(11-11)为疲劳寿命控制参数 Z 的具体表达式。其中，σ_a 为疲劳应力幅；α 和 C 均为拟合常数；β 为与材料相关的常数。注意到，当 $\beta=0$ 时，式(11-10)可简化为式(11-4)。

上述建立的寿命预测新模型，通过把夹杂物位置作为变量输入，完善了超高周疲劳寿命的控制因素。夹杂物的深度变化体现着裂纹萌生模式的转变行为，同时可获得内部裂纹萌生的具体位置。这种寿命预测方法并不要求考虑内部裂纹萌生和扩展过程。在实际操作中，通过检测方法获取或估计材料中的缺陷尺寸和位置，再根据载荷水平，即可预测疲劳寿命。以下以低强度 CrMoV 钢和高强度42CrMo 钢的试验数据为基础，验证该模型预测疲劳寿命的可行性。

11.3.4　Z 参量模型的验证

1. 低强度 CrMoV 钢

作者开展了低强度 CrMoV 钢在 370℃下的超高周疲劳试验。试样直径为5mm，裂纹萌生处的夹杂物尺寸和深度结果参见文献[13]。图 11-3 为利用 Z 参量的拟合结果。从图中可以看出，当 $\beta=1/4$ 时，数据的分散性减小，在短寿命和长寿命区间，Z 与疲劳寿命 N_f 呈现很好的线性关系；短寿命和长寿命区拟合的参数

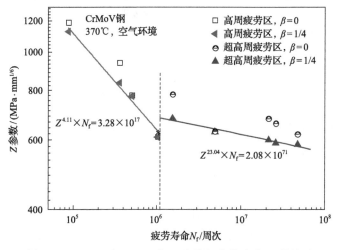

图 11-3　370℃下 CrMoV 钢 Z 参数与疲劳寿命 N_f 的关系

α是不同的,长寿命区的α值较大,区分短寿命和长寿命的临界疲劳寿命约为10^6周次。因此,Z可以看作超高周疲劳的寿命控制参数。

2. 高强度 42CrMo 钢

Yang 等[14]利用超声疲劳试验机进行了高强度 42CrMo 钢的疲劳试验。漏斗形试样的最小直径为 3mm,文献[14]给出了超高周疲劳断口上的夹杂物尺寸和深度数据。图 11-4 为 42CrMo 钢的 Z 参数与疲劳寿命的关系。从图中可以看出,在高周疲劳和超高周疲劳区,Z 参数与疲劳寿命都表现出很好的线性关系,超高周疲劳寿命区拟合的参数α值较大,高周疲劳向超高周疲劳转变的临界疲劳循环次数约为 3.8×10^6 周次。因此,Z 参数也可用于预测高强度 42CrMo 钢的疲劳循环次数。

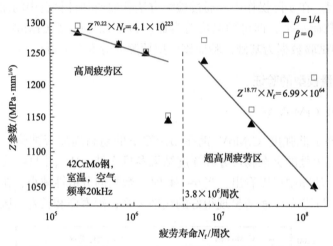

图 11-4   高强度 42CrMo 钢 Z 参数与疲劳寿命 N_f 的关系

11.4   基于设计/制造一体化的抗疲劳理念

工程材料中的缺陷可以归纳为三种:①与冶金有关的非金属夹杂物、气孔、微缺陷结构;②制造中产生的未焊透区域、咬边、表面不平整、微裂纹;③使用或维护过程中产生的凹痕、划痕、腐蚀坑等微几何缺陷[15]。在循环载荷下,微缺陷是潜在的裂纹位置[16],这就迫切需要在设计和制造中统筹考虑缺陷的来源,并针对缺陷的抗疲劳进行冶金与工艺调控及结构防断控制。

超高周疲劳研究的最终目标是"寻求结构防断之法",以保障结构的长寿命服役安全与可靠性。对于汽轮机叶片的抗疲劳而言,选用高强度材料增加了环境断裂和缺陷致裂的敏感性，即依赖材料强度的提高获得高疲劳抗力是不可行的，这使人们意识到"结构的断裂不仅仅是材料的问题"；现有的表面强化技术运用抗疲劳制造理念，通过改变材料表层的微观结构、化学成分和应力状态，显著延长了疲劳寿命[17]，这是对工程结构抗疲劳的重要贡献，但却更易使断裂向内部缺陷处转移[18-20]，表面强化技术抗疲劳最终呈现超高周疲劳特性，这使人们意识到"表面强化并不能有效防断"，这是结构超长寿命服役不可回避的问题。如图 11-5 所示，传统的表面强化以延寿为目标[图 11-5(a)]，他建立在 S-N 曲线不发生变化的基础上且结构疲劳未进入超长寿命区间；若考察长寿命疲劳，根据超高周疲劳理论，S-N 曲线的形式会发生变化，抗疲劳设计的方法需要做出改变。图 11-5(b)中，N_1、N_2 和 N_3 分别表示三个不同夹杂物(或微缺陷)对应的疲劳寿命，缺陷尺寸越大，疲劳寿命越短。可以认为，在已知内部微缺陷是疲劳断裂本质属性的基础上，含缺陷材料的抗疲劳应该把焦点放在缺陷-基体的相互作用关系及能影响这种关系的外部环境因素上。内部缺陷的产生与材料冶金因素有关，而材料基体的性能取决于设计和制造工艺，环境因素代表着服役条件，三者的结合要求材料设计、冶金与制造工艺及服役环境的协调与统一。因此，超长寿命结构的断裂防控应该以化学-力学失效机制为科学基础，建立"设计/制造一体化"的防断技术。

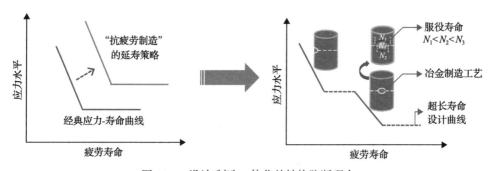

图 11-5　设计/制造一体化的结构防断理念

首先，需要确立结构疲劳的防断理念。①区分因结构表面完整性不足与材料内部微缺陷致裂两种模式，表面完整性相关的疲劳失效以传统"抗疲劳制造"为对策，即依赖后期制造解决低周/高周疲劳寿命区间的防断问题，满足低周和高周疲劳寿命区间的结构强度与安全需求。②材料内部缺陷所致的疲劳失效以调控"缺陷-基体作用关系"为对策，解决超高周疲劳寿命区间的防断问题，保障长寿命服役安全。需要注意的是，"抗疲劳制造"后的结构承载至长寿命区间将表现为内部缺陷致裂失效，其防断重点为基于微缺陷预测结构的服役寿命。③微缺陷与冶金因素相关，基体的强度水平与材料设计、热加工的工艺条件相关，并考虑"环境相容性"，形成设计/制造一体化的长寿命服役结构防断调控思想。

　　根据该防断思想，以汽轮机叶片结构为例（典型的环境疲劳致裂问题），以化学-力学交互作用机制为科学基础，开展叶片结构的防断调控：①基于环境超高周疲劳试验数据，构建基于微缺陷致裂的疲劳设计曲线，调控结构强度设计参数；②运用内部缺陷断裂准则对叶片的服役安全性进行评价，建立缺陷类型与材料冶金工艺的联系，进一步建立缺陷尺寸与叶片锻造工艺的关联，调控冶金与制造工艺；③依据内部缺陷致裂的规律，预测叶片结构的服役寿命，作为调控服役寿命和运行安全的技术手段。

　　作为共性的基础技术，上述防断调控理念和方法体现着设计、制造和运维全寿命周期、一体化的防断调控路线，推动着材料设计、冶金与制造工艺的兼容与协调，有望支撑汽轮机叶片、转子等一系列超长寿命服役结构的防断设计与制造。

参 考 文 献

[1] Dong P L, Hong J K, Osage D A, et al. The master *S-N* curve method an implementation for fatigue evaluation of welded components in the ASME B&PV Code, Section VIII, Division 2 and API 579-1/ASME FFS-1 [J]. Welding Research Council Bulletin, 2010, (523): 1-252.

[2] 兆文忠, 李向伟, 董平沙. 焊接结构抗疲劳设计理论与方法 [M]. 北京: 机械工业出版社, 2017.

[3] Murakami Y, Kodama S, Konuma S. Quantitative evaluation of effects of non-metallic inclusions on fatigue strength of high strength steels. I: Basic fatigue mechanism and evaluation of correlation between the fatigue fracture stress and the size and location of non-metallic inclusions [J]. International Journal of Fatigue, 1989, 11 (5): 291-298.

[4] Murakami Y. Metal Fatigue: Effects of Small Defects and Nonmetallic Inclusions [M]. Pittsburgh: Academic Press, 2019.

[5] Mayer H, Haydn W, Schuller R, et al. Very high cycle fatigue properties of bainitic high carbon-chromium steel under variable amplitude conditions [J]. International Journal of Fatigue, 2009, 31 (8-9): 1300-1308.

[6] Shimatani Y, Shiozawa K, Nakada T, et al. The effect of the residual stresses generated by surface finishing methods on the very high cycle fatigue behavior of matrix HSS [J]. International Journal of Fatigue, 2011, 33 (2): 122-131.

[7] Zhang J, Lu L, Shiozawa K, et al. Fatigue properties of oxynitrocarburized medium carbon railway axle steel in very high cycle regime [J]. International Journal of Fatigue, 2010, 32 (11): 1805-1811.

[8] Ranc N, Wagner D, Paris P. Study of thermal effects associated with crack propagation during very high cycle fatigue tests [J]. Acta Materialia, 2008, 56 (15): 4012-4021.

[9] Kobayashi H, Todoroki A, Oomura T, et al. Ultra-high-cycle fatigue properties and fracture mechanism of modified 2.25 Cr–1Mo steel at elevated temperatures [J]. International Journal of Fatigue, 2006, 28 (11): 1633-1639.

[10] Shiozawa K, Murai M, Shimatani Y, et al. Transition of fatigue failure mode of Ni-Cr-Mo low-alloy steel in very high cycle regime [J]. International Journal of Fatigue, 2010, 32 (3): 541-550.

[11] Tanaka K, Akiniwa Y. Fatigue crack propagation behaviour derived from *S-N* data in very high cycle regime [J]. Fatigue & Fracture of Engineering Materials & Structures, 2002, 25 (8-9): 775-784.

[12] Mughrabi H. On 'multi-stage' fatigue life diagrams and the relevant life-controlling mechanisms in ultrahigh-cycle fatigue [J]. Fatigue & Fracture of Engineering Materials & Structures, 2002, 25 (8-9): 755-764.

[13] Zhu M L, Xuan F Z, Du Y N, et al. Very high cycle fatigue behavior of a low strength welded joint at moderate temperature [J]. International Journal of Fatigue, 2012, 40: 74-83.

[14] Yang Z G, Li S X, Zhang J M, et al. The fatigue behaviors of zero-inclusion and commercial 42CrMo steels in the super-long fatigue life regime [J]. Acta Materialia, 2004, 52 (18): 5235-5241.

[15] Zerbst U, Klinger C. Material defects as cause for the fatigue failure of metallic components [J]. International Journal of Fatigue, 2019, 127: 312-323.

[16] Murakami Y. High and Ultrahigh Cycle Fatigue [J]. Comprehensive Structural Integrity, 2003, 4 (4): 41-76.

[17] 赵振业. 聚焦抗疲劳研究,成就制造强国[C]//第十八届全国疲劳与断裂学术会议, 郑州, 2016.

[18] Zhang K, Wang Z, Lu K. Enhanced fatigue property by suppressing surface cracking in a gradient nanostructured bearing steel [J]. Materials Research Letters, 2017, 5 (4): 258-266.

[19] Meng L, Goyal A, Doquet V, et al. Ultrafine versus coarse grained Al 5083 alloys: From low-cycle to very-high-cycle fatigue [J]. International Journal of Fatigue, 2019, 121: 84-97.

[20] Dong P, Liu Z P, Zhai X, et al. Incredible improvement in fatigue resistance of friction stir welded 7075-T651 aluminum alloy via surface mechanical rolling treatment [J]. International Journal of Fatigue, 2019, 124: 15-25.

本章主要符号说明

area	夹杂物的投影面积	N_{sur}	表面裂纹扩展的寿命
C_G	Paris 公式中的系数	R	应力比
d	试样尺寸	Z	疲劳寿命的控制参数
D	夹杂物的相对深度	$\sigma_{0.2}$	屈服强度
d_{inc}	夹杂物中心到试样表面的最近距离	σ_b	抗拉强度
E	弹性模量	σ_a	疲劳应力幅
HV	材料的显微硬度	σ_w	疲劳极限
k	反映裂纹闭合增加速率的材料常数	ΔK_{inc}	夹杂物周围的应力强度因子范围
K_{min}	最小应力强度因子	$\Delta K_{op,max}$	裂纹张开应力强度因子范围的最大值
K_{op}	裂纹张开应力强度因子	$\Delta K_{th,long}$	疲劳长裂纹扩展门槛值
m_G	Paris 公式中的指数	$\Delta K_{th,short}$	疲劳短裂纹扩展门槛值
N_f	疲劳寿命	$\Delta K_{th,eff}$	材料本征门槛值
N_{fish}	裂纹在鱼眼区内扩展的寿命	$\Delta K_{th,op}$	裂纹闭合引起的门槛值分量
N_{GBF}	萌生出的裂纹扩展以形成粒状亮面区的寿命	$(K_{op})_{max}$	最大裂纹张开应力强度因子
N_i	夹杂物处萌生裂纹的寿命	$(\sqrt{area})_0$	初始缺陷尺寸